越玩越聪明的**数学游戏**>>

③

数学魔法

吴长顺◎著

科学出版社
北京

图书在版编目(CIP)数据

数学魔法/吴长顺著．—北京：科学出版社，2015.3
（越玩越聪明的数学游戏：3）
ISBN 978-7-03-043795-2

Ⅰ.①数… Ⅱ.①吴… Ⅲ.①数学-普及读物 Ⅳ.①01-49

中国版本图书馆 CIP 数据核字（2015）第 052081 号

丛书策划：侯俊琳　郭燕春
责任编辑：何　况　郭燕春　张翠霞
责任校对：桂伟利
责任印制：徐晓晨 / 封面设计：众聚汇合
编辑部电话：010-64035853
E-mail：houjunlin@mail. sciencep. com

科学出版社出版
北京东黄城根北街 16 号
邮政编码：100717
http://www.sciencep.com
北京虎彩文化传播有限公司印刷
科学出版社发行　各地新华书店经销
*
2015 年 5 月第　一　版　开本：720×1000 1/16
2019 年 7 月第五次印刷　印张：14 3/4
字数：236 000
定价：38.00 元

序　玩转智力的魔方

周 莲 珊

童年阅读是人生的第一笔财富。童年阅读往往会影响孩子的一生。纵观古今中外的名人，他们的成功无不得益于童年阅读。特别是一本开启智力的好书，更是打开智慧之门的金钥匙。

著名的物理学家爱因斯坦在获得诺贝尔物理学奖后说：他五岁的时候，开始对智力游戏感兴趣，特别是对数学智力游戏。

爱因斯坦小时候的这种心态，正是一个孩子在懵懂的童年时代所萌动的一种对未知科学进行探索的冲动。对于一个孩子来说，他们面前任何一种事物内部都藏着一个秘密，或者说是一种诱惑！天生的求知欲望，促使他们要把面前的无数个为什么找出来。玩是一个孩子的天性，玩也是让一个孩子从小有效提高 IQ（智商）的法宝。智力游戏图书非常适合孩子在童年和少年时代阅读。如果说人生是一座大厦的话，童年有效的智力开发就是为未来的人生大厦奠定好坚实的基础。

“越玩越聪明的数学游戏”这套益智游戏书内容如此丰富和引人入胜，得益于作者吴长顺老师几十年的教学经验，以及他对孩子的了解和爱。吴老师数十年如一日，为数学爱好者设计、编写数学智力游戏。他常说，他之所以走上创作智力游戏之路，和中国著名智力游戏作家孙维梓、张祉浩前辈的栽培和影响是分不开的，他们之间也因此结下了深厚的友谊。这套书之所以能够出版，也得益于科学出版社编辑的一双慧眼，是他们发现、梳理、策划和编辑了这套书。

常言说：数学既是一个魔术师，也是一个万花筒。生活、学习中最为普通的数学知识，在吴长顺老师的书中，却变得这么有趣。这一道道、一组组的数学智力题，既是数学脑力操，又是数学游戏。书中还有丰富多彩的各种类型谜题、拼板游戏，更是能够提高孩子对数学 的兴趣。透过道道有趣的小题，孩子能够发现数学所蕴含的智慧和美妙。慢慢读来，这些妙趣横生、精彩不断的题目，总会给我们的小读者带来读书的“拿得起，放不下”的奇妙乐趣。这些有益、有趣的知识，对于孩子提高智商，培养探索精神十分有益！

在此，我向全国的小读者和你们的老师、家长推荐著名科普作家吴长顺老师的这套“越玩越聪明的数学游戏”丛书，希望这套书能够成为千千万万小读者的好朋友！

衷心希望“越玩越聪明的数学游戏”这样的益智图书，出版得越多越好！

2014 年 10 月 28 日

周莲珊　著名儿童文学作家。短篇少年小说《雪狼白蹄儿》2000 年获全国第八届冰心儿童文学奖·大奖；2003 年短篇少年小说《送白狐狸回家》获全国首届“中日友好儿童文学奖”一等奖。出版儿童图书 30 多部。

前言

PREFACE

著名数学家怀尔斯1995年因成功证明悬而未决350年的“费尔马大定理”而名震一时，他自己对兴趣在数学家成长过程中的作用深有体会。怀尔斯回忆说，他10岁时在一本连环画上第一次知道了什么是“费尔马大定理”，这成为他不懈求索的起点。家长和老师们要做的，并不是要给孩子多么丰富多彩的知识世界，而应该给孩子一个接触数学的机会，下一个数学家可能就出在你家。

本书正是抓住青少年喜欢游戏的天性，让青少年尽早接触数学，体验数学的魔力，并由此爱上数学，彻底消灭数字恐惧症。如果说第一口奶易让孩子产生依赖的副作用，那因势利导、趋利避害的引导不正是家长所需要的吗？爱孩子，就要给孩子更多的爱、更多的正能量，那就让孩子早些接触数学。

数学有魔法，趣题是妙招。因为有趣的数学题目能够诱发青少年的探究心理，激发学习数学的兴趣，同时起到分散数学难点以及启迪数学思维、激发学生主动参与学习的作用。

本书集知识性、实用性和趣味性于一体，阅读本书，既能提高青少年学习数学的积极性、拓宽知识视野，又能培养他们的分析问题和解决问题的能力，体会数学无尽的乐趣和奥妙，从而将“要我学”变成“我要学”，体会到学习的乐趣。有了兴趣，我们才会对目标充满感情，才会奋起直追，充满动力。

数学的世界高深莫测，但是学习数学有“魔法”。我们相信，通过对本书的认真阅读，一定能让各位家长和老师听到孩子数学成绩拔节的声音！

吴长顺

2015年2月

目录

CONTENTS

三、与众不同

四、智慧旋风

五、绝妙算式

六、飞去来器

七、妙填趣式

八、梅花填数

九、五环填数

十、神奇填数

十一、难填的算式

一、数来数趣

1. 消消看

A、B 图都是由相同的 13 块组成。也就是说，A 中的一块，B 中也有相同的一块。你点中相同的两块后，它们自然就算是“消”掉了（用笔将相同的两块涂掉即可）。

你知道最后剩下的应该是哪块吗？

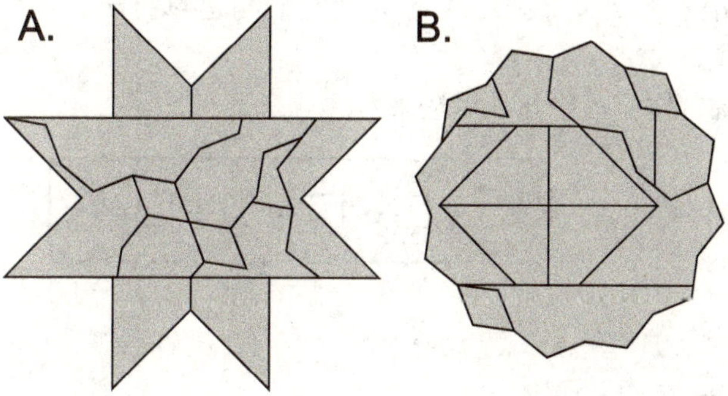

2. 五角星填数

这是一种与数独相似的填数智力游戏。

请把 1～15 这些数字分别填入小圆圈内，使每条直线上及每一个小三角上的四个数之和都得 27。

你能填出来吗？

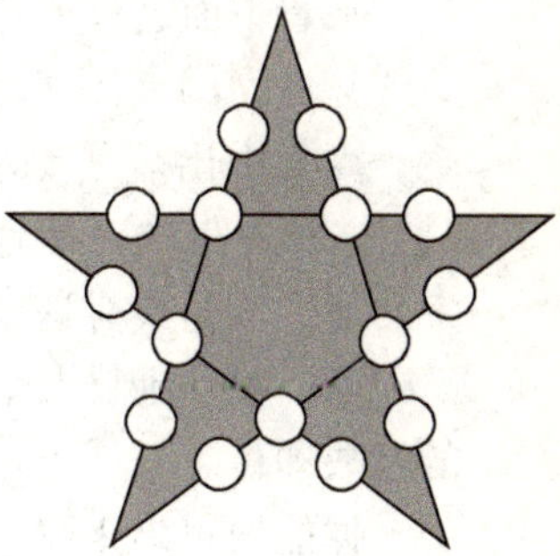

3. 五数连环

这个奇怪的图形上，填有 5 个连续的自然数 12、13、14、15、16。

请在圆环上填入另外 5 个连续的自然数，使外环上相邻的两数之和，等于它们内部共同交接的那个数。

试试看，你能填出来吗？

4. 五数算式

在空格内填入 1、2、3、4、5，使它们与运算符＋、－、×、÷拼合成一道得 0 的算式。

试试看，你能写出几种填法来？

□＋□－□×□÷□=0

5. 小数算式之 1

来看下面这样一道题：

2.3×4.8＋5.96＝17

算式中出现了数字 1、2、3、4、5、6、7、8、9 各一次。请你重新排列一下这些数字，使之成为具有这一特点的小数算式。

为了增加趣味性，请你按要求完成下面的填数即可。

你能填写出来吗？

6.□×□.□＋□.□7＝42

7.□×□.□＋□.□2＝49

8.□×□.□＋□.□7＝54

9.□×□.□＋□.□2＝41

6. 小数算式之 2

请在空格内填入 3、4、5、6，使之成为一道等式。

试试看，你行吗？

$$\square^{\square} \div \square^{\square} = 0.3456$$

7. 小数算式之 3

请在空格内填入数字 1、2、3、4、5、6、7、8、9 各一次，使每道等式都能够成立。

为了降低难度，算式中给出了部分数字，请你按要求完成下面的填数即可。

你能很快完成吗？

$$6\square.\square9+\square.\square1=\square2$$

$$5\square.\square9+\square.\square1=\square3$$

$$3\square.\square9+\square.\square1=\square5$$

$$2\square.\square9+\square.\square1=\square6$$

8. 小公鸡的漫画像

小公鸡雄雄告诉大家：“我的这张漫画像是由三块相同的图形拼出来的。”他说，谁要是能够很快分出来，他就将自己最好的玩具送给谁。大家都想得到小公鸡雄雄的奖品，纷纷找来纸和笔，画呀分呀，好不热闹。

试一试，你行吗？

9. 小七的位置

阮小七是个数学大脑门，机智聪明又可爱，同学们都愿意和他做朋友，一同游戏时又都愿意和他分在一组里，因为有了他，本组的胜利机会就会大大提高。

操场上，因为这节课是课外活动时间，他们十个小朋友都扮成数字宝宝，头饰上分别写上了1至9，小七当然带了自己标志性的数字“7”。

小七向小伙伴们说：“大家做好准备了吗？我想通过今天的游戏，解决一个问题，那就是看看能够排列多少种不同的答案。”

小辉问小七：“小七，小七，你是如何想出这样的游戏题目的？”

小七笑笑说：“还记得老师给咱们讲的四方城排兵的游戏吗？每边都有一些士兵，抽掉一些人后，每边上的人数还是相等的。”

“知道知道，老题目了。”小喇叭田田抢着说。

小七说：“对对，我是在这个基础上想到的，咱们可以玩这样的游戏，只是士兵的个数我们用数表示了。站成一个三角形，每条边上的四个数的和相等。”

“明白了。那就开始吧！”

小刘老师是一年级的辅导员，她看到孩子们自己玩得那么开心，便只远远地看着了。

小七看到刘老师，跑上前向老师汇报：“刘老师，我们在玩一个我新发明的一个游戏，排三角阵。就是将1、2、3、4、5、6、7、8、9排列成一个三角形，每条边上的四个数的和相等。”

刘老师听了竖起了拇指，又做了个OK的手势，示意他们继续玩。

小七对小伙伴们说：“咱们慢慢来，先来考虑三个尖，也就是顶点上站1、2、3，然后让其他数补充。”

他们很快排列出了两种不同的队形。

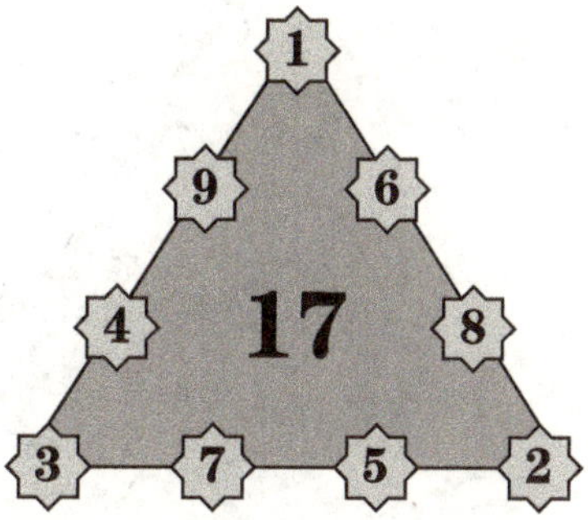

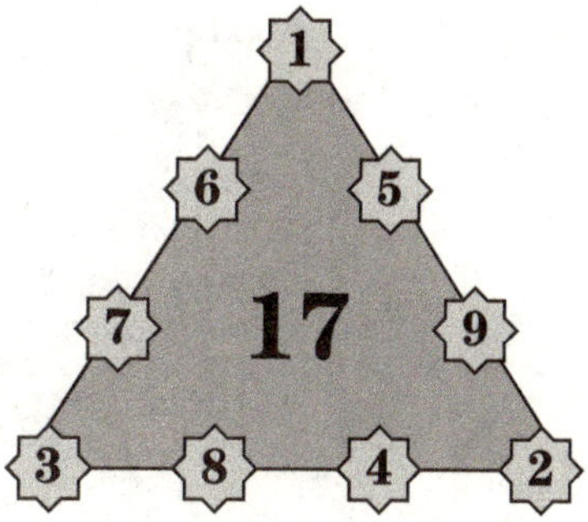

大家都觉得很好玩。刘老师还用手机给大家拍照了呢。

小七说："好了好了，这 17 就是每边最小的和了。下面咱们继续玩下去吧！"

大家以羡慕的眼神看着小七那光光的大脑门："小七，你站顶点上，看看能不能排列成。"

小七说："好呀好呀！"说着站在了一角上。

大家排列出了每边为 19 的阵式。

小七站在角上，他们很快排列成了四种不同的阵式。大家的兴趣高涨，停也停不下来似的。

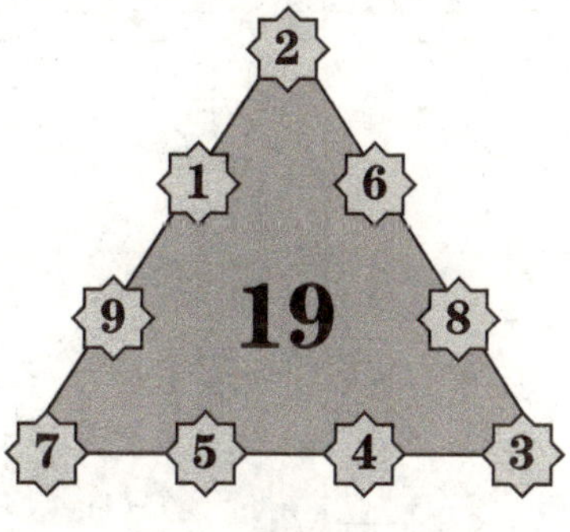

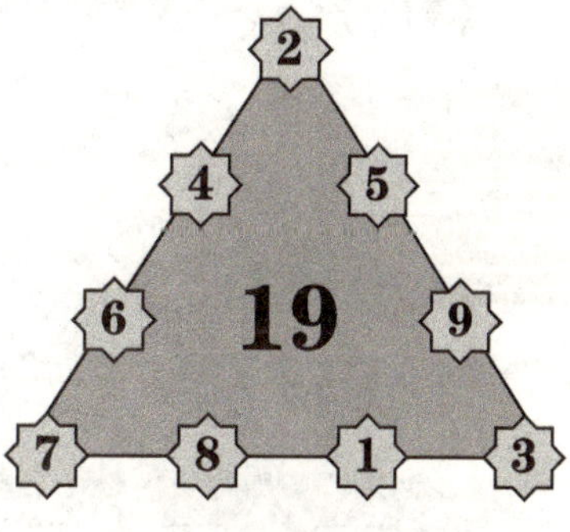

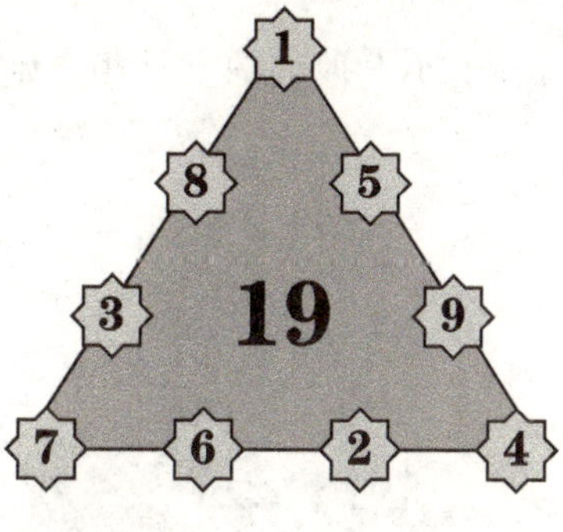

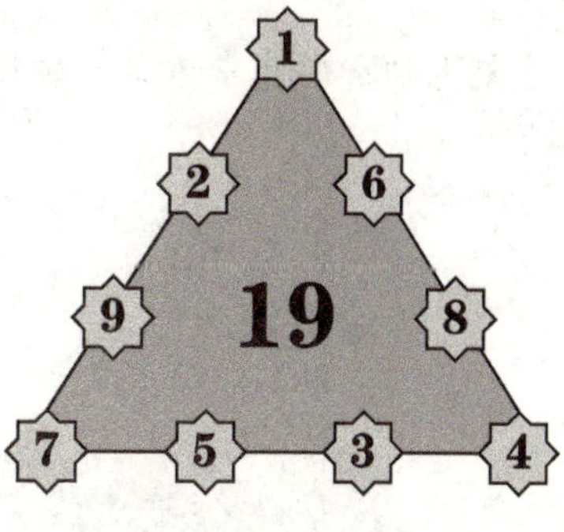

不知道是谁提议让 4、5、6 三个做顶点上的数，大家又排列出了和为 20 的阵式。

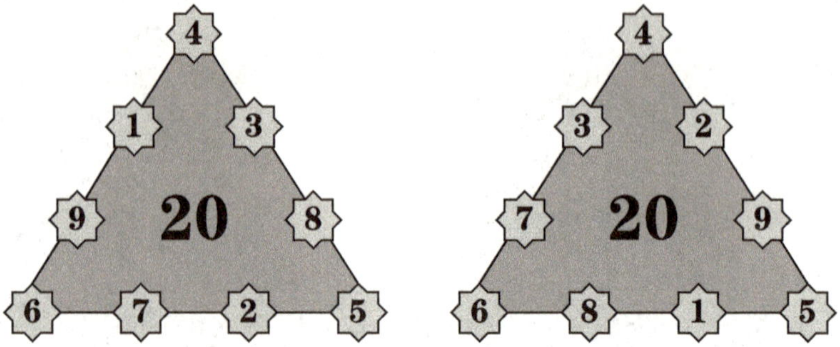

小辉特别有趣地说：“这个不错，可是我感觉不用 4、5、6 做顶点上的数，也能得到和为 20 的阵式。”说着将自己的想法在纸上列了出来。

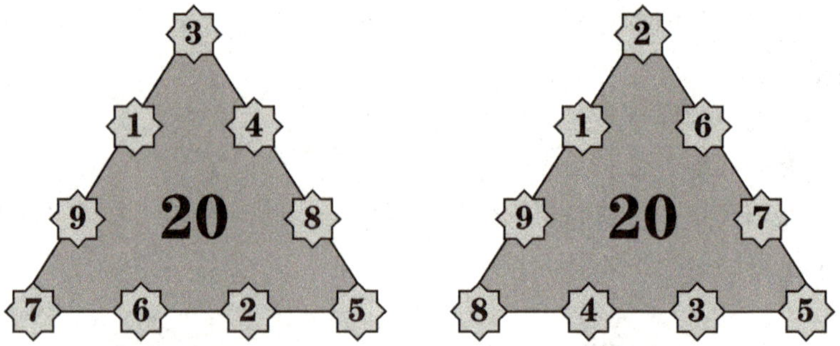

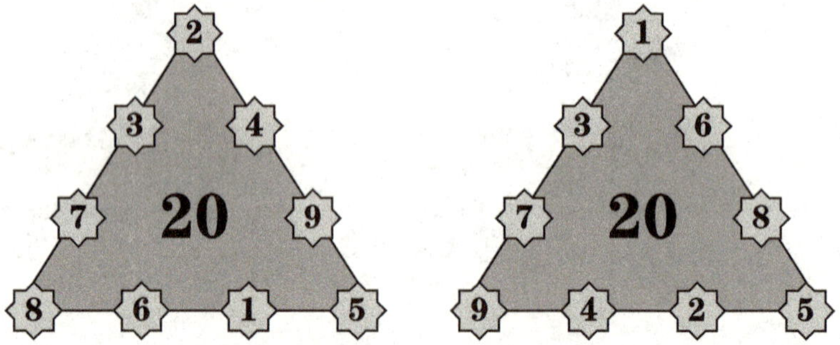

小刘老师看得非常激动，她也参与到了小七他们的活动中。她给列出了得 21 的答案：

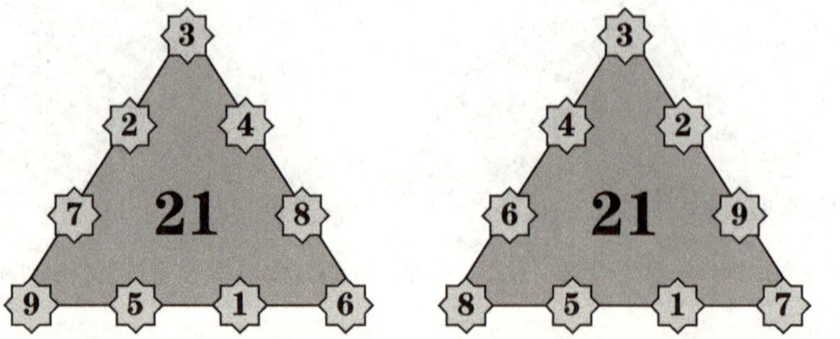

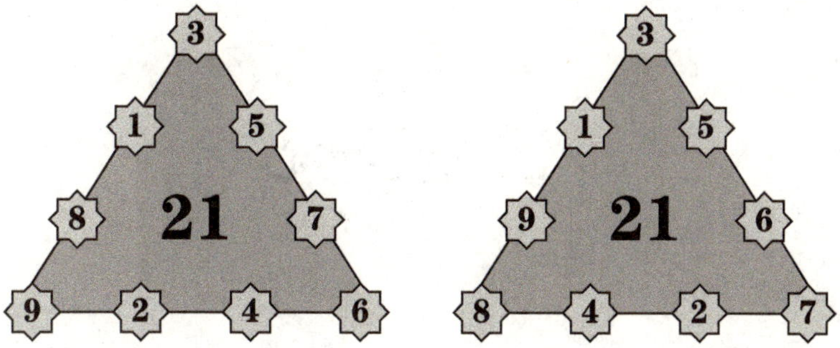

早已到了放学的时间，大家都还乐此不疲，兴趣不减。小七则对大家说："今天的游戏，大家表现得很出色，动了脑筋，增添了学习数学的乐趣。那么，还有就是让每边得 23 的，我也早已算出来了。这也是这种阵式得数最大的了。大家谁能猜出我小七的位置呢？"

你能找出答案来吗？

二、虚心实心

10. 虚心实心之1

左边是一个空心的九边形，按上面的线剪开，然后再拼成右边的实心九边形。

试试看，你行吗？

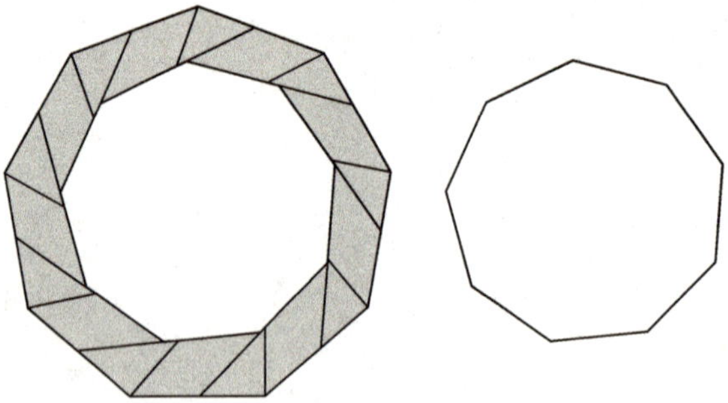

11. 虚心实心之2

左边是一个空心的十一边形，按上面的线剪开，然后再拼成右边的实心十一边形。

试试看，你行吗？

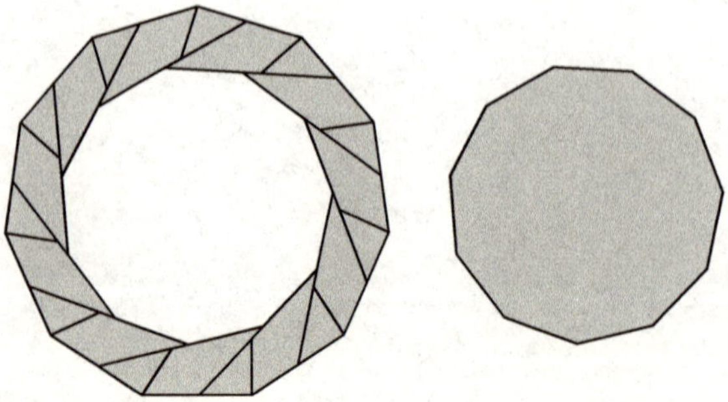

12. 虚心实心之 3

左边是一个空心的十二边形，按上面的线剪开，然后再拼成右边的实心十二边形。

试试看，你行吗？

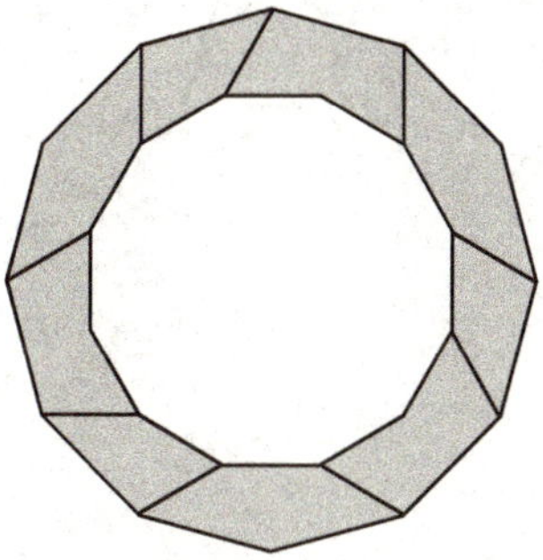

13. 虚心实心之 4

左边是一个外面为正方形，中间为空心的二十四边形图形，按上面的线剪开，然后再拼成右边的实心二十四边形。

试试看，你行吗？

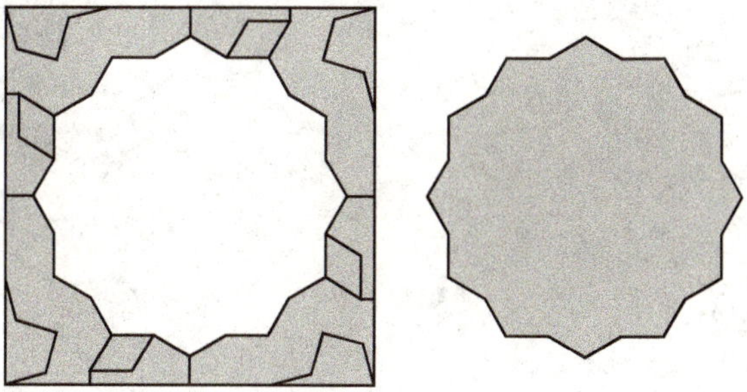

14. 旋风填数之 1

请将 6、7、8、9、10 填入空格内，使每条直线上的三个数之和都得 14。

你能很快填上吗？

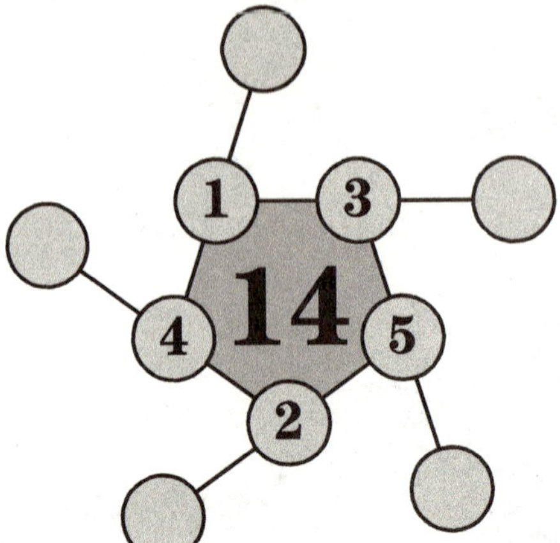

15. 旋风填数之2

这是分别用上 1 至 10 组成的旋风圈。请将没有填上的数分别填入空格内，使每条直线上的三个数之和都得 16。

你能很快填上吗？

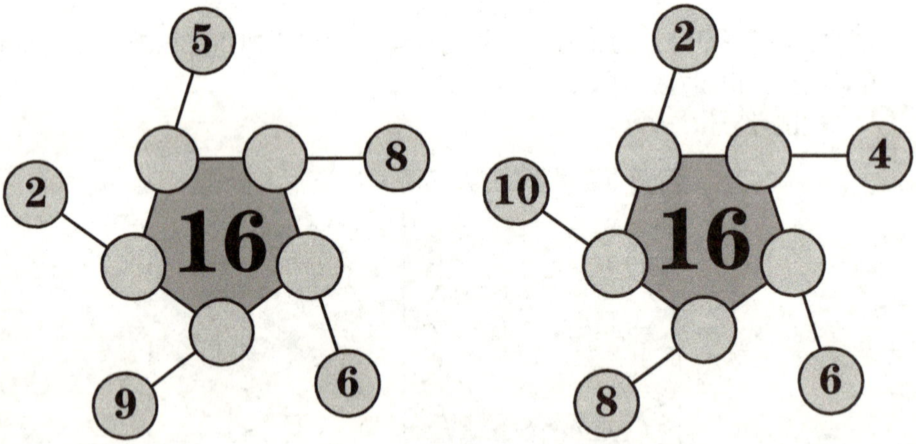

16. 旋风填数之3

这是分别用上 1 至 10 组成的旋风圈。请将没有填上的数分别填入空格内，使每条直线上的三个数之和都得 17。

试试看，你能很快填上吗？

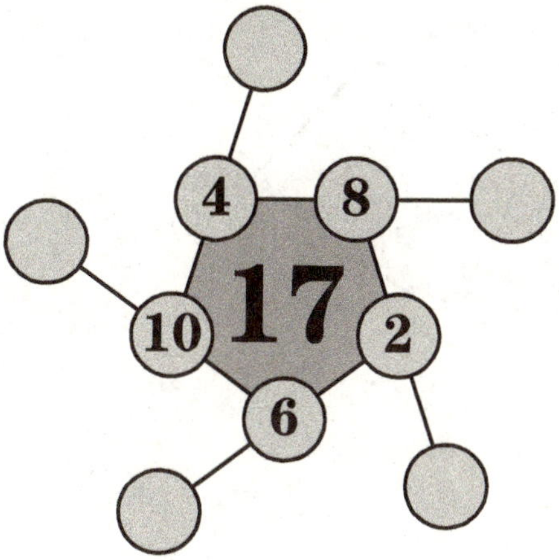

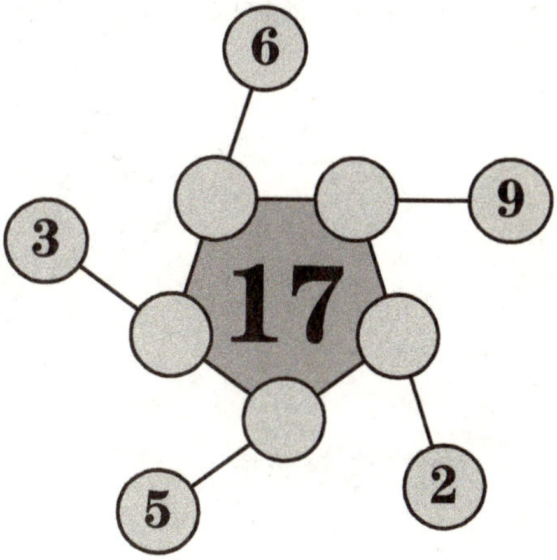

17. 旋风填数之 4

这是分别用上 1 至 10 组成的旋风圈。请将没有填上的数分别填入空格内，使每条直线上的三个数之和都得 19。

试一试，你能很快填上吗？

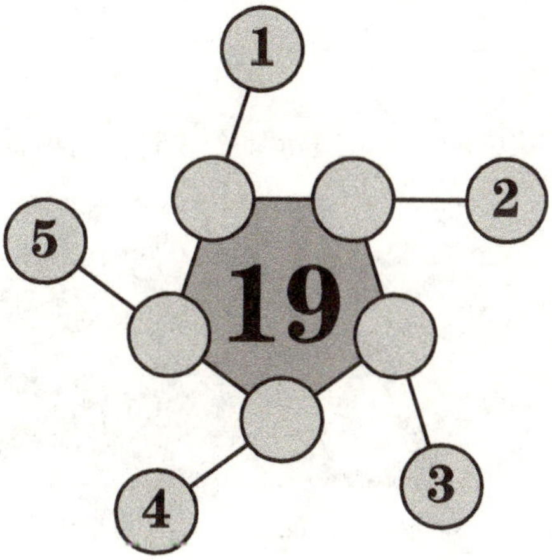

18. 一分为四

请将这个不规则图形划分为四个完全相同的图形。据说能够在半小时内划分成功的都是天才。

试试看，你行吗？

19. 验算算式

这里给你介绍一道你从没有看到过的算式。

这道算式的底数和指数中，不重不漏地出现了数字1～13，你来算算看，等式成立吗？

这可要耐心和细心才能够完成哦。试试吧！

提示：你可以使用计算器，但是八位的可不够用哦。

$(9^2+12^8)-(3^{10}+4^{13}+6^{11}+7^5)=1$

20. 寻数

想想看，当算式中的“A”表示什么数时，这道等式可以成立？

21. 学与玩

圣诞节这天，圣诞老人给大家出了这样一道题，如果能够很快猜出每个字表示的数字是几，就可以得到这包圣诞礼物了。

提示：“学与”表示的两位数是“玩”的整倍数；“学玩”表示的两位数是“与”的整倍数；“与玩”表示的两位数是“学”的整倍数。

试试看，这次你有信心拿到这包礼物了吧？

	学	与	玩
×			玩
学	学	学	玩

22. 一五一十

这是一块中间有一个空格的正方形纸片，其余格内写满了数字 1 和 5。请你将这张纸片划分为形状完全相同的 8 份，每份上的数字之和都得 10。试试看，这可能吗？

1	1	1	1	1	1	1
1	1	1	1	1	1	1
1	1	5	5	5	1	1
1	1	5		5	1	1
1	1	5	5	5	1	1
1	1	1	1	1	1	1
1	1	1	1	1	1	1

23. 一减到底

请在算式等号左边的数字中填入适当的减号，使两道等式能够成立。

试试看，能行吗？

12345678=1208

123456789=1082

提示：两道算式共需要填 7 个减号。

24. 一个乘号

这是两道相同的算式，而得数恰好成倒排数。一个是 3015，另一个是 5103。只知道它们两个有一道是正确的算式，而另一道则不是等式。有趣的是，如是说你能够给不相等的算式中再添入一个乘号，它也能成为等式。

想想看，这一个乘号应当添在哪儿呢？

①12 × 3 ÷ 4 × 567=3015

②12 × 3 ÷ 4 × 567=5103

25. 一分为五

“小乌龟，爬楼梯，一二三四五六七……”

手工课上，小诺完成制作后，手中恰好剩下一块奇怪的“楼梯”形图纸片。

爱动脑筋的她高兴地发现，这个纸片可以划分为形状完全相同、大小完全相等的五份。

你来试一试，能行吗？

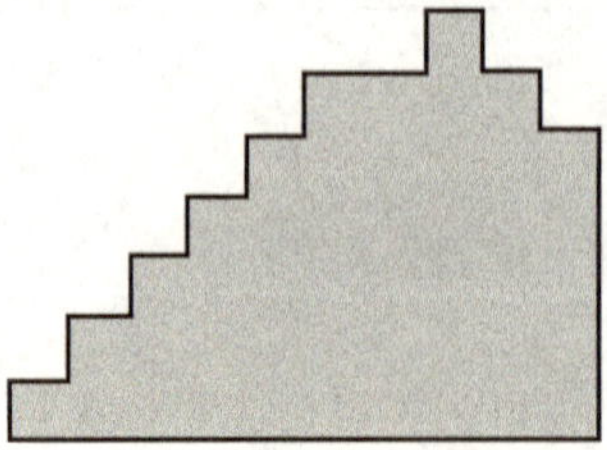

26. 移动 6 与 7

请将算式中的数字 6 和 7 移动一下位置，它就可以成为等式。

27. 译译填填

请将算式中的汉字译成数字，并填出空格中应该有的数字，使之成为新奇趣的平方数等式。

你行吗？

1003^2＝新 00 奇 00 趣

□□□□^{2}＝新 0 奇 0 趣 00

□□□□^{2}＝新奇趣 0000

□□□□^{2}＝新趣奇 0000

□□□□^{2}＝奇新 00 趣 00

□□□□^{2}＝趣 00 奇 00 新

□□□□^{2}＝趣 0 奇 0 新 00

□□□□^{2}＝趣奇新 0000

28. 有趣的剪纸

娜娜在剪纸手工课上用红纸剪拼成了下面的四种图案。

想想看，哪两组的图案用的纸是一样多的？也就是说哪两组红纸的面积是一样大的。

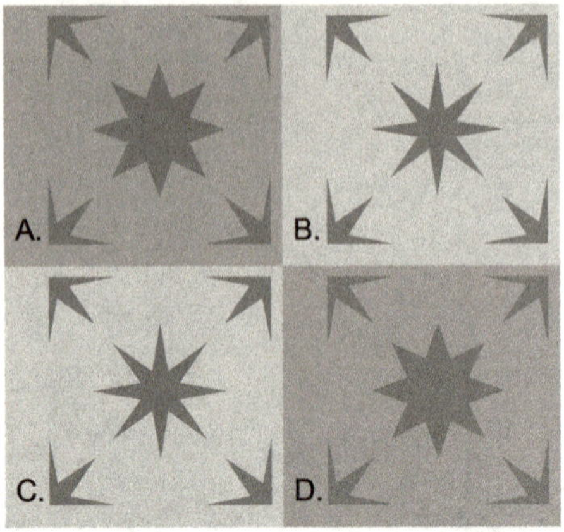

29. 有趣的小5

这张卡片上有一个数字“5”，请你给它添上两条横线或者两条竖线，使它能够将卡片分成面积相等、形状相同的两块，每块上不能有多余的笔画，也不能添斜线。

试试看，你能找出两种不同的添法来吗?

30. 依样画葫芦之1

这里有两道用上数字1～8组成的算式，都得712。

356×2=712

178×4＝712

下面请你也用上 1～8 组成两道算式，使结果都得 912。

□□×□□＝912

□□×□□＝912

你能成功吗？

31. 依样画葫芦之 2

我们用上数字 1、2、3、4、5、6、7、8、9 各一次，组成一个两位数和一个七位数，并算出它们的乘积。

87×1356492＝118014804

好了，下面请你来完成这样一个算式，要求算式内填入数字 1、2、3、4、5、6、7，形成一道与原来得数相同的算式。

□□×98□□□□□＝118014804

答案比你想象的要简单。

试试看，你能将这七个数字依次填上吗？

三、与众不同

32. 与众不同之1

请你仔细观察这里的六幅图案，你能找出一幅与众不同的图案来吗？

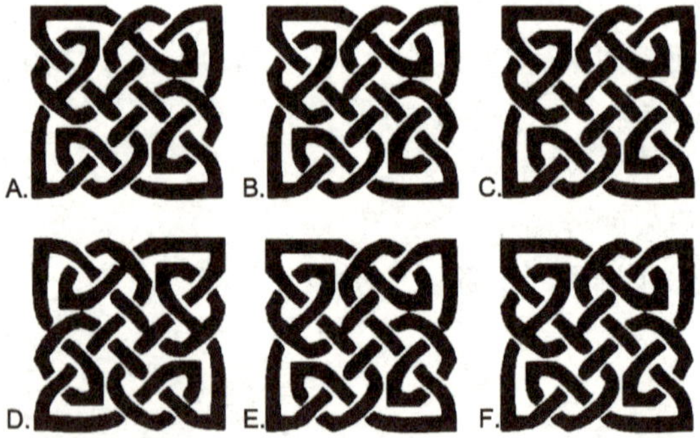

33. 与众不同之2

这里有6个胖“十”字形纸片，上面添入了适当的折线。这里请你观察一下，从中找出一个与众不同的一个图形来。

试试看，你能看出来吗？

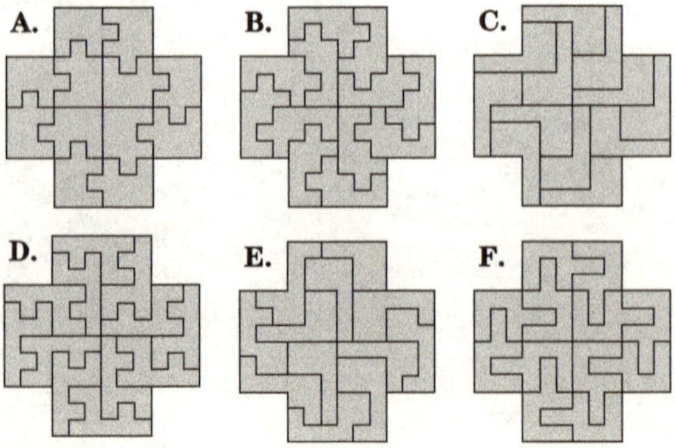

34. 与众不同之 3

剪纸课上，娜娜剪出了 4 幅有趣的窗花图案，其中 3 幅是一样的，只有一幅与众不同。

你能看出是哪幅与众不同吗？

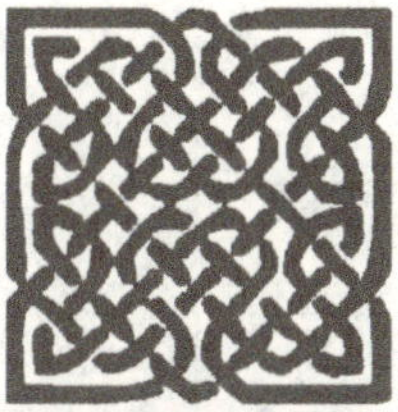
A.

B.

C.

D.

35. 与众不同之 4

剪纸课上，娜娜剪出了 4 幅有趣的窗花图案。这里有 3 幅是一样的，只有一幅与众不同。

你能看出是哪幅与众不同吗？

A.

B.

C.

D.

36. 正方形还原之1

图A是由正方形B剪成八块而拼成的，现在请你将它还原成一个正方形吧。最好的方法是将A复制到硬纸片上，剪成相应的八块，动手拼一拼。

试一试，你行吗？

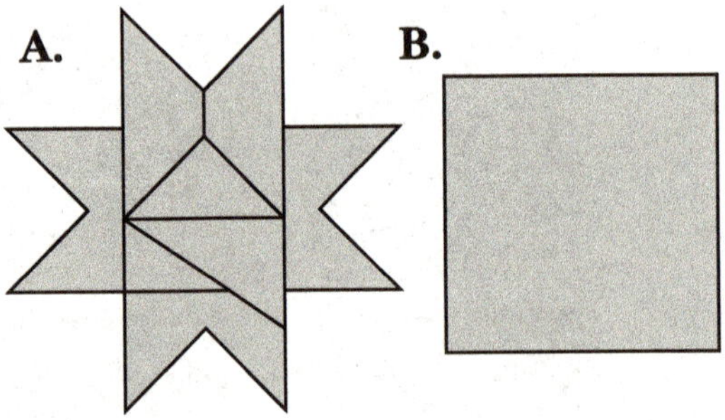

37. 正方形还原之2

图A是由正方形B剪成13块而拼成的，现在请你将它还原成一个正方形吧。最好的方法是将A复制到硬纸片上，剪成相应的13块，动手拼一拼。

试一试，你行吗？

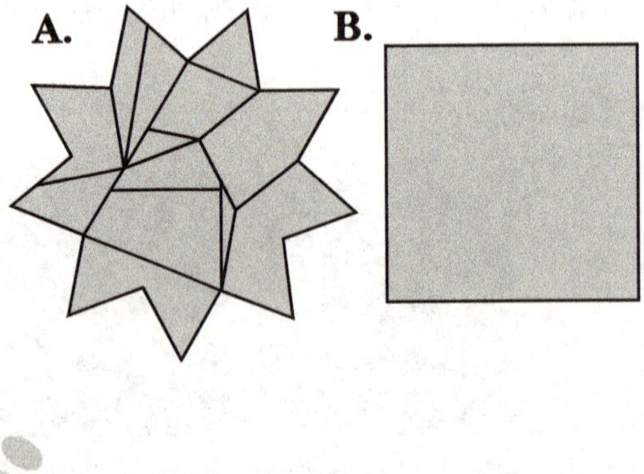

38. 找找看

左边是一个正方形，按上面的线剪开，可以拼成右边两个“四叶草”图形。在拼图过程中，有7块是直接平移过来的，其余的都是要旋转使用的。

试试看，请将平移的 7 块找出来好吗？

39. 找不同之 1

请你仔细观察一下这里极为相似的四幅图，你能找出一幅与其他三幅不同的那个吗？

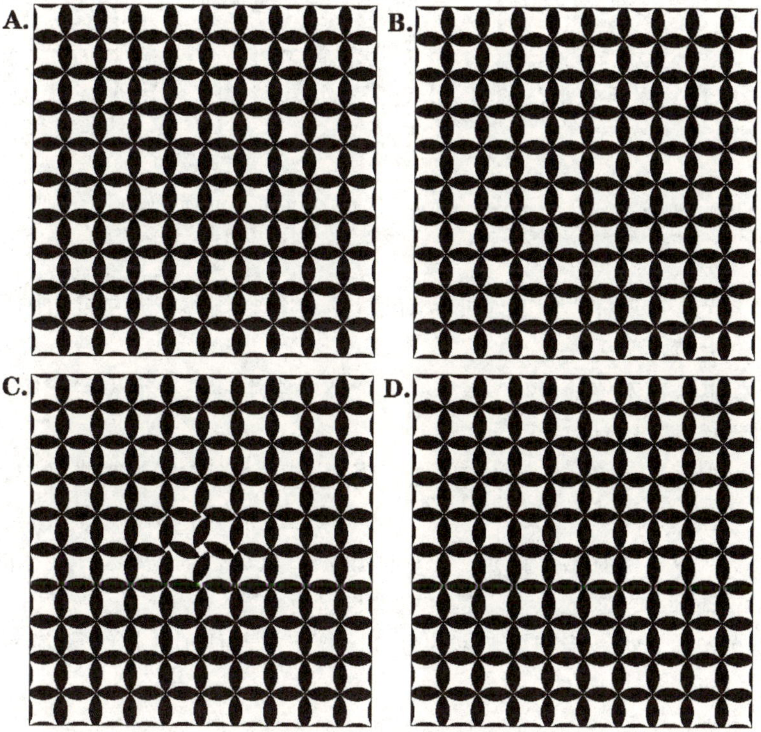

40. 找不同之2

请你仔细观察一下这 6 幅图，指出哪一幅图与其他 5 幅不同。

你来试试吧！

A.  B. 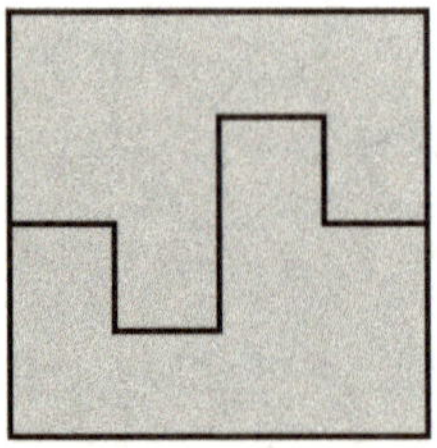 C. 

D. 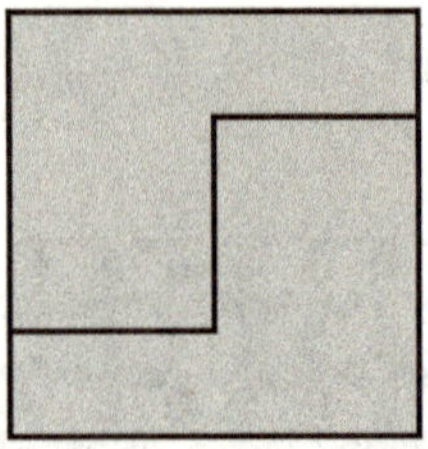 E. 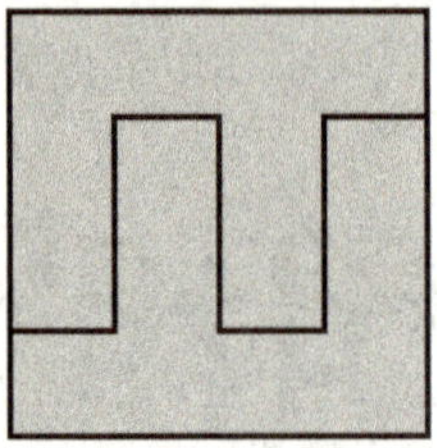 F. 

41. 郁闷的“大黄鸭”

一天，在森林小学的课外活动课上，小猕猴淘淘在方格纸上画了一只非常丑陋的“大黄鸭”……

快嘴八哥不停地说：“这只‘大黄鸭’头小身子大得失去了比例，让真正的‘大黄鸭’情以何堪！”

大家围了上来，纷纷在嘲笑、揶揄淘淘。而淘淘则头高高仰起，自得其乐地说：“大家只知道是‘大黄鸭’，就没有看出这幅图中藏着的秘密吗？”

小八戒好像看出了门道：“这哪里是‘大黄鸭’？就是一个不伦不类的火鸡呀，鸵鸟呀，总之什么都不是！哈哈哈哈……”

淘淘被起哄，受到了大家的嘲笑，脸上挂不住了，忙解释道：“这是个奇妙的八边形，行了吧？”

经淘淘一提示，大家好像看出了什么。

“八边形，是八边形！每条边的长度……噢，太神奇了！”不知谁大叫了起来。

你发现什么了吗？

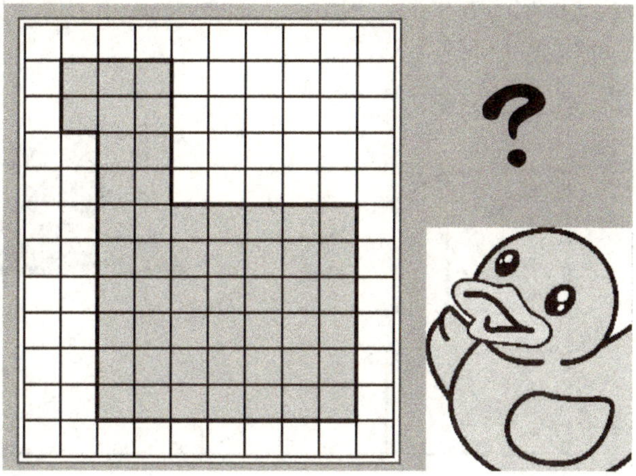

42. 直角三角形之 1

请你将这个不规则的四边形，划分成大小相等、形状相同的 4 个直角三角形。

试试看，你能很快完成吗？

43. 直角三角形之 2

这里有一张画有很多直角三角形的纸，小八戒非常感兴趣，他发现里面的三角形有这样一种规律，从最小的一个数起，最小的是一个，大一些的是两个，再大一些的是三个，更大一些的是四个。请你用四种不同颜色将不同大小的三角形区分出来，也就是相同大小的三角形涂一种颜色。

试一试，你能完成吗?

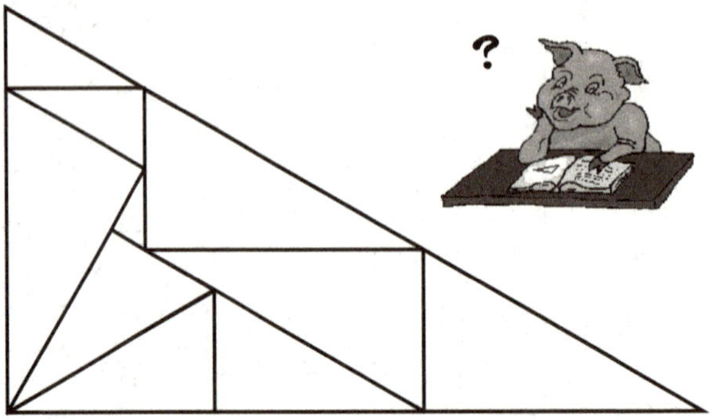

44. 只填减号

来看这样三道算式。它们是在数字链“123456789”中填入减号，可以成为得 30、39、48 的减法算式：

123－4－5－67－8－9＝30

123－4－56－7－8－9＝39

123－45－6－7－8－9＝48

数字链中去掉了 9，剩下的数字链中同样只填减号，使它们仍旧成为得 30、39、48 的减法算式。你不妨试一试，看看自己能够做到吗?

提示：被减数仍旧是 123。

12345678＝30

12345678＝39

12345678＝48

四、智慧旋风

45. 智慧旋风之 1

这是一个由 1～12 排列的“智慧旋风”填数图，部分数已经填好，请你将没有填入的数填上，使每条线上的三个数之和都相等。

你来试试看，能行吗?

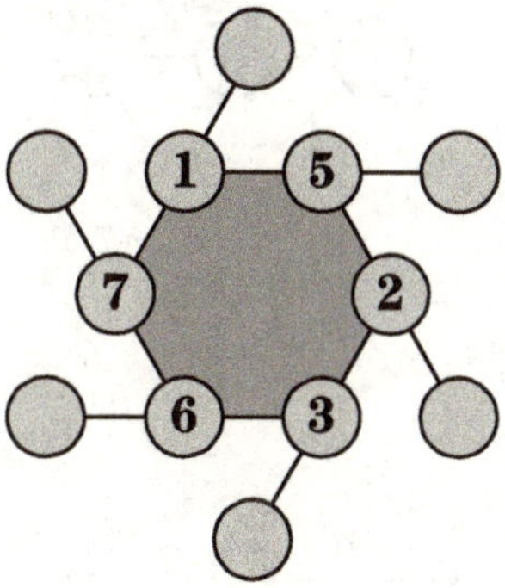

46. 智慧旋风之 2

这是一个由 1～12 排列的“智慧旋风”填数图，部分数已经填好，请你将没有填入的数填上，使每条线上的三个数之和都相等。

你来试试看，能行吗?

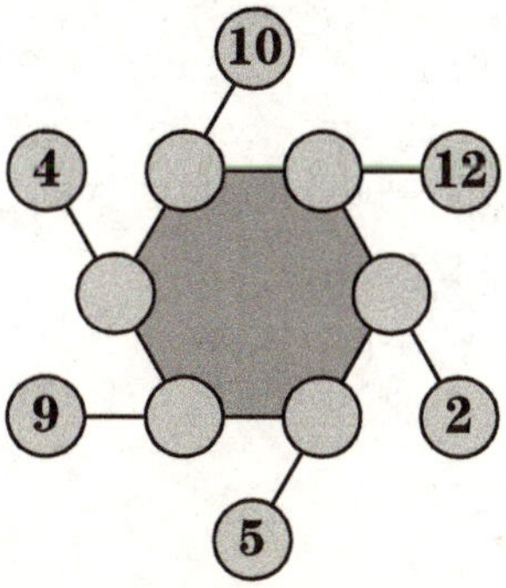

47. 智慧旋风之3

这是一个由1～12排列的“智慧旋风”填数图，部分数已经填好，请你将没有填入的数填上，使每条线上的三个数之和都相等。

你来试试看，能行吗？

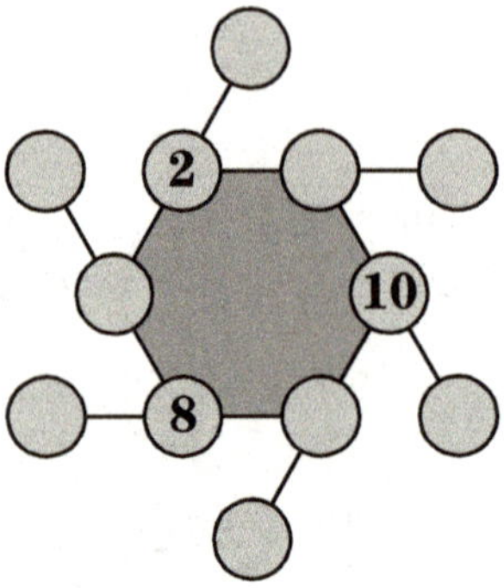

48. 智填算式

来看这样一道算式，它是用上数字1、2、3、4、5和两个运算符号拼出的算式，得数是413。

12×34＋5＝413

考考你：你能否也用上数字1、2、3、4、5和两个运算符号，组成一道得4130的算式呢？

□□□×□×□＝4130

49. 超级头脑

算式中的“超级”和“头脑”表示两个两位数。已知每道算式中不出现重复的数字。

试试看，你能猜出这两个两位数吗？

超级×82＝41×头脑

超级×92＝46×头脑

超级×96＝48×头脑

50. 智力分图

请你将这块不规则的纸片，划分为形状相同、大小相等的 10 块。

试试看，你行吗？

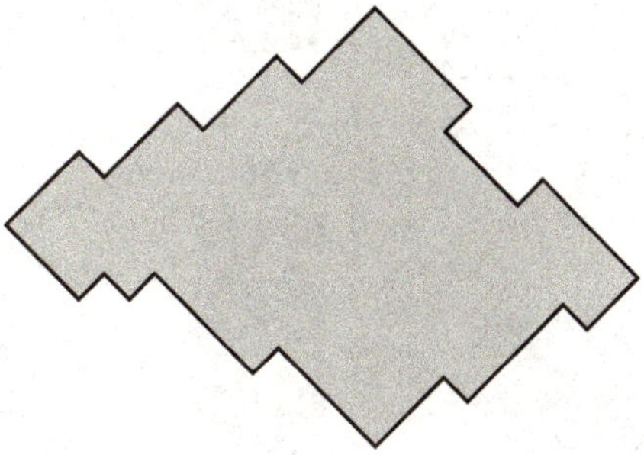

51. 智力考

请用 3、4、6 三个数字，替换下列算式中的“智力考”三个字，使这十道等式都能够成立。

你能成功吗？

考^{8}÷智÷力+0=智力考 0.9

考^{8}÷智÷力+1=智力考 1.9

考^{8}÷智÷力+2=智力考 2.9

考^{8}÷智÷力+3=智力考 3.9

考^{8}÷智÷力+4=智力考 4.9

考^{8}÷智÷力+5=智力考 5.9

考^{8}÷智÷力+6=智力考 6.9

考^{8}÷智÷力+7=智力考 7.9

考^{8}÷智÷力+8=智力考 8.9

考^{8}÷智÷力+9=智力考 9.9

52. 智拼矩形

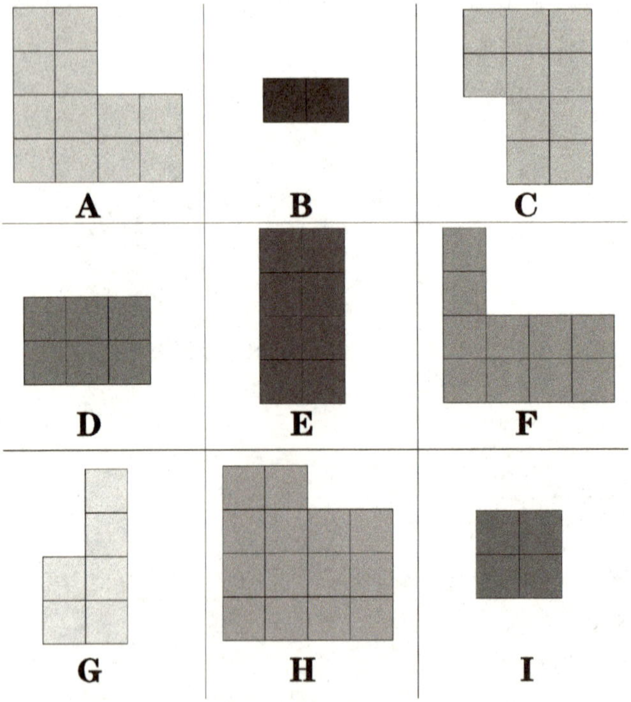

例如，A+E+I 组成的矩形：

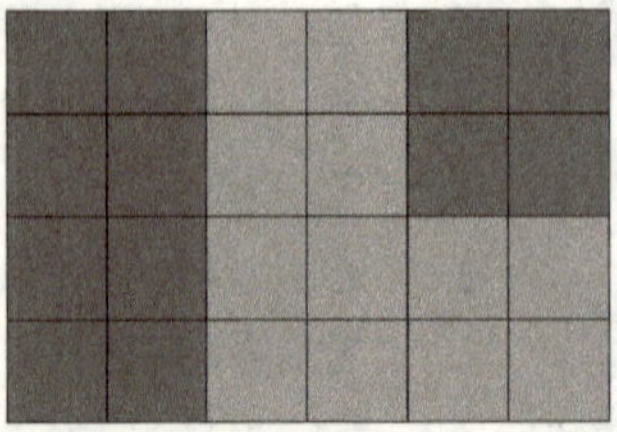

请你认真观察一下，这张图中每横行、竖列都能够拼成一个 4×6 的矩形。你来分别试试好吗？

53. 智去减号

这里的 4 道算式都不相等，如果每个算式中去掉一个减号，它们就都能够成为等式。

想想看，该去哪个呢？

1234－5－6－7－8＝1145

1234－5－6－7－8－9＝1145

1234－5－6－7－8＝1154

1234－5－6－7－8－9＝1154

54. 智填七数

请把 1、2、3、4、5、6、7 分别填入空格内，使七边形每条边上的三个数之和都得 19。

你能寻找到巧妙的填法吗？

55. 智填九数

请把 1、2、3、4、5、6、7、8、9 分别填入空格内，使九边形每条边上的三个数之和都得 24。

你能寻找到巧妙的填法吗？

56. 智寻三位数

谷雨爽与朱沂蒙是同桌，也是一对数学迷。她们时常在一起出测试题考考对方。

课间休息时，谷雨爽又给朱沂蒙出了一道题：“有这样一个三位数，它是由三个不同的数字组成的，如果说让这个三位数，与构成它的三个数字相乘，积为五位数，且百位、十位、个位上的数字均为 8。你知道这个三位数是多少吗？”

朱沂蒙想了想，在纸上列出了：“根据题目的要求，设这个三位数为 abc，abc×a×b×c＝□□888。”她列的一点没错，不过下面就不好算了。

她对谷雨爽说："你能再给点提示吗？"

谷雨爽笑笑说："可以，我告诉你，得数中的两个空格中，有一个数字为3。这次应该算出来了吧？"

想想看，你能够算出来吗？

57. 智填数字

根据算式的规律，填写出空格中的数字。你行吗？

提示：ABC+AB+C=500。

267+26+7=300

362+36+2=400

□□□+□□+□=500

543+54+3=600

629+62+9=700

724+72+4=800

58. 智分字母

请将这个带有ABC的方格纸，沿线划分为形状相同（或成镜像）、大小相等的三份，每份上有一个完整的字母（请用涂色的方式完成）。

试试看，你能顺利完成呢？

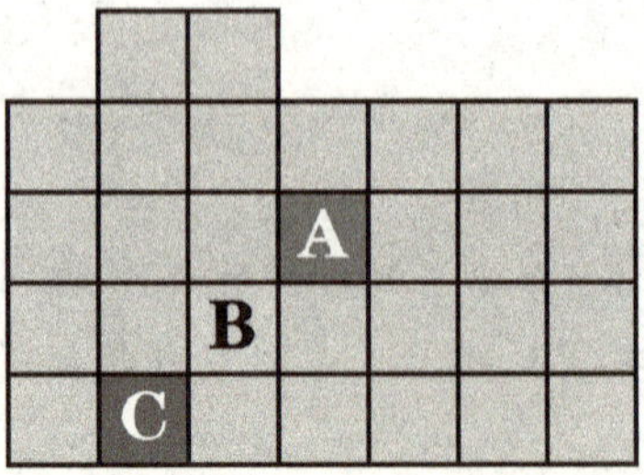

59. 填数

（1）请你在下面的空格内，填入一个相同的两位数，使它拼合成一道等式。想想看，这个数是多少呢？

$$\square\square\times 12+\square\square 1\times 2=112$$

（2）请在空格内填入 1～25（其中 11～15 已填好）各数，使每横行、竖列及对角线上的五个数之和都能够相等。

				15
			14	
		13		
	12			
11				

（3）请把 0、1、2、3、4、5、6、7 这些数字填入圆圈内，使每条直线上的三个数之和都能够相等。

试试看，你能填出来吗？

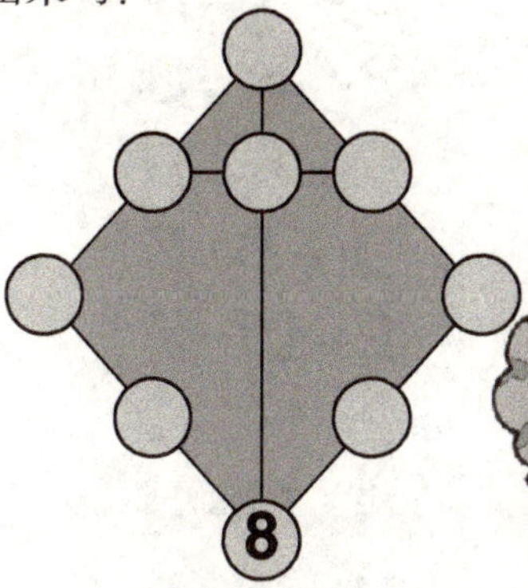

（4）算式中的 A、B、C 表示三个用上数字 1、2、3、4、5、6、7、8、9 各

一次组成的三位数。

显然从第一道算式是没有办法判断的。想想看，A、B、C各为多少时，才可以填成这样的等式？

提示：本题共有四种答案。

$$A \div A = 1$$
$$B \div A = 2$$
$$C \div A = 3$$

60. 质数合数接力赛

数学活动课上，阿毛提议进行一场质数合数接力赛。

质数又称素数。一个大于1的自然数，如果除了1和它自身外，不能被其他自然数整除则叫做质数。

关于质数有很多历史悠久的世界级的难题，如哥德巴赫猜想、黎曼猜想、孪生素数猜想等。等你以后去了解和研究噢！

这是一组极为有趣的连环算式，已知算式中的字母表示9个不同的质数。以质数41开始，依次加上2、4、6、8、10、12、14、16、18，所得的数都是质数。

试一试，你能很快填写出其他的算式来吗？

$$41+2=A$$
$$A+4=B$$
$$B+6=C$$
$$C+8=D$$
$$D+10=E$$
$$E+12=F$$
$$F+14=G$$
$$G+16=H$$
$$H+18=I$$

61. 重新考虑

这是用上数字 1、2、3、4、5、6、7 和两个运算符号组成的得 1000 的算式。请你将算式中的运算符号去掉，重新添入两个运算符号，使之仍成为得 1000 的算式。

试试看，这可能吗？

$$1342-6\times57=1000$$

62. 重整旗鼓

（1）请你将这个梯形按它上面的线划分一下，涂上两种不同的颜色（或标上 4 和 5）。然后剪开成八块，并用含有 4 的拼板拼成一个正方形，用含有 5 的拼板拼成一个正五边形。

你来试试好吗？

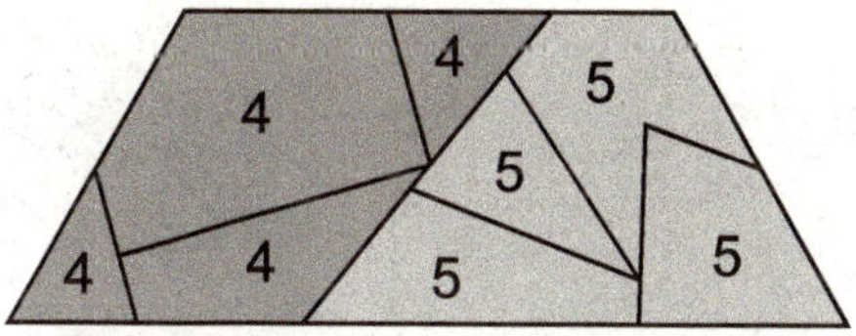

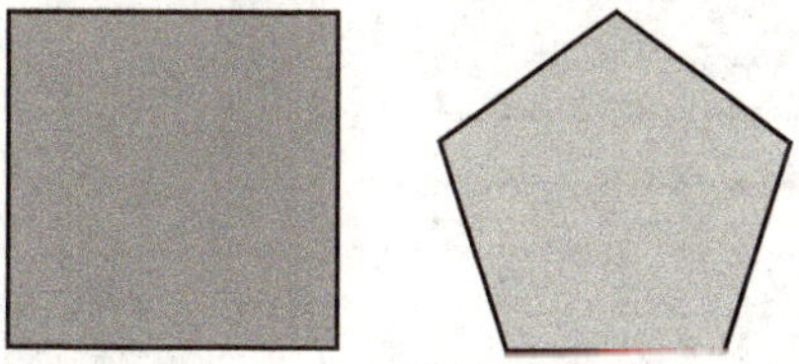

（2）下面这个与上面的类似，只是难度增加了。将这样一个梯形划分为 12 块，各自标上 4、5、6，并用含有 4 的拼板拼成正方形，用含有 5 的拼板拼成五边形，用含有 6 的拼板拼成六边形。

试试看，你行吗？

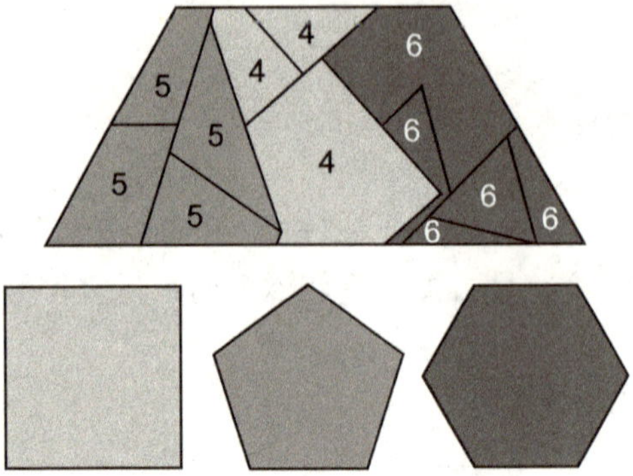

63. 重新划分之1

大榕树上，鸟博士在给孩子出题："孩子们，这个奇怪的图中出现了12个小点。请你将这个图形划分为形状相同、大小相等的12块，每块上有一个小点。"

"这也太难了吧，博士。给个提示吧。""这样的题目怕是没有答案吧！"大家议论纷纷。

鸟博士不动声色，拿出来一种绝妙的答案："好吧，这箭头所指的就是一种划分方法。试试看，你还有另外的划分方法吗？这可是要动一番脑筋的噢！请找出笔来划分一下，开始吧！"

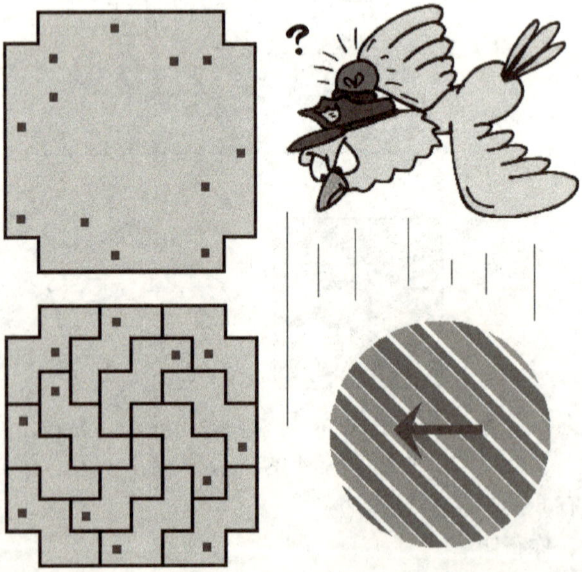

鸟博士见大家面带难色，知道此题的难度不小。为了降低难度，鸟博士提供

给大家一个没有完成的划分方法。

你能根据这个提示，重新找出另外的划分方法吗？

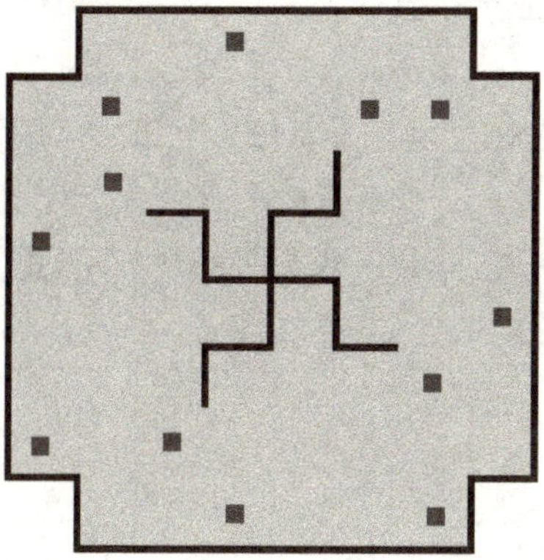

64. 重新划分之 2

A 是一块不规则的纸片。B 是将它划分为大小相等、形状相同（或成镜像）的四块。我们想将 A 划分为如此的五块，你有办法完成吗？

你来试试看。

A.

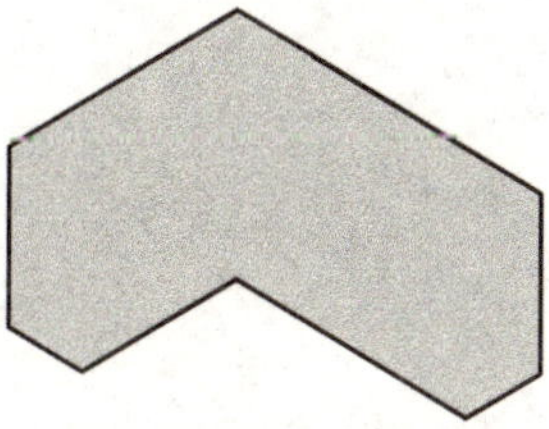

B.

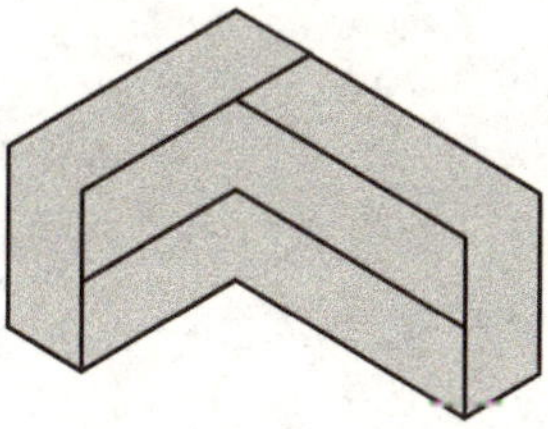

65. 重新考虑

这是两道用上数字 1、2、3、4、5、6、7 和 5 个运算符号组成的得 1000 的算式。请你将算式中的运算符号去掉，加入两个运算符号，使之成为得1000的算式。

试试看，这可能吗？

$$1-2-4+67\times5\times3=1000$$

$$1\times24\times6\times7-5-3=1000$$

五、绝妙算式

66. 纵横等式之 1

请在空格内填入 1、2、3、4、5、6、7、8，使纵横形成六道得 13 的加法等式。

试试看，你能完成吗？

	+		+		=	13
+		+		+		
	+	3	+		=	13
+		+		+		
	+		+		=	13
=		=		=		
13		13		13		

67. 纵横等式之 2

请在空格内填入 1、2、3、4、5、6、7、8，使纵横形成六道得 14 的加法等式。

试一试，你能填出来吗？

	+		+		=	14
+		+		+		
	+	6	+		=	14
+		+		+		
	+		+		=	14
=		=		=		
14		14		14		

68. 纵横等式之3

请在空格内填入1、2、3、4、5、6、7、8，使纵横形成六道得15的加法等式。

试一试，你能填出来吗？

	+		+		=	15
+		+		+		
	+	9	+		=	15
+		+		+		
	+		+		=	15
=		=		=		
15		15		15		

69. 字母算式之 1

想想看，算式中的 A 和 B 各表示一个什么数字时，它们可以成为两道正确的除法算式？

1111A÷A=BBB3

1111B÷B=AAA6

70. 字母算式之 2

请将 A、B、C、D 这四个字母，分别换成适当的数字，使之成为两道等式。试试看，你行吗？

提示：A+B=C+D=9。

AABB ÷ AB=66

CCDD ÷ CD=99

71. 字母算式之 3

有三个连续的两位数，我们记作 A、B、C，它们与回文数非常有缘。你能根据下面的算式，算出 A、B、C 各是多少吗？

A×B=6006

A×B×C=474474

72. 字母代数

在下面的五道算式中，分别出现了字母 A 和 B。如果将字母换成相应的数字，它就可以成为等式。

你知道 A 和 B 各代表几吗？

A÷B=B.A

A9÷B=B9.A

A99÷B=B99.A

A999÷B=B999.A

A9999÷B=B9999.A

73. 最大与最小

我们来看这样的两道算式：

(1)？＋??＋???＋????＝最大得数

式中“?”表示十个不同数字，你能算出最大得数是多少吗？

(2)？＋??＋???＋????＝最小得数

如果让求最小得数，那算式怎么写呢？得数是多少？

分析与解答：

最大数并不是 0＋21＋543＋9876 这样的！而是要保持千位、百位、十位、个位上的数字尽量大。如何满足这些条件呢？我们应该把最大的数字——9 分配给千位（1 个），8、7 分配给百位（2 个），6、5、4 分配给十位（3 个），3、2、1、0 分配给个位（4 个），例如 1＋40＋752＋9863，组成的数和算式有很多种变化，它们的和只有一个：10656。

同样，求最小得数时，应该把最小的数字——0 分配给千位，可是这样一来，不符合我们平常的写数习惯，所以让 0 退下来换成数字 1，把 1 给千位（1 个），让 0、2 给百位（2 个），3、4、5 给十位（3 个），6、7、8、9 给个位，例如 6＋37＋248＋1059，形式可以变化，但和只能是：1350。

试一试：

每道算式中的“?”为六个不同的数字，想想看，它们最后的结果应该是多少？

? +?? +??? =最大得数

? +?? +??? =最小得数

74. 移动的数字

柯尔与乔莎是夫妻，也是一对数学迷。几天来，他们被这样一道题折磨得寝食不安。

一位数乘以三位数，等于两位数乘两位数，而且还是原来的那几个数字，只是其中三位数中间的数字跑到了一位数的前边（如图）。

$$A \times B3C = 3A \times BC$$
$$A \times B4C = 4A \times BC$$
$$A \times B5C = 5A \times BC$$
$$A \times B6C = 6A \times BC$$
$$A \times B7C = 7A \times BC$$
$$A \times B8C = 8A \times BC$$
$$A \times B9C = 9A \times BC$$

嗯，有意思。通过凑数字的方法，找出一种两种来，根本算不了什么难题，关键是他们想找出所有的答案来。嗯，不容易！

想想看，算式中的 A、B、C 各表示什么数字时，这样的等式能够成立？你能找出所有符合条件的算式吗？

75. 企鹅妹妹

企鹅妹妹将大正六边形划分为 24 个小三角形，顶点处各站一个企鹅妹妹，手里各有一个号码。我们知道每一个小正六边形顶点上的六个号码之和都得 60，图中最左边的企鹅妹妹为 1 号，最右边的企鹅妹妹为 19 号。

你能标出其他的号码吗？

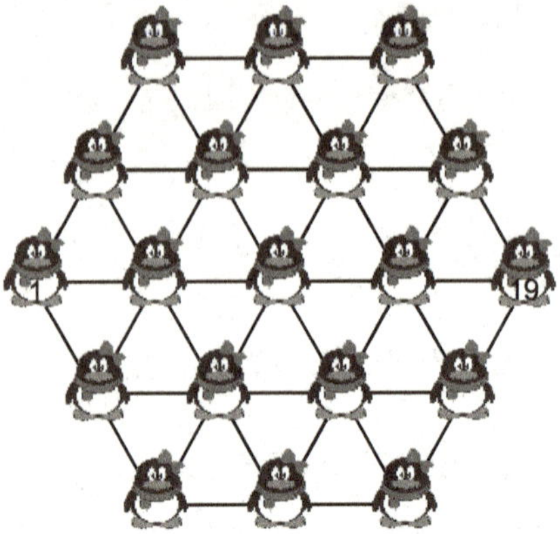

76. 巧移乘号

这是一道奇特的算式，式中出现了数字0、1、2、3、4、5、6各一次。请你将算式中的一个乘号移动一下位置，使之成为另外一道如此有趣的算式。

试试看，你行吗？

$$5\times1\times64=320$$

77. 趣味换数

请你想想看，下面算式中的“奇”“妙”“趣”各表示一个什么数字时，它可以成为一道有趣的等式？如果能够成功，那将是多么有趣的呀！

唉，唐老鸭怎么也算不出来，你来试试吧！

提示：新＝8。

	妙
	趣
	新奇
+	新奇妙趣
	新新新新

78. 三个两位数

请你用上数字 1、2、3、4、5、6，分别组成三个两位数，填入每道算式的空格内，使每道等式都能够成立。

看仔细，有的是一个加号一个减号，有的是两个减号噢！组数的时候要做到统筹兼顾才行。

想想看，你能够做到吗？

□□-□□-□□=1
□□+□□-□□=1
□□-□□-□□=8
□□+□□-□□=8
□□-□□-□□=10
□□+□□-□□=10
□□-□□-□□=17
□□+□□-□□=17
□□-□□-□□=19
□□+□□-□□=19
□□-□□-□□=28
□□+□□-□□=28

六、飞去来器

79. 飞去来器之 1

请在空格内填入 5～12 这些数，使图中每横行、竖列相连的 4 个格内的数之和都得 22。

试试看，你能很快填上来吗？

80. 飞去来器之 2

请在空格内填入 1～12（1、2、4、7 已填）这些数，使图中每横行、竖列相连的 4 个格内的数之和都得 23。

试试看，你能很快填上来吗？

81. 飞去来器之 3

请在空格内填入 1～12（2、3、6、7 已填）这些数，使图中每横行、竖列相连的 4 个格内的数之和都得 24。

试试看，你能很快填上来吗？

82. 飞去来器之 4

请在空格内填入 1～12（3、4、5、10 已填）这些数，使图中每横行、竖列相连的 4 个格内的数之和都得 25。

试试看，你能很快填上来吗？

83. 飞去来器之 5

请在空格内填入 1～12（2、5、8、11 已填）这些数，使图中每横行、竖列相连的 4 个格内的数之和都得 26。

试试看，你能很快填上来吗？

84. 飞去来器之 6

请在空格内填入 1～12（5、7、8、10 已填）这些数，使图中每横行、竖列相连的 4 个格内的数之和都得 27。

试试看，你能很快填上来吗？

85. 飞去来器之 7

请在空格内填入 1～12（5、6、11、12 已填）这些数，使图中每横行、竖列相连的 4 个格内的数之和都得 28。

试试看，你能很快填上来吗？

86. 飞去来器之 8

请在空格内填入 1～12（6、9、11、12 已填）这些数，使图中每横行、竖列相连的 4 个格内的数之和都得 29。

试试看，你能很快填上来吗？

87. 飞去来器之 9

请在空格内填入 1～8 这些数，使图中每横行、竖列相连的 4 个格内的数之和都得 30。

试试看，你能很快填上来吗？

88. 添加号让结果最小

添上 4 个加号，使算式的得数最小。你行吗？

1 2 3 4 5 6 7 8 9=?

什么？你没有听错，也没有看错，题目中只准添 4 个加号，使它的得数尽可能小。不改变数字顺序的。只要你肯细心去想，这道题是不难的。

想出来了吗？

89. 添四个“1”

一天，胡子爷爷又在给大家讲数学了：“数学石崖上，有一个传奇的岩洞，只有敢于攀登智慧之山的人，才能领略到其中的传奇风光。数学的和谐，都是岩洞里产生的传奇的壁画、传奇的诗歌及传奇的旋律。”

接着，他给大家出了这样一道题，让大家来品味数学的和谐与奇妙来。

看看下面这些算式：

$$12+3\times4\times5+6=78$$

$$1\times234-56=78$$

$$1\times2+34\times5+6=78$$

$$1234-56=78$$

对，它们有的相等，有的不等。胡子爷爷告诉大家，只需要给这 4 道算式中添入四个数字“1”，这些算式都会成为等式。

想想看，该如何添呢？

90. 纵横算式

请用上 1、2、3、4、5、6、7、8、9 这 9 个数字，组成四个数填入空格内，使纵横构成两道乘法等式。

试试看，你最多能够找出几种不同的填法呢？

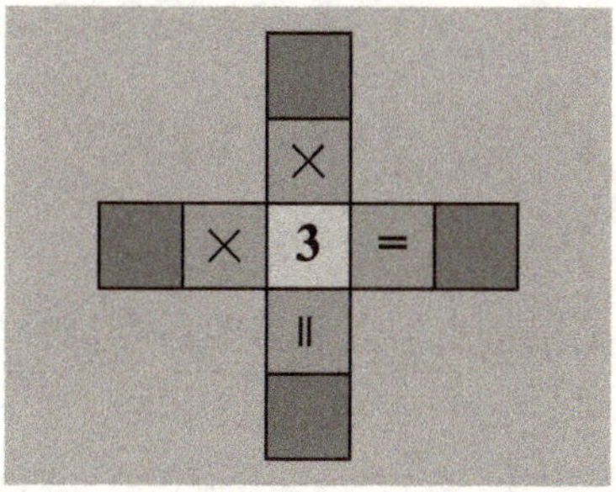

91. 三胞胎解题

明明、亮亮、晶晶是三胞胎兄弟，他们既聪明又活泼，还特别爱动脑筋。

一天，妈妈给他们出了一道特别难的数字谜题：

将下面算式中的“疯”“狂”“数”“学”换成适当的数字，使它组成一道得6655的算式。

疯狂×数学＋疯狂数×学＝6655

三兄弟果然不负众望，一会儿工夫，他们都拿出了自己的答案。

明明的答案是：

49×85＋498×5＝6655

亮亮的答案是：

62×37＋623×7＝6655

晶晶看了看两位哥哥的答案，高兴地说：“妈妈，妈妈，我的答案与哥哥们的都不一样！”

试试看，你能猜出晶晶的答案吗？

92. 加减乘除

请在下面的算式空格内，分别填入＋、－、×、÷四则运算符号各一个，使两道算式都相等。

你能填出来吗？

2 + 46□2□4 + 6 = 100

2 × 46□2□4 + 6 = 100

93. 巧填符号

请你在下列算式的空格内填入适当的运算符号，使等式成立。

你行吗？试一试吧！

2□46□24□6 = 100

24□6□2□46 = 100

2□4□6□2□4□6=200

2□462□4□6 = 900

94. 小松鼠出题

动物山庄有所学校，那里的小动物们可喜欢数学游戏了。

有一只小松鼠叫篷篷，他特别兴奋地给大家出了一道题：

在下面算式中的□内填入相同的一个数字，使这道等式能够成立。

8×□＋□□＝8□＋□＋□

他的题目一出，真的引来了不少的小伙伴。他们或者交头接耳，或者低头思考，小松鼠篷篷可得意了，真的以为大家都被难住了。

有一个叫灵灵的小兔，他一点也不着急。通过估算，很快找到了答案。松鼠篷篷不好意思地说："哎呀呀，这么难的题目你都能够做出来啊！佩服佩服。"小兔灵灵谦虚地说："哪里哪里，其实是不是难题，并不是在题目上，有些题目对于某些人是难题，对于另外一些人不一定就是难题。对于一些都认为简单的题目，我们一些伙伴认为它难也是不足为奇的。"

你找到自己的答案了吗？

95. 奇怪的算式

一个小朋友说："为什么挑食的都是孩子，家长怎么都不挑食呢？"另一个小朋友说："他们买的都是自己爱吃的，还挑什么食？"一听是个怪问题，想想也非常合理。

你来看看下面的数字算式有多么奇怪吧！

将算式中的"真""奇""怪"换成适当的数字，当然相同的汉字表示的数字也要相同，使两道等式都能够成立。

你能猜出它们各表示几吗？

真8奇×真＋8×奇＝8888

真8怪×真＋8＋怪＝8888

96. 真奇妙的算式

班里的黑板报上，出了这样一道题：

请你将算式中的“真”“奇”“妙”换成一位的质数，使它成为一道等式。

真奇真奇×真妙奇妙＝妙妙妙妙妙妙妙妙

看到这个题目后，不少同学会感到特别难，毫无头绪，加之所列的数据较大，差不多都把它当做超级难题了。阿慧却不这样认为，一位的质数只有 2、3、5、7，不妨运用末位思维法求解……

试试看，你能解出这道题吗？

97. 字母换数

有些益智问题，乍看起来，似乎很模糊，使人不知如何下手，但把每句话逐次推敲一下，就不一定那么困难了。下面这个问题对训练人们冷静地分析和进行逻辑推理，是一个好题目。

请你将算式中的字母 A、B、C、D 换成适当的数字，使下面 20 道算式都能够成立。想想看，各是几呢？

不能被表面现象所欺骗，应该从错综复杂的关系中进行分析。试试吧！

AB0－AB－0＝AAA	BC0－BC－0＝DDD
AB1－AB－1＝AAA	BC1－BC－1＝DDD
AB2－AB－2＝AAA	BC2－BC－2＝DDD
AB3－AB－3＝AAA	BC3－BC－3＝DDD
AB4－AB－4＝AAA	BC4－BC－4＝DDD
AB5－AB－5＝AAA	BC5－BC－5＝DDD
AB6－AB－6＝AAA	BC6－BC－6＝DDD
AB7－AB－7＝AAA	BC7－BC－7＝DDD
AB8－AB－8＝AAA	BC8－BC－8＝DDD
AB9－AB－9＝AAA	BC9－BC－9＝DDD

98. 巧排算式

课间休息时，阿毛要考考小七。

题目是一道填数字成等式，要求因数中的 4 个空格内填入 2、3、4、5 这 4 个数字。积中的空格，同样也是填 2、3、4、5 这 4 个数字。

小七对于数字题非常感兴趣，马上找来纸和笔，边写边思考……

试试看，你能写出数字等式吗？

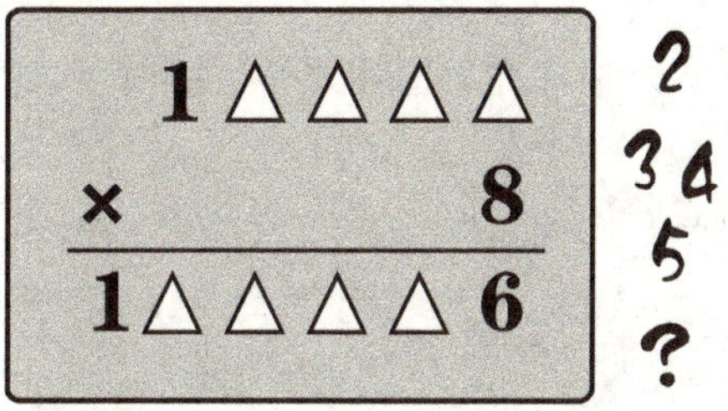

99. 巧得 100

□□+□□×1−□÷2=100

请在空格内填入 3、4、5、6、7 几个不同的数字，使它与+、−、×、÷拼合成一道由数字 1～7 组成的得 100 的算式。

小慧有一种极为相似的填法：35＋17×4－6÷2＝100。不过，1 的位置不对。

试试看，你能填出符合要求的等式吗？

七、妙填趣式

100. 妙填趣式

这里有五道算式。请你在每道算式的空格内填入同一个数字，使之成为一道等式。

试试看，你行吗？

□□＋□÷□－□×□＝1□

□□＋□×□＋□÷□＝1□

□÷□＋□×□＋□□＝1□

□÷□＋□□－□×□＝1□

□1×11×111＝111111

101. 减法等式

这绝对是一个奇妙的算式。算式中的 A、B、C、D、E、F 表示连续数字 3、4、5、6、7、8，你能根据算式表明的关系，猜出各是几么？

很明显，被减数为一个相同的三位数，它减去三个一位数，差为 666，而减去这三个数字组成的三位数，差则为 333。被减数最高位上的数字应该是 6，这是因为在第二道算式中，三个一位数最大的和为 21……好了好了，还是你自己亲自算一下吧。正好这道题可以考考你的估算能力。

来试一试吧。

（1）ABC－DEF=333

（2）ABC－D－E－F=666

102. 趣组算式

来看这样一道算式：

8×12345679＝98765432

将数字串中的123456789中的8取出，使其组成一道算式，得数正好为去掉1后的八个数字98765432。看好，等号左右各出现了九个和八个不同的数字。

我们设想，将数字5、6、7、8、9填入算式左边的括号中，使算式成为由1、2、3、4、5、6、7、8、9九个数字组成的两个因数，得数恰好是由2、3、4、5、6、7、8、9八个数字组成的八位数。

你能填出来吗？

(　　) × 1234 (　　) = (　　)

103. 9 个数字

这是两道让你眼前一亮的算式：

请在每道算式的空格里，分别填入数字1、2、3、4、5、6、7、8、9，使两道等式能够成立。

试试看，你能够填写出来吗？

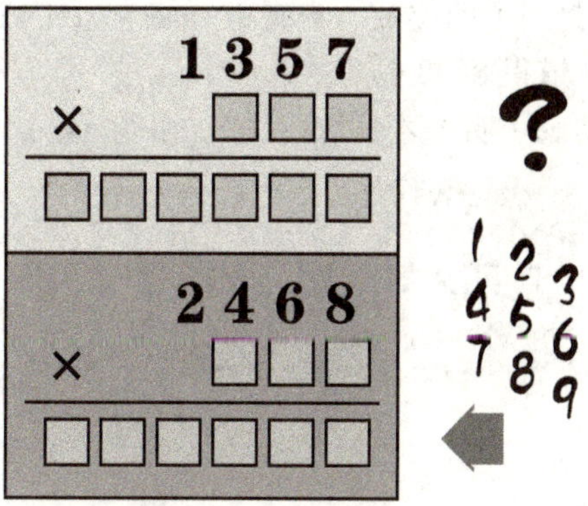

104. 趣得 22

填算式的游戏是一种非常有趣的数学游戏题目，它要靠你的缜密推理来求得最后的成功。

A. 请在空格内分别填入 1、2、3、4，使之与 5 一同组成两道得 22 的算式，有趣的是，每道算式分别出现了＋、－、×、÷四则运算符号。

B. 请在空格内分别填入 6、7、8、9，使之与 1、2、3、4、5 一同组成得 22 的算式，无独有偶，每道算式也分别出现了＋、－、×、÷四则运算符号。

试试看，你能全部填出来吗？

A.
(□÷□－□＋5) ×□＝22
(□÷□＋□) ×(5－ □) ＝22

B.
1×234 ÷□＋□□－□5＝22
(1＋23÷4□)×□□－□5＝22
1÷23×(4□□－□□)＋5＝22

105. 聪明才智

一些朋友解答数学题，尤其是较为难的竞赛题时，不仅仅依靠自己的数学知识，有时候充满智慧的大脑的灵机一动，也会让题目迎刃而解。

“聪明才智”是一个四位数，有趣的是将它及组成它的四个数字，通过一些计算，能够组成一道得 8888 的算式。

如果告诉你“聪＋明＋才＋智＝18”，你能猜出这个四位数该是多少吗？

聪明才智×聪÷明＋才＋智＝8888

106. 春夏秋冬

这是一道令人费解的题目，乍一看无从下手，细细想来别有一番趣味。你愿意考考自己吗？

算式中的“春”“夏”“秋”“冬”各表示 1～6 中的一个数字，等式就可以成立。

如果告诉你“春夏×2＝秋冬”，你能写出这两道神奇的等式吗？

春春×春夏×夏夏＝春春夏春夏

秋秋×秋冬×冬冬＝冬秋冬秋冬

107. 各就各位

将象征着美好音符的 1、2、3、4、5、6、7 这 7 个数字，巧妙地填入算式的空格内，使之拼成一道得 88888 的正确算式。

你行吗？

8□□□□□□÷9□−10=88888

108. 神秘算式

意大利作家薄伽丘说过，人类的智慧就是快乐的源泉。看看下面的算式吧，你会从中找到快乐的！

你来猜猜看，下面算式中的字母 A、B、C、D 表示几时，每组的两道等式能够同时成立？

A=？

B=？

AAA − BBB =111

BB+BA+AA−111

CCC − DDD =222

DD+DC+CC=222

C=？

D=？

109. 50的倍数

有些人的心算能力特别强，一读题之后就能够想出得数来。也许你就有这种能力，何不来试一试？

算式中的字母表示数字2、3、4、5、6、7、8、9，算式能够成立。得数都是50的倍数。

试试看，你能将算式中的字母换成相应的数字吗？

$$A\times B\times C-A-B-C=50$$

$$D\times E\times C-D-E-C=150$$

$$F\times G\times H-F-G-H=250$$

110. 六边形填数

请在大六边形内的小三角中填上数字1、2、3、4、5、6，使每一个小正六边形（共七个）内都出现这六个不同的数字。

111. 字母趣式

晚饭后，妈妈出题考小娜。

题目是一道极为有趣的字母算式，要求找出A、B、C表示不为0的三个数字。娜娜非常高兴，找来纸和笔，边写边思考……

你能写出数字等式吗？那就来试试吧！

AABA×CCC=CBBBCC

A+B+C=8

A= ？
B= ？
C= ？

112. 奇特算式

“奇怪，奇怪。这算式真是奇怪极了！”阿毛边在纸上画着写着，嘴里边嘟囔着。引得阿慧伸长脖子往他这里望。只见阿毛的本子上写着这样一道题：

在 336699 数字串中，填入 4 个运算符号，使它成为得 666 的算式。有趣的是，填入 3 个运算符号也能使它得 666。更为奇特的是在 336699 中填入两个运算符号，也能形成得 666 的等式。算式中都不出现括号。

阿慧也赞叹不已：“这么奇特的算式，你能够完成吗？”

阿毛笑笑说：“慧哥，要想知道梨子的味道，就要亲口尝一下呀！看好了，让数字链‘336699’成为得 666 的算式，可以添 4 个等号，也可以添 3 个符号，还可以添两个符号，明白了吧！”阿毛这么一解释，激发出阿慧强烈的解开此题的欲望，阿慧想起了刘老师说过的一句话：“好的题目，就像德行，去做，本身就是一种褒奖。”他急忙找出纸和笔，加入解答这道题的行列了……

试试看，你能分别写出这三种情况的等式吗？

3 3 6 6 9 9=666

113. 51 趣题

请把自然数 2、3、4、6、7、8、9 分别填入图中的空格内，使每个圆环上的数之和都得 16。如果你能够填成功，那就再来动动脑筋，调整一下你所填的数，使每个圆环上的数之和都得 17。

试试看，你能都填出来吗？

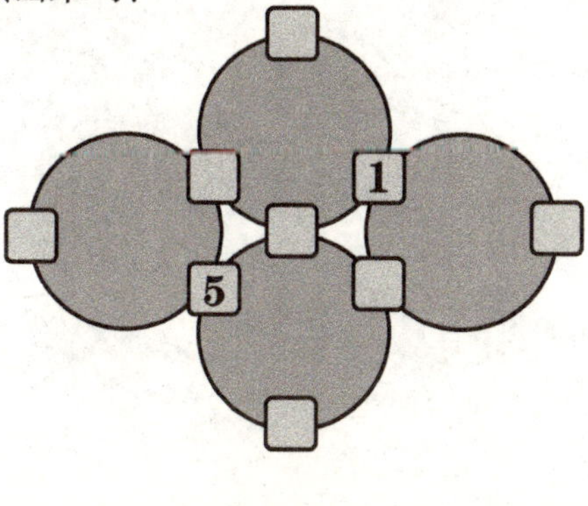

114. 调数填值

这里是 4 个圆环排列成的图形，上面放上了有 1～9 这 9 个数的卡片，细算一下，还会发现每个圆环卡片上的数之和都得 16。请你来动动脑筋，调整一下这些卡片，使每个圆环卡片上的数之和都得 17。

试试看，你能办到吗？

提示：不需要调整的 3 张卡片是“5”“1”“9”。

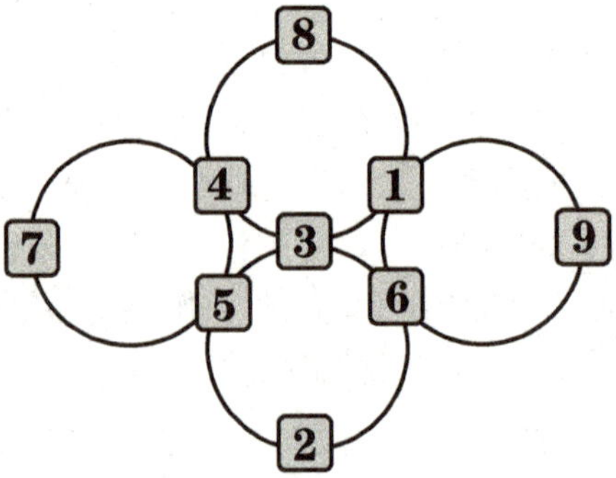

115. 画方隔数

请在每个数字串上画出同样大小的 4 个正方形，将这些数完全分开。有趣的是，完成后各数字串每个大正方形上的数之和都相等。

试试看，你能办到吗？

3 7 2 1 5 4 6

4 5 3 1 6 2 7

5 6 2 3 1 7 4

6 4 5 1 2 7 3

八、梅花填数

116. 环环相连

图中每个三连环都填写着 1、2、3、4、5、6，部分数已填，请将其余的数填入，使每组中每个圆环内的数之和相等。

你能填出所有的答案吗？

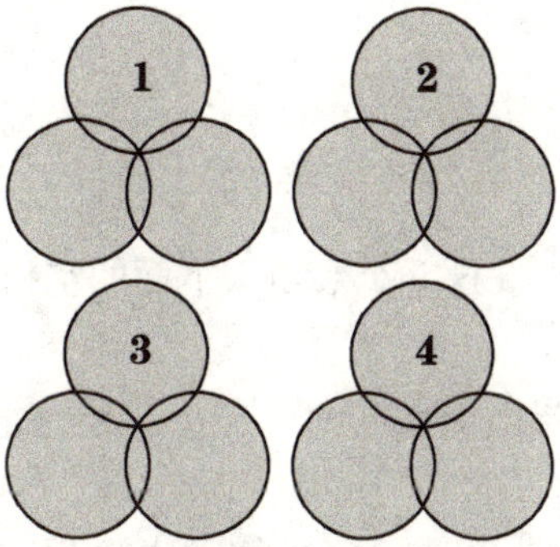

117. 环上填数

请把 1～10 这 10 个数填入下面的圆环上，使每个圆环上的数之和都得 22。

试试看，你能填写出来吗？当然，如果你能够找出两种不同答案，那你就是最棒的了。

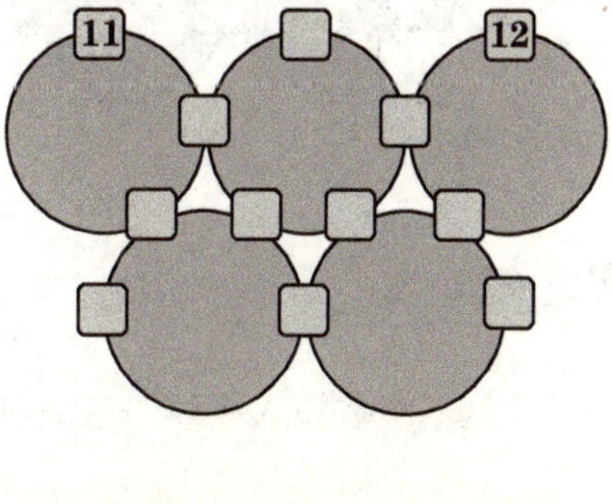

118. 极致调理

五环图中有规律地依次填写着 1、2、3、4、5、6、7、8、9，我们知道，只需要对调两个数，就能够让每个圆环上的数之和相等。

真奇妙！这可能吗？请你动脑筋试一试！

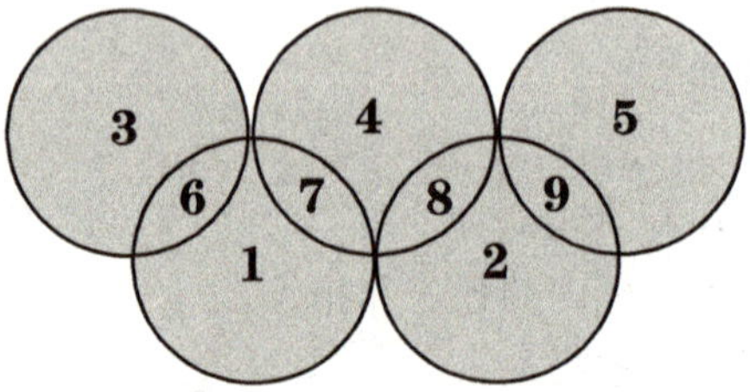

119. 梅花填数之 1

请把 1、2、3、4、5 这 5 个数填入下面的空格内，使每个圆环上的 3 个数之和都得 14。

试试看，你能填写出来吗？

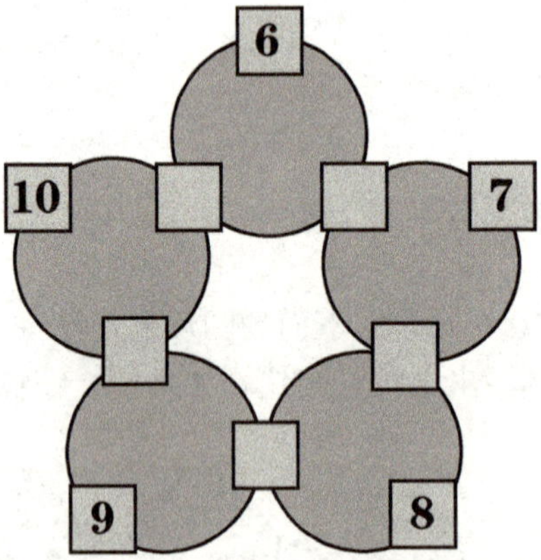

120. 梅花填数之 2

请把 1、3、5、7、9 这 5 个数填入下面的空格内，使每个圆环上的 3 个数之和都得 16。

试试看，你能填写出来吗？

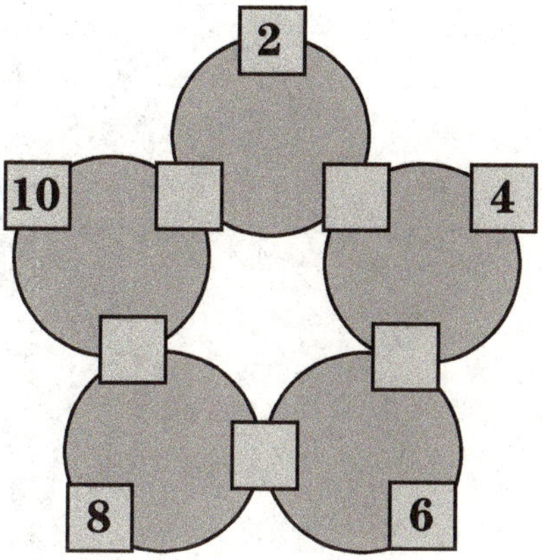

121. 梅花填数之 3

请把 1、3、4、7、10 这 5 个数填入下面的空格内，使每个圆环上的 3 个数之和都得 16。

试试看，你能填写出来吗？

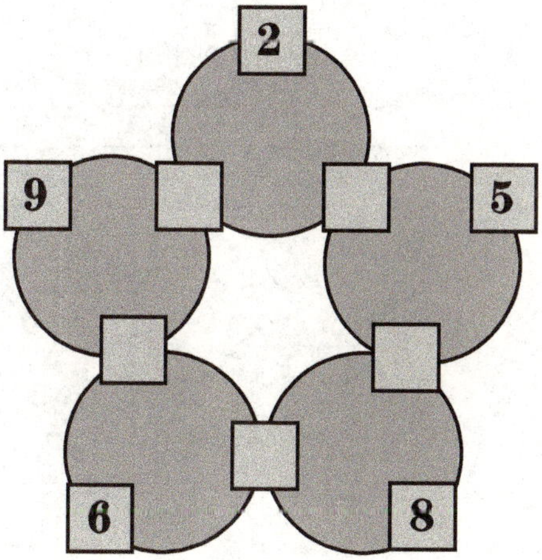

122. 梅花填数之 4

请把 1、4、7、8、10 这 5 个数填入下面的空格内之和都得 17。

试试看，你能填写出来吗？

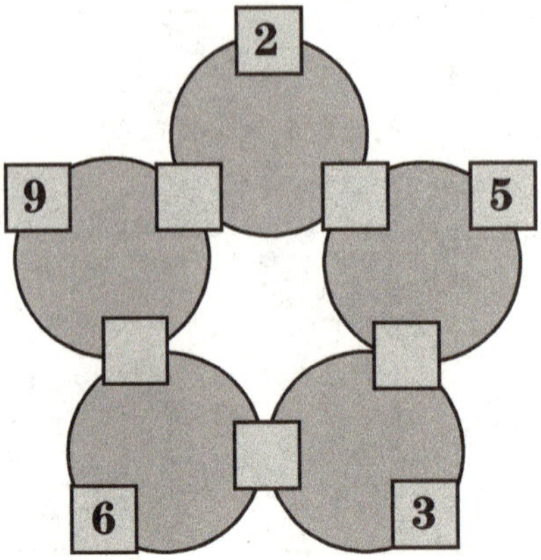

123. 梅花填数之 5

请把 2、4、6、8、10 这 5 个数填入下面的空格内，使每个圆环上的 3 个数之和都得 17。

试试看，你能填写出来吗？

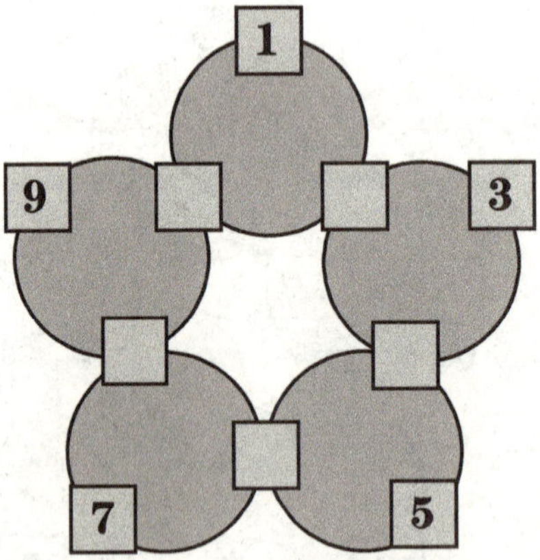

124. 梅花填数之 6

请把 6、7、8、9、10 这 5 个数填入下面的空格内，使每个圆环上的 3 个数之和都得 19。

试试看，你能填写出来吗？

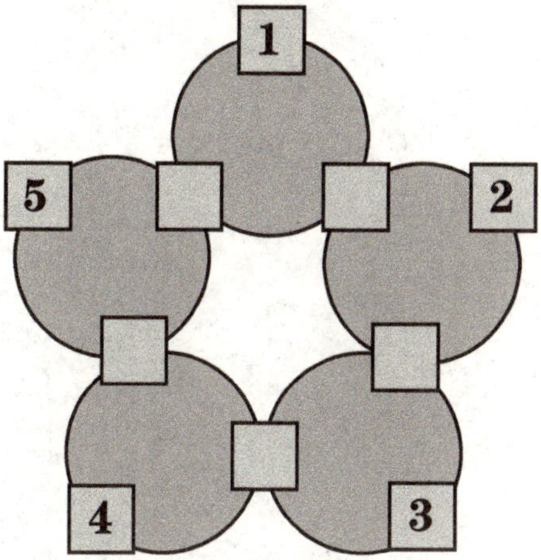

125. 巧算 70

请将 1、2、3、4、5 填入空格处，使每个圆内的数之和都得 70。
试试看，你能办到吗？

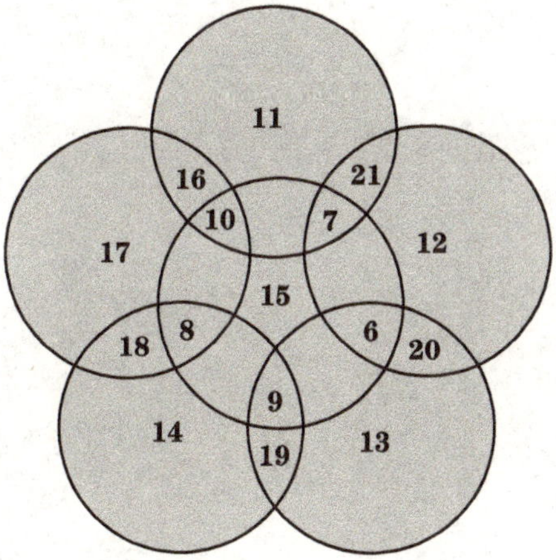

126. 巧填质数

请将 5、7、11、13、17、19 填入空格处，使每个圆内的数之和都得 48。
试试看，你能填出来吗？

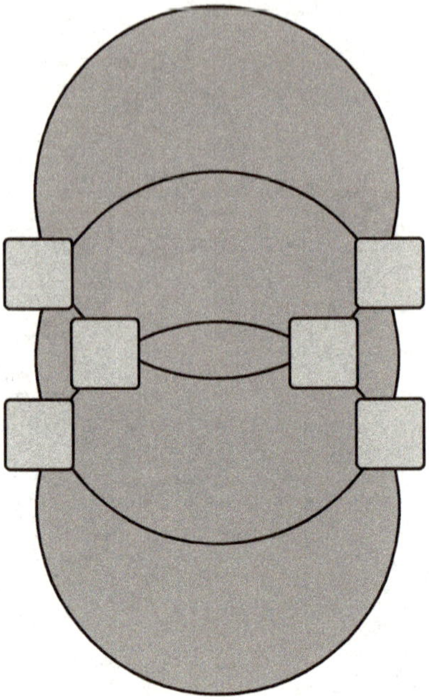

九、五环填数

127. 五环填数之 1

请将 1～11 各数（部分数已填）填入空格内，使每个圆环上的 4 个数之和都得 18。

你能很快填出来吗？

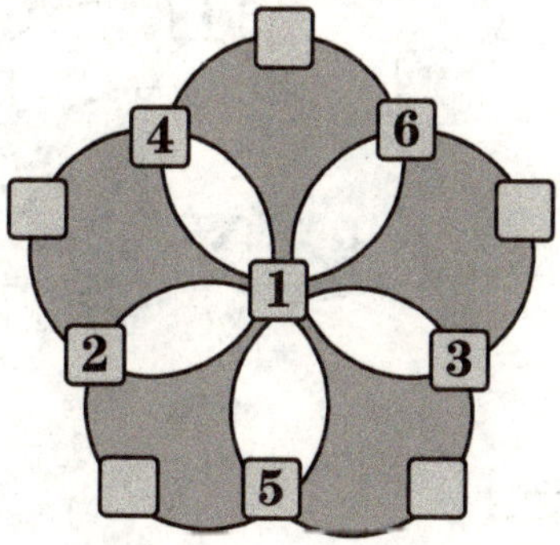

128. 五环填数之 2

请将 1～11 各数（部分数已填）填入空格内，使每个圆环上的 4 个数之和都得 20。

你能很快填出来吗？

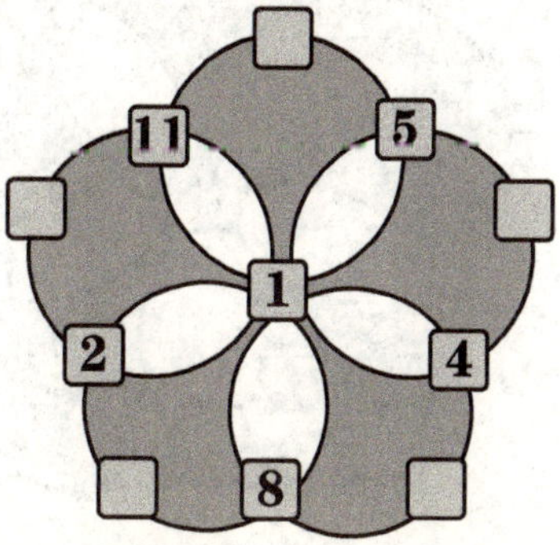

129. 五环填数之 3

请将 1～11 各数（部分数已填）填入空格内，使每个圆环上的 4 个数之和都得 20。

你能很快填出来吗？

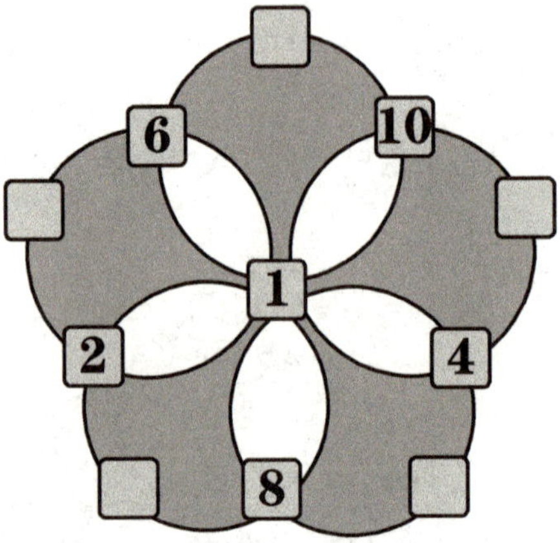

130. 五环填数之 4

请将 1～11 各数（部分数已填）填入空格内，使每个圆环上的 4 个数之和都得 20。

你能很快填出来吗？

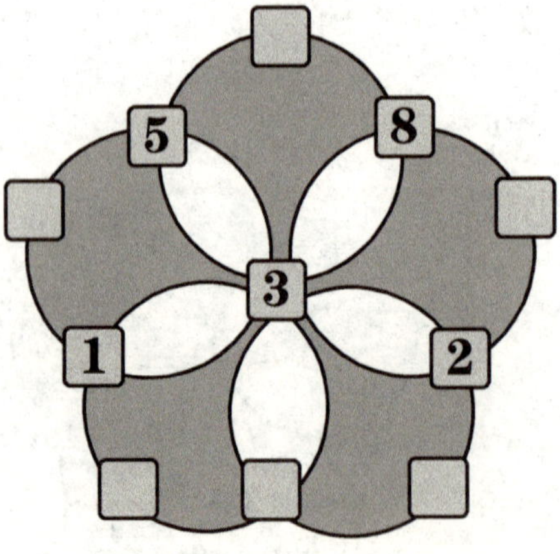

131. 五环填数之 5

请将 1～11 各数（部分数已填）填入空格内，使每个圆环上的 4 个数之和都得 20。

你能很快填出来吗？

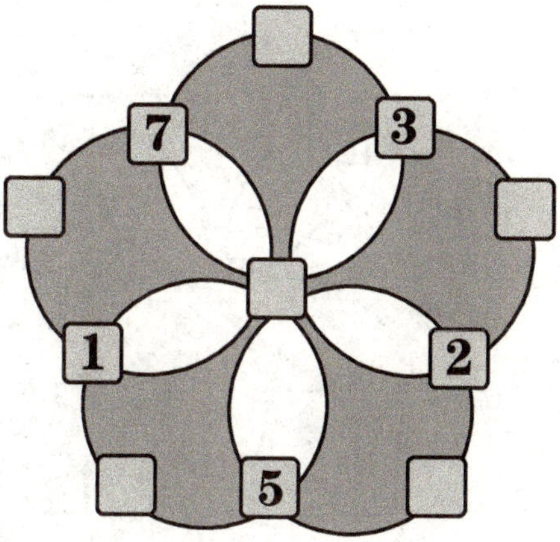

132. 五环填数之 6

请将 1～11 各数（部分数已填）填入空格内，使每个圆环上的 4 个数之和都得 21。

你能很快填出来吗？

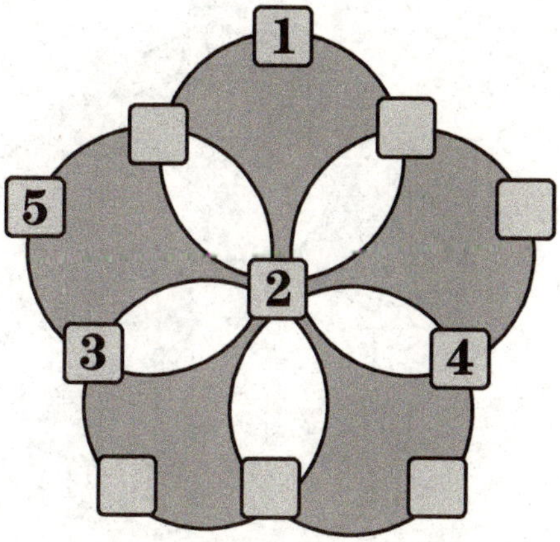

133. 五环填数之7

请将1～11各数（部分数已填）填入空格内，使每个圆环上的4个数之和都得21。

你能很快填出来吗？

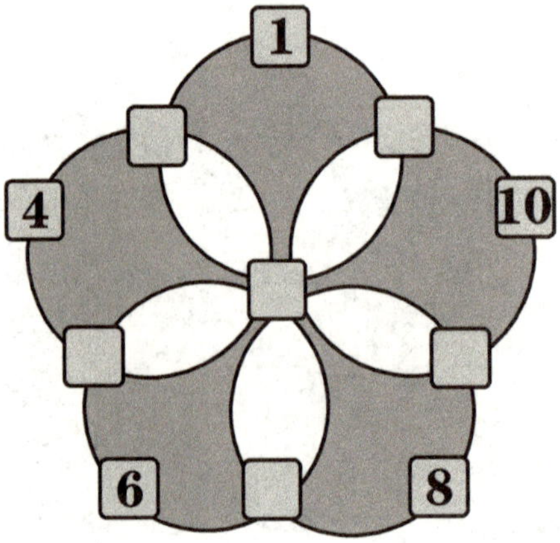

134. 五环填数之8

请将1～11各数（部分数已填）填入空格内，使每个圆环上的4个数之和都得21。

你能很快填出来吗？

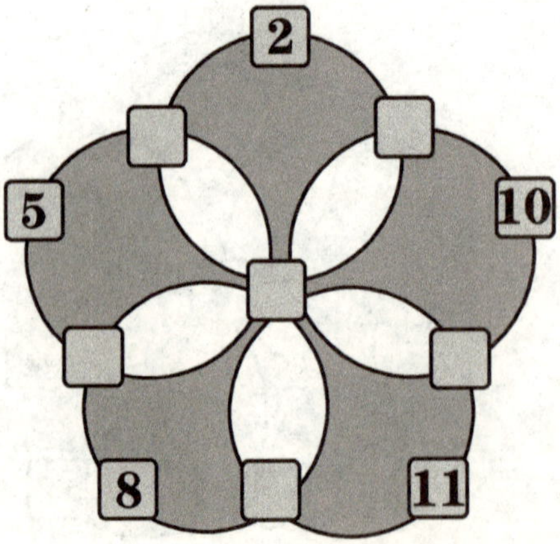

135. 五环填数之 9

请将 1～11 各数（部分数已填）填入空格内，使每个圆环上的 4 个数之和都得 21。

你能很快填出来吗？

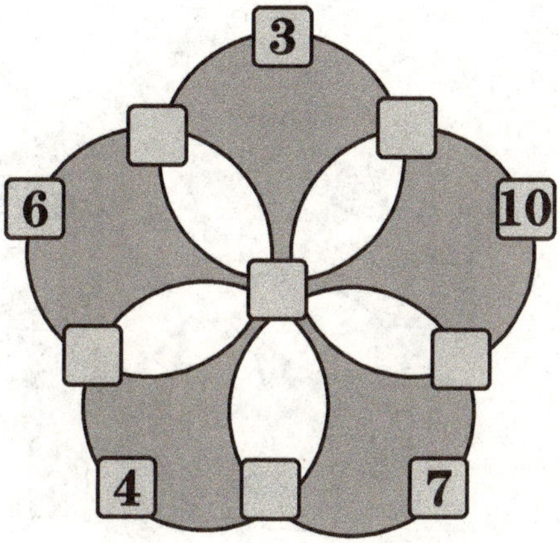

136. 五环填数之 10

请将 1～11 各数（部分数已填）填入空格内，使每个圆环上的 4 个数之和都得 21。

你能很快填出来吗？

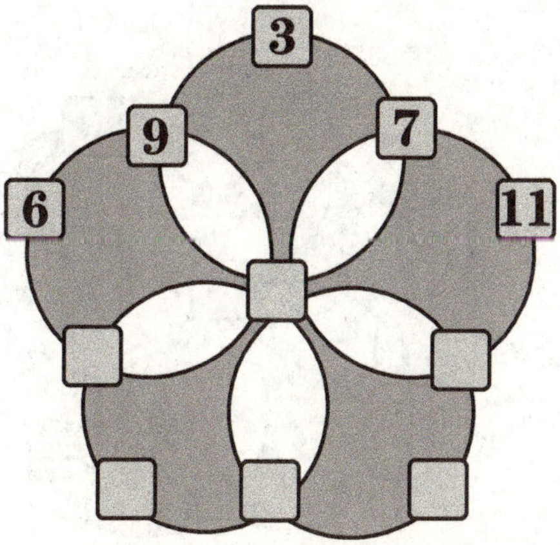

137. 五环填数之 11

请将 1～11 各数（部分数已填）填入空格内，使每个圆环上的 4 个数之和都得 21。

你能很快填出来吗？

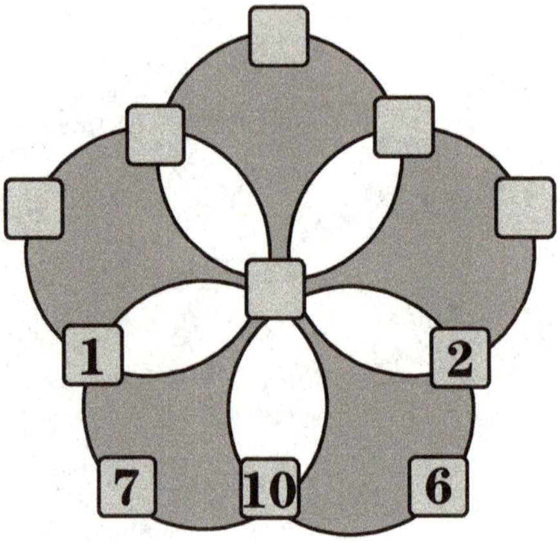

138. 五环填数之 12

请将 1～11 各数（部分数已填）填入空格内，使每个圆环上的 4 个数之和都得 21。

你能很快填出来吗？

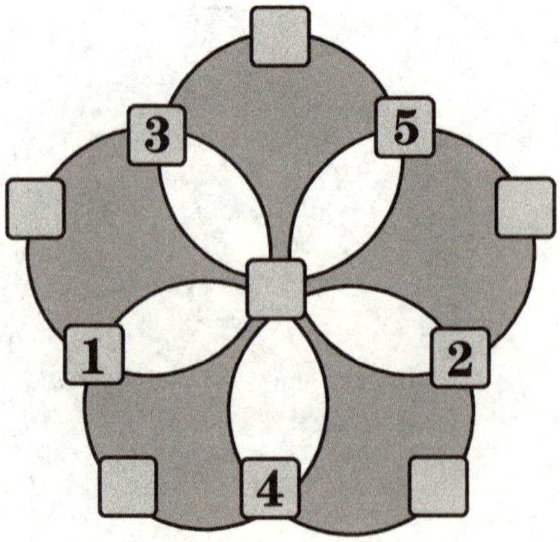

139. 五环填数之 13

请将 1～11 各数（部分数已填）填入空格内，使每个圆环上的 4 个数之和都得 22。

你能很快填出来吗？

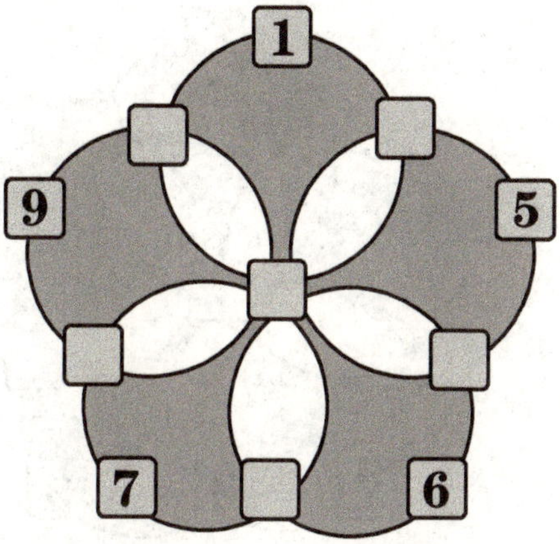

140. 五环填数之 14

请将 1～11 各数（部分数已填）填入空格内，使每个圆环上的 4 个数之和都得 22。

你能很快填出来吗？

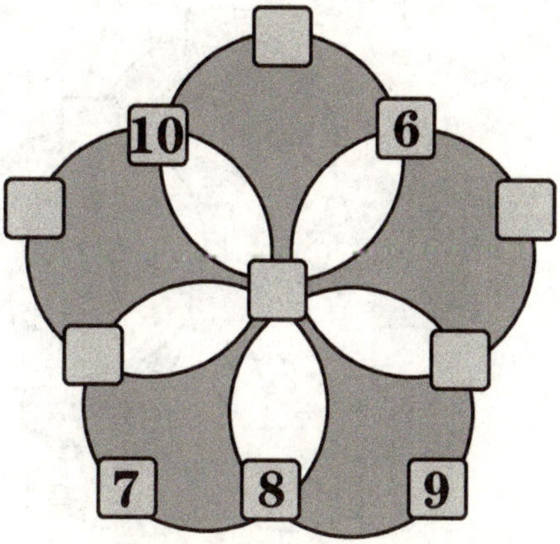

141. 五环填数之15

请将1～11各数（部分数已填）填入空格内，使每个圆环上的4个数之和都得22。

你能很快填出来吗？

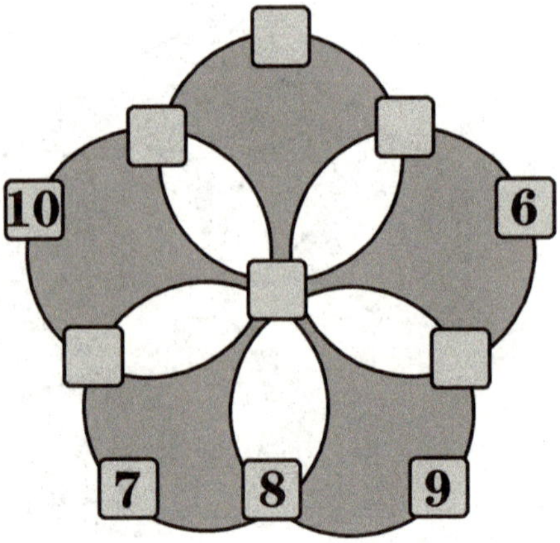

142. 五环填数之16

请将1～11各数（部分数已填）填入空格内，使每个圆环上的4个数之和都得22。

你能很快填出来吗？

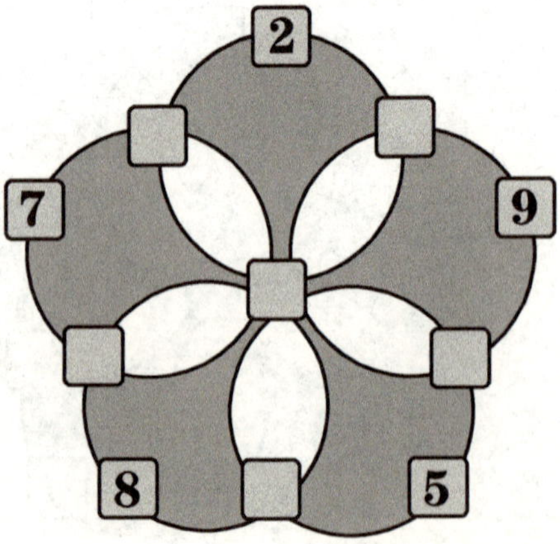

143. 五环填数之 17

请将 1～11 各数（部分数已填）填入空格内，使每个圆环上的 4 个数之和都得 22。

你能很快填出来吗？

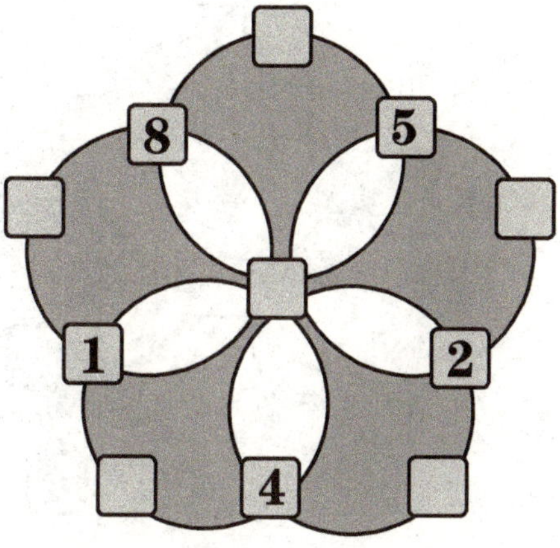

144. 五环填数之 18

请将 1～11 各数（部分数已填）填入空格内，使每个圆环上的 4 个数之和都得 23。

你能很快填出来吗？

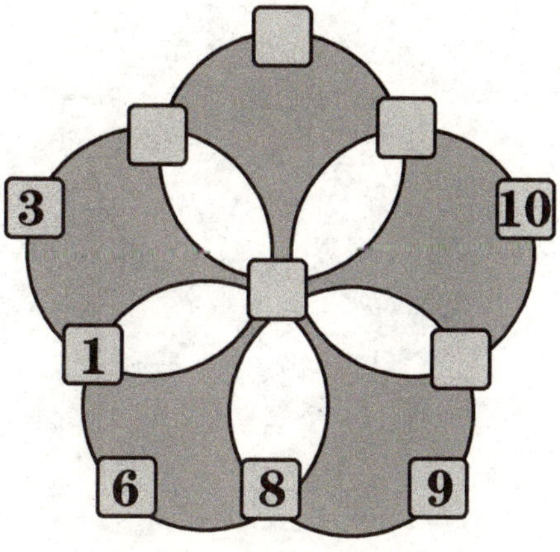

145. 五环填数之19

请将1～11各数（部分数已填）填入空格内，使每个圆环上的4个数之和都得23。

你能很快填出来吗？

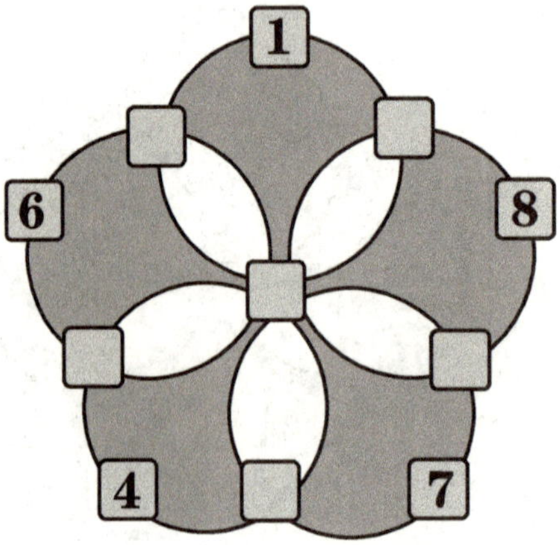

146. 五环填数之20

请将1～11各数（部分数已填）填入空格内，使每个圆环上的4个数之和都得23。

你能很快填出来吗？

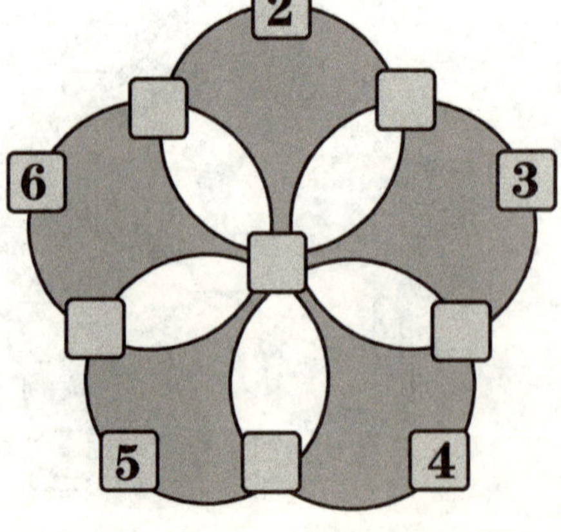

147. 五环填数之 21

请将 1～11 各数（部分数已填）填入空格内，使每个圆环上的 4 个数之和都得 23。

你能很快填出来吗?

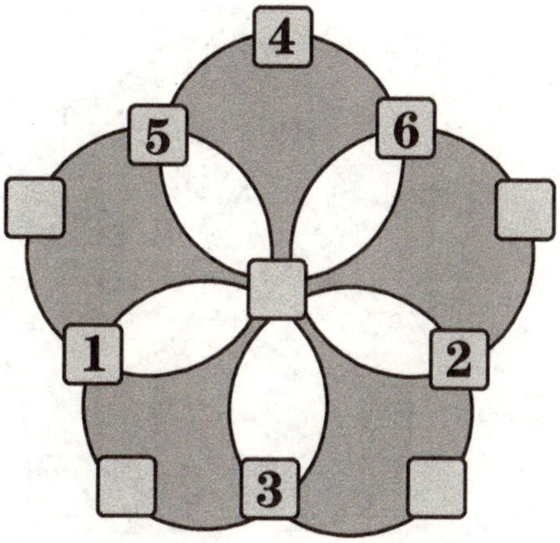

148. 五环填数之 22

请将 1～11 各数（部分数已填）填入空格内，使每个圆环上的 4 个数之和都得 23。

你能很快填出来吗?

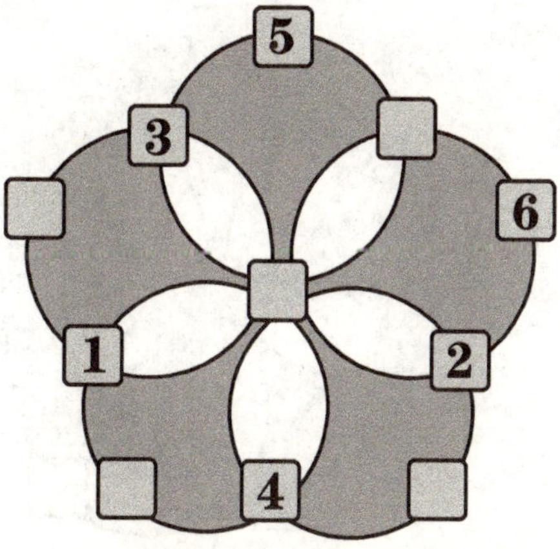

149. 五环填数之 23

请将 1～11 各数（部分数已填）填入空格内，使每个圆环上的 4 个数之和都得 24。

你能很快填出来吗？

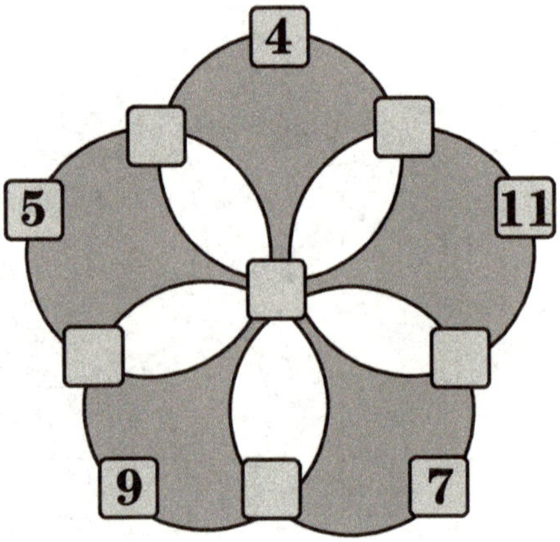

150. 五环填数之 24

请将 1～11 各数（部分数已填）填入空格内，使每个圆环上的 4 个数之和都得 24。

你能很快填出来吗？

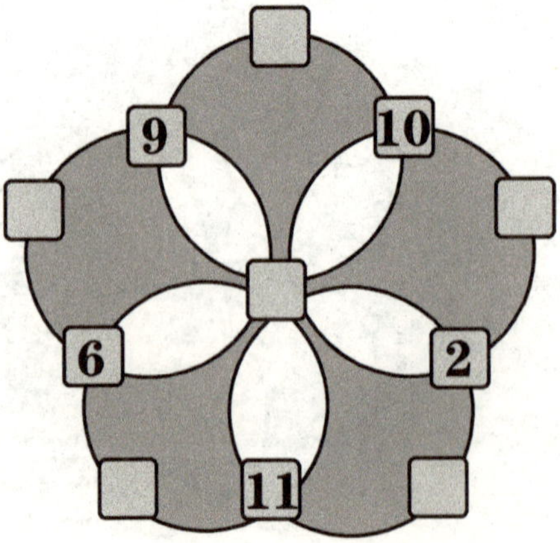

151. 五环填数之 25

请将 1～11 各数（部分数已填）填入空格内，使每个圆环上的 4 个数之和都得 25。

你能很快填出来吗？

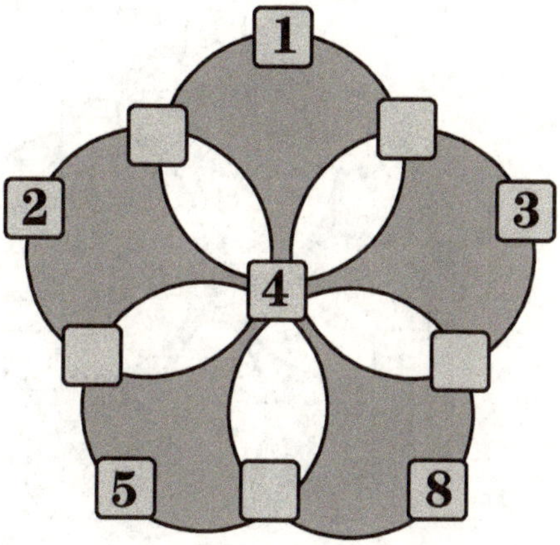

152. 五环填数之 26

请将 1～11 各数（部分数已填）填入空格内，使每个圆环上的 4 个数之和都得 25。

你能很快填出来吗？

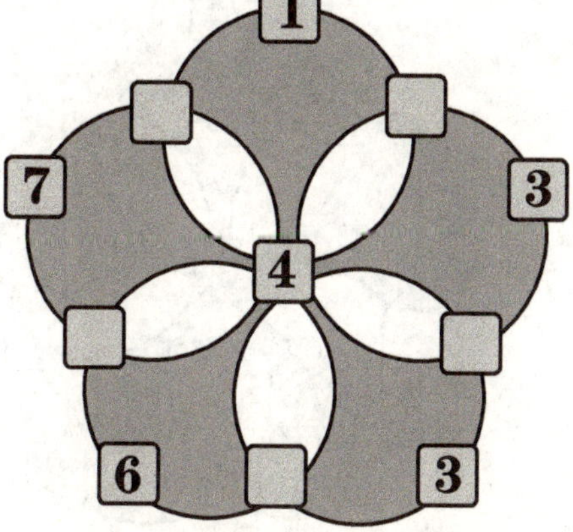

153. 五环填数之 27

请将 1～11 各数（部分数已填）填入空格内，使每个圆环上的 4 个数之和都得 25。

你能很快填出来吗？

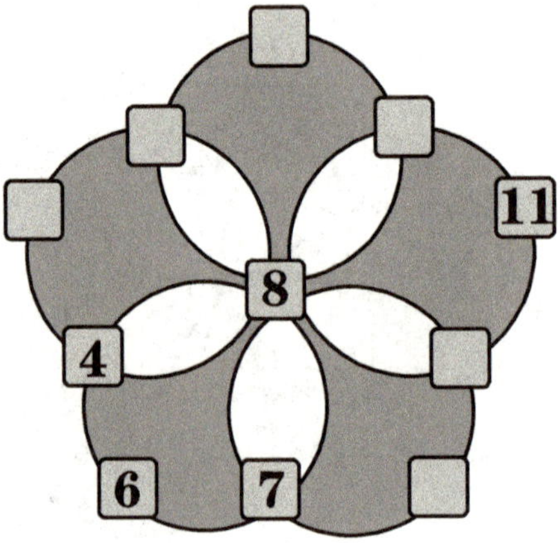

154. 五环填数之 28

请将 1～11 各数（部分数已填）填入空格内，使每个圆环上的 4 个数之和都得 25。

你能很快填出来吗？

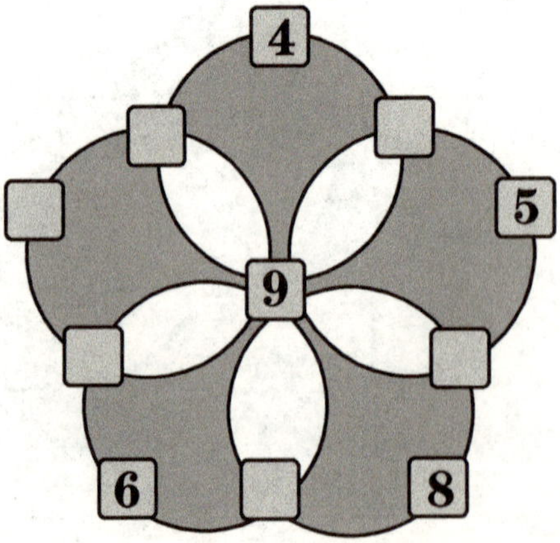

155. 五环填数之 29

请将 1～11 各数（部分数已填）填入空格内，使每个圆环上的 4 个数之和都得 25。

你能很快填出来吗？

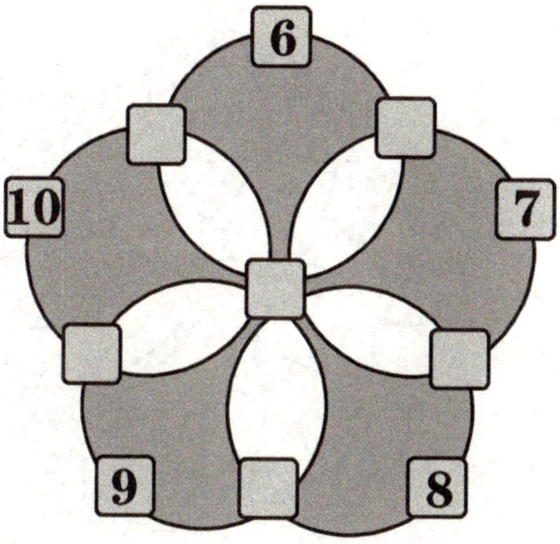

156. 五环填数之 30

请将 1～11 各数（部分数已填）填入空格内，使每个圆环上的 4 个数之和都得 26。

你能很快填出来吗？

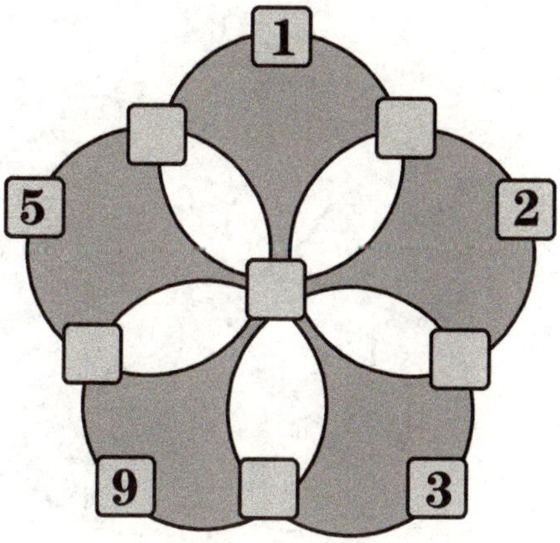

157. 五环填数之31

请将1～11各数（部分数已填）填入空格内，使每个圆环上的4个数之和都得26。

你能很快填出来吗？

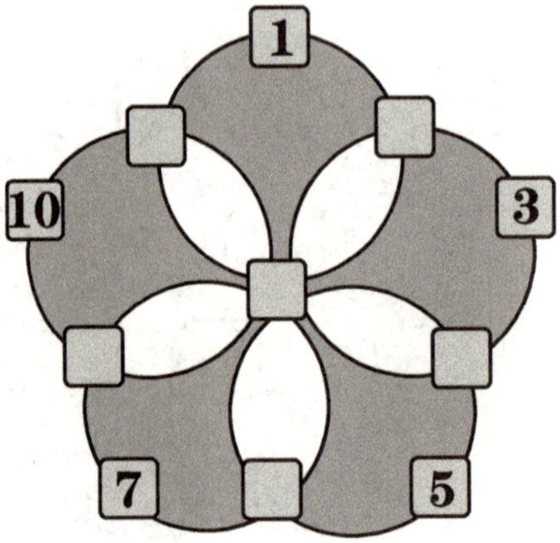

158. 五环填数之32

请将1～11各数（部分数已填）填入空格内，使每个圆环上的4个数之和都得26。

你能很快填出来吗？

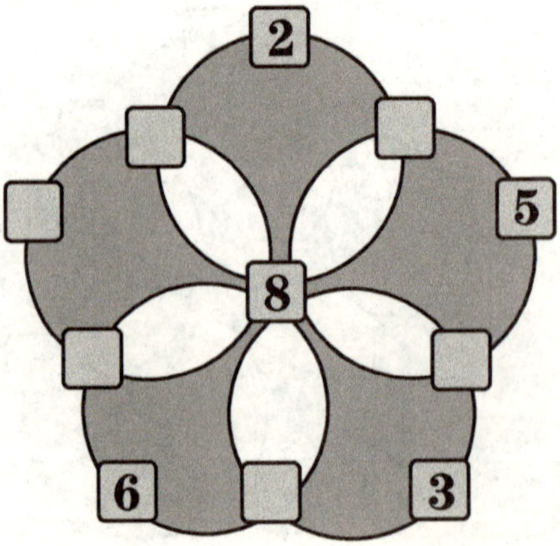

159. 五环填数之 33

请将 1～11 各数（部分数已填）填入空格内，使每个圆环上的 4 个数之和都得 26。

你能很快填出来吗？

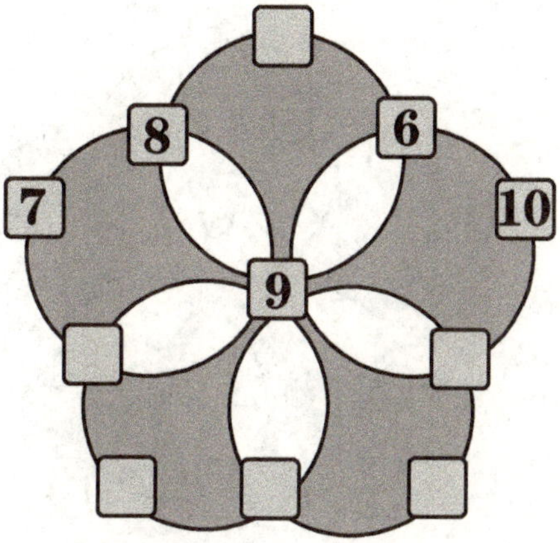

160. 五环填数之 34

请将 1～11 各数（部分数已填）填入空格内，使每个圆环上的 4 个数之和都得 26。

你能很快填出来吗？

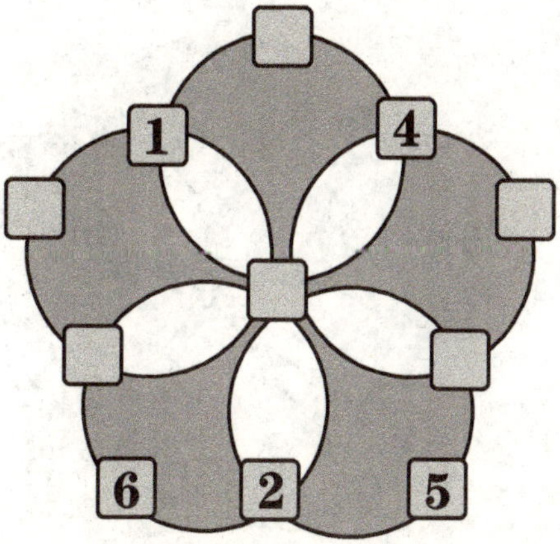

161. 五环填数之35

请将1～11各数（部分数已填）填入空格内，使每个圆环上的4个数之和都得27。

你能很快填出来吗？

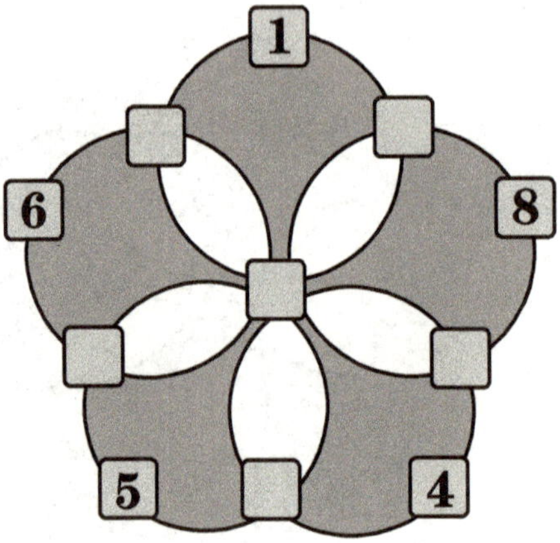

162. 五环填数之36

请将1～11各数（部分数已填）填入空格内，使每个圆环上的4个数之和都得27。

你能很快填出来吗？

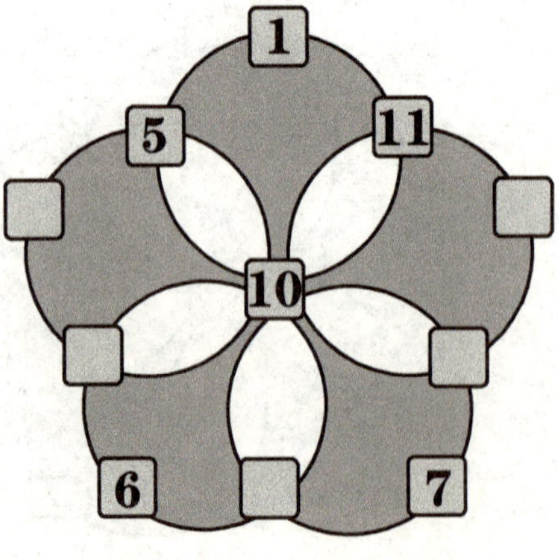

163. 五环填数之 37

请将 1～11 各数（部分数已填）填入空格内，使每个圆环上的 4 个数之和都得 27。

你能很快填出来吗？

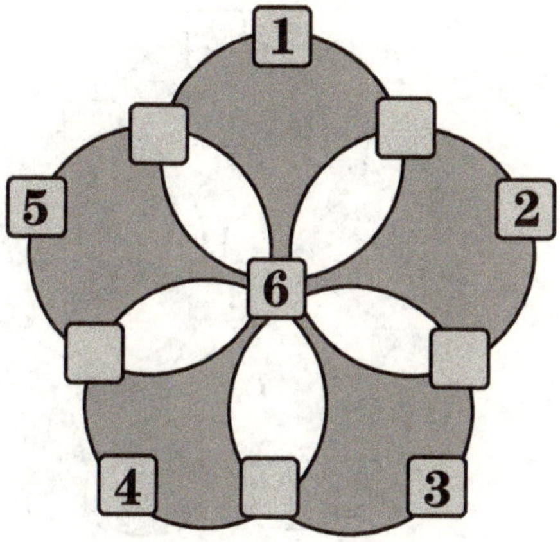

164. 五环填数之 38

请将 1～11 各数（部分数已填）填入空格内，使每个圆环上的 4 个数之和都得 27。

你能很快填出来吗？

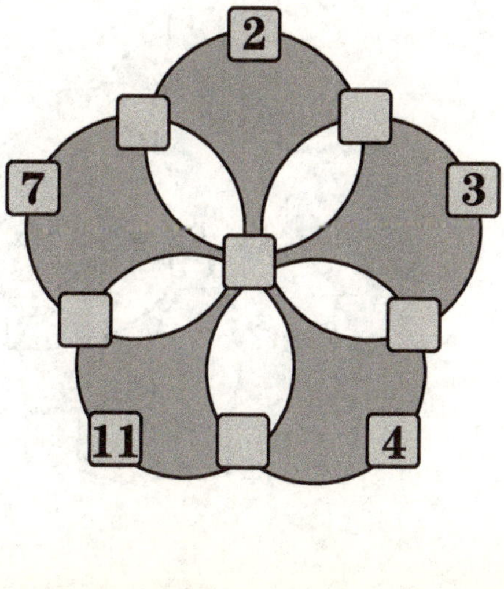

165. 五环填数之 39

请将 1～11 各数（部分数已填）填入空格内，使每个圆环上的 4 个数之和都得 27。

你能很快填出来吗？

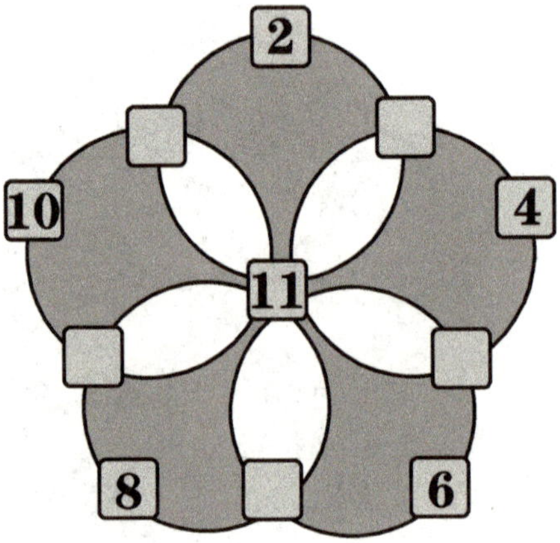

166. 五环填数之 40

请将 1～11 各数（部分数已填）填入空格内，使每个圆环上的 4 个数之和都得 27。

你能很快填出来吗？

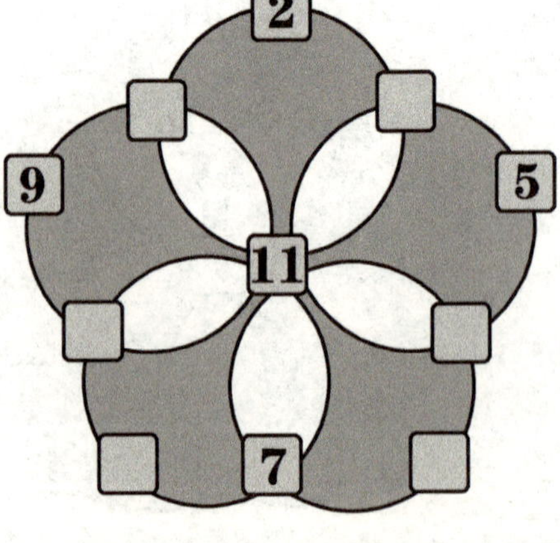

167. 五环填数之 41

请将 1～11 各数（部分数已填）填入空格内，使每个圆环上的 4 个数之和都得 27。

你能很快填出来吗？

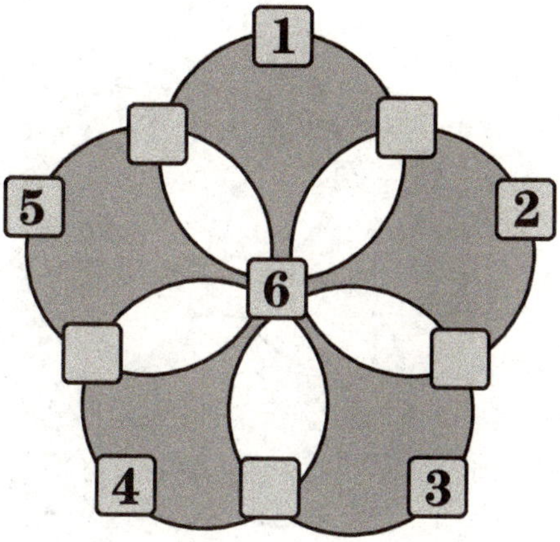

168. 五环填数之 42

请将 1～11 各数（部分数已填）填入空格内，使每个圆环上的 4 个数之和都得 28。

你能很快填出来吗？

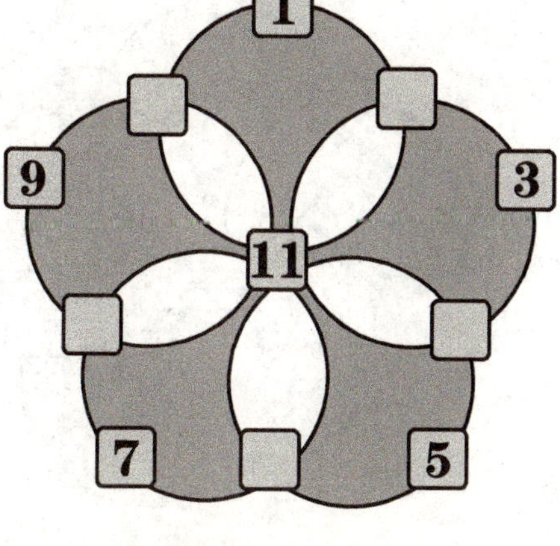

169. 五环填数之 43

请将 1～11 各数（部分数已填）填入空格内，使每个圆环上的 4 个数之和都得 28。

你能很快填出来吗？

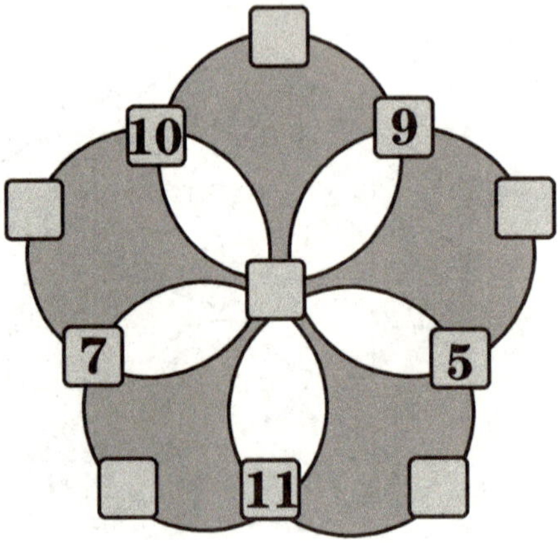

170. 五环填数之 44

请将 1～11 各数（部分数已填）填入空格内，使每个圆环上的 4 个数之和都得 28。

你能很快填出来吗？

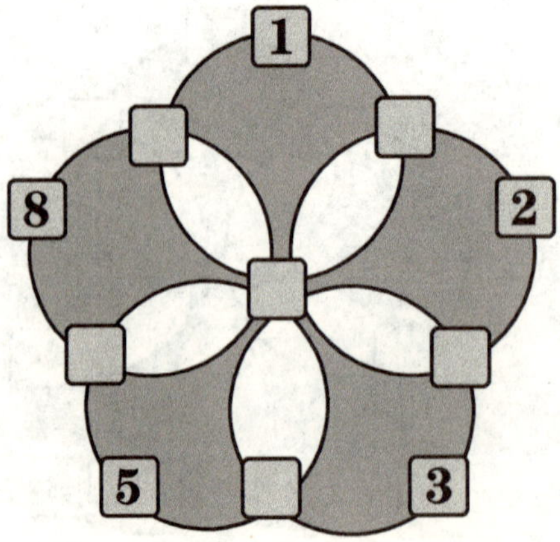

171. 五环填数之 45

请将 1～11 各数（部分数已填）填入空格内，使每个圆环上的 4 个数之和都得 28。

你能很快填出来吗？

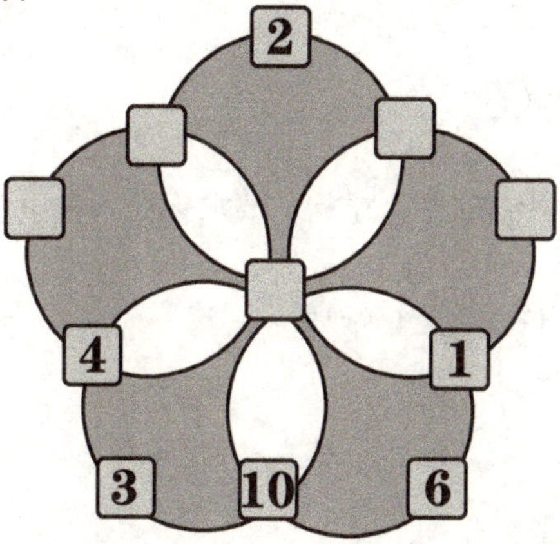

172. 五环填数之 46

请将 1～11 各数（部分数已填）填入空格内，使每个圆环上的 4 个数之和都得 30。

你能很快填出来吗？

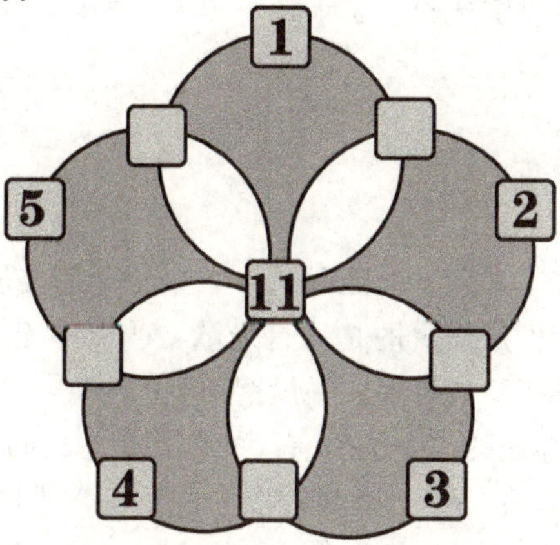

十、神奇填数

173. 神奇填数

下面的算式中出现了三个空格，要求你在空格中填入数字 7、8、9，使它成为一道神奇的等式。

提示：根据末位数字运算推理。

1□2×□÷3+□=456

174. 急救中心

大家一定知道医疗急救中心的电话——120 吧。

请你将“急救中心”换成 1、2、3、4、5 中的 4 个不同数字，使两道等式都能够成立。

急救×中×心=120

急×救×中心=120

提示：急+救-中=心；急+救=中+心=12。

175. 一无所有

企鹅博士没收了大个子的随身听。大个子十分委屈地说：“博士，今天我不该在课堂上听歌，可是我听的是一首老歌，叫《一无所有》。因为我正在研究我所找到的‘一无所有’的等式。一没留神就……”

企鹅博士：“你说的‘一无所有’的等式是怎么回事？”

大个子：“就是在一个三位数乘以一位数得数为四位数的等式中，不重复地出现了 2、3、4、5、6、7、8、9 八个自然数，唯独没有 1 出现。嘿嘿，我称它是‘一无所有’的等式。

836×9＝7524

647×9＝5823

638×9＝5742”

企鹅博士当即转为笑脸：“好，那这随身听还给你。今天咱就来研究你发明的‘一无所有’算式吧！”

毛头：“我找到了，我找到了——

953×8＝7624

742×8＝5936”

小白毛：“我也有这样的等式：

592×8＝4736

579×8＝4632

469×8＝3752

679×8＝5432”

大个子：“小白毛，我还没说完呢！

674×8＝5392

794×8＝6352

459×8＝3672

954×8＝7632”

企鹅博士：“真有趣，那我们看看谁还能找出与他们说的不同的等式？好了，小白毛，你不用举手了，还是看小读者的吧！”

176. 上山打老虎

小白毛：“一二三四五，上山打老虎。老虎没打到，打着小松鼠。松鼠打几只？一二三四五。”

企鹅博士：“好了好了，你停一停吧！今天我们再来研究一道算式谜题！在下列空格内不重不漏地填入 1～9 九个自然数相邻排列的五位数：

○○○○○－○○○○＝12345。”

大个子：“18579－6234＝12345，行吗？”

企鹅博士：“当然行，谁还有其他答案？”

小白毛：“看我的！

17634－5289＝12345。”

小个子：“我也行。看——

16932－4587＝12345；

15987－3642＝12345。”

大个子：“博士，这真是一题多解啊！还有另外的答案吗?”

企鹅博士：“这个结论我暂且不下，还是让事实告诉你们吧!”

大个子：“博士，让得数为五个连续数字组成的五位数，也不一定就是12345呀?! 下面的算式也符合要求：

27145－3689＝23456。”

小个子：“对对，那我也能找到了：

35864－1297＝34567；

48651－2973＝45678；

61528－4739＝56789；

58963－2174＝56789。”

小白毛：“我认为得54321也符合要求：

56739－2418＝54321；

58692－4371＝54321；

62715－8394＝54321。”

企鹅博士：“孩子们，大家分析得真好，谁还能写出一道得12345和54321的等式，当然不能与刚才说过的一样噢！试一试吧!”

177. 凤毛麟角

企鹅博士：“大家已经知道了不少奇妙的数字。今天我们都来说说，看谁提出的数字最为奇妙。”

毛头：“我先说。数学家们发现了一些特殊性质的回文质数。如19391，把它的5个数字写在一个圆周上，你从其中任何一个数开始，不管是顺时针还是逆时针写，写出来的五位数都是质数。当然，这种回文质数可以称得上凤毛麟角了。”

企鹅博士：“很好很好。小巍，你呢?”

小巍：“一个两位质数，将它的十位数字与个位数字对调后仍是一个两位质数，则这个质数被称为无瑕质数。无瑕质数共有9个，它们分别是11、13、17、31、37、71、73、79、97。”

企鹅博士：“真棒！大个子说说吧。”

大个子：“一个自然数A，若将其数字重新排列可得一个新的自然数B，如果A恰是B的三倍，则A是一个希望数，如3105＝3×1035，7425＝3×2475，428571＝3×142857，857142＝3×285714，37124568＝3×12374856……所以

3105、7425、428571、857142、37124568 等都是希望数。因 3105 是希望数，可知 31053105 也是希望数，这样排下去，可以排出无限多个希望数。”

小白毛：“我们知道，若自然数 N 使得做竖式加法 N＋（N＋1）＋（N＋2）均不产生进位现象，则 N 是一个连绵数。如 12 是连绵数，因为 12＋13＋14 不产生进位现象。一位连绵数是 1 和 2；两位连绵数是 10、11、12、20、21、22、30、31、32；请你想一想三位连绵数共有多少个？”

企鹅博士：“这样的三位数有 36 个！”

大个子：“企鹅博士，一个自然数，若它每一个质因数都至少是两重的（即每个质因数的乘方次数都不小于 2），则称该自然数为漂亮数，相邻两个自然数皆为漂亮数，就称它们为一对孪生漂亮数。例如，$8=2^3$，$9=3^2$，则 8 和 9 就是一对孪生漂亮数。请你找出两对孪生漂亮数。”

企鹅博士：“288 和 289，675 和 676。”

小巍：“博士，一个自然数如果正好等于它的各位数字的和加上各位数字的积，则这个数就是巧数。例如，19＝（1＋9）＋1×9，所以 19 是一个巧数。很容易证明，凡是末位数是 9 的两位数都是巧数。这是因为 10M＋9＝9M＋M＋9。请你想一想三位数中有没有巧数。”

企鹅博士：“这个问题不错。答案也很简单。留给小读者们回答吧！”

178. 含糊其辞

企鹅博士：“数学最讲究确凿，来不得半点含糊。”

小毛头：“博士，估算与约等于算不算含糊呢？”

企鹅博士：“不许捣乱，听我把话说完。正读反读都一样的数，我们称其为回文数，如 2002、56265、123595321 等。”

大个子：“这和含糊没啥关系呀？”

企鹅博士：“例如，83 不是回文数，将它与其倒排数相加，83＋38＝121，就变成了回文数 121。经过多次验算，数学家提出了一个猜想：任意取出一个自然数，把它倒过来与原数相加，然后把这个和数再与它的倒数相加，一直重复这个运算，最后总能得到一个回文数。数学界称其为‘回数猜想’。”

小白毛：“博士，显而易见，83：83＋38＝121，经过 1 步运算就能得到回文数 121。”

大个子：“68：68＋86＝154，154＋451＝605，605＋506＝1111，1111 是个回文数，只需 3 步运算就能得到。”

企鹅博士当即转为笑脸：“好，195：195＋591＝786，786＋687＝1473，

1473＋3741＝5214，5214＋4125＝9339，要运算 4 步，得到的回文数是 9339。”

毛头：“是不是所有的数都能经过上述运算得到回文数的结果呢？”

企鹅博士：“那就请你运算一下 196 这个数吧！”

小白毛：“怎么就算不出来呢？”

大个子：“我也算不出来！”

企鹅博士：“其实，196 这个数已经有人在算了，他算了 5 万步，所处理的数已达 21000 位，仍没有得到回文数。于是，就有人这样猜测：也许 196 永远也变不成回文数。”

小白毛：“那么‘回数猜想’是错误的了？”

企鹅博士：“不管你算了多少步，这种运算总没有到头，没到头就不能否定，要否定必须给出足够的理由。”

你怎么看呢？

179. 五数填空

请在每道算式的空格内，填入数字 1、2、3、4、5，使之成为相等的算式。看看谁填的等式多，比一比吧！

6□－□□－□－□＝11

6□－□□－□－□＝22

6□－□□－□－□＝33

6□－□□－□－□＝44

180. 三道等式

请在空格内填入数字 1、2、3、4、5、6、7、8，使三道等式都成立。试试看，你能很快填上来吗？

□×□＝42

□□－□＝42

□×□＋□＝42

181. 五个两位数得 1

用上 0、1、2、3、4、5、6、7、8、9 十个不同的数字，组合成五个两位数，再用上＋、－、×、÷连成一道得1的等式。

□□×□□÷□□＋□□－□□＝1

182. 趣味填数

小猪猪是个数学迷，这不，他又在做着一道山羊爷爷给他出的课外题：

在空格内填上适当的数，使它们都成为等式。

1×1＋1＝1×□＝2

2×2＋2＝2×□＝6

3×3＋3＝3×□＝12

4×4＋4＝4×□＝20

5×5＋5＝5×□＝30

6×6＋6＝6×□＝42

7×7＋7＝7×□＝56

8×8＋8＝8×□＝72

9×9＋9＝9×□＝90

聪明的小猪猪，很快填出了答案。

试试看，你行吗？

183. 统筹填数

数学，作为科学和艺术，从本质上反映了自然界的五彩缤纷、绚丽多彩；但作为一门学科，它的大部分内容却显得抽象和乏味。例如，与现实生活联系不甚紧密，以及数学知识本身的连贯性、解题所需的条理性、逻辑性、严密性等，使许多学生对数学望而却步。有没有一种让学生感兴趣的，在良好的、轻松的环境中学好数学的方法？这就是让趣味走进数学课堂，还数学知识以趣味性，发掘数学中的美妙，让学生对数学学习有种“乐在其中”“乐此不疲”的感觉，这也成了教育界有识之士所思考与探索的课题。

这里，同学们来欣赏与品味数学的美，看看数学值不值得我们去为之付出。

来做一个数字游戏吧！

拼凑算式也是一个极为有趣的数字游戏。

算式的空格内，用上数字1、2、3、4、5、6、7、8，使用运算符号＋、－、×、÷，巧妙地排列出两道得数相同的算式。

当然，每组所填的数字不重不漏，要全盘考虑，统筹兼顾才行噢！

（1）□□×□＋□＝33

□□－□÷□＝33

（2）□□×□＋□＝55

□□－□÷□＝55

（3）□□×□＋□＝77

□□－□÷□＝77

好玩吧？你也可以发现一些有趣的数学现象噢！

184. 120之谜

请把自然数1、2、3、4、5、6、7、8、9分别填入图中的空格内，使每横行、竖列、对角线上的6个数之和都得120。

试一试，你能很快填上吗？

	29	23	24	34	
21		35	28		26
36	22			25	27
16		33	37	11	17
12	39	14	19	31	
32	15	13		18	38

185. 一笔勾销

看这样一道等式：

8×12345679＝98765432

等号左边出现了数字1、2、3、4、5、6、7、8、9各一次，得数中只单单少了数字1，其余数字都有。这样的等式还有吗？

在一位数乘以八位数中，只有例子中出现的这一道算式。

如果说让算式变成两位数乘以七位数，得数为八位数的，具有这一规律的等式如下所示：

26×1375498＝35762948，17×2569384＝43679528，

28×1673549＝46859372，37×1296845＝47983265，

17×2839645＝48273965，28×1734569＝48567932，

17×2896345=49237865，26×1894753=49263578，

28×1763459=49376852，19×2756834=52379846，

37×1429658=52897346，37×1452698=53749826，

28×1953476=54697328，28×1954637=54729836，

37×1482956=54869372，37×1485629=54968273，

46×1298753=59742638，37×1685942=62379854，

46×1387952=63845792，19×3462857=65794283，

17×3958462=67293854，17×3964285=67392845，

53×1287649=68245397，37×1845269=68274953，

53×1289764=68357492，37×1964582=72689534，

46×1592738=73265948，19×3857624=73294856，

19×3867524=73482956，19×3876542=73654298，

53×1426978=75629834，53×1496728=79326584，

37×2149586=79534682，37×2158496=79864352，

19×4356287=82769453，62×1374958=85247396，

19×4538726=86235794，53×1627498=86257394，

37×2419658=89527346，37×2419856=89534672，

19×4723856=89753264，37×2495861=92346857，

37×2496158=92357846，62×1495783=92738546，

62×1497538=92847356，26×3587149=93265874，

26×3587914=93285764，26×3597184=93526784，

53×1769482=93782546，53×1786294=94673582，

37×2564198=94875326，62×1537498=95324876，

28×3415976=95647328，28×3475916=97325648，

28×3476951=97354628，46×2138597=98375462，

26×3789514=98527364，62×1589473=98547326。

如果说让算式变成三位数乘以六位数，得数为八位数的，具有这一规律的等式如下所示：

134×259678=34796852，143×257689=36849527，

134×296587=39742658，134×297586=39876524，

179×243568=43598672，235×186497=43826795，

298×147536=43965728，179×256384=45892736，

179×256834=45973286，296×158437=46897352，

197×238456=46975832，397×124856=49567832，

253×196784=49786352，359×146782=52694738，

379×152846－57928634，179×325684＝58297436，
179×328456＝58793624，469×127583＝59836427，
485×129637＝62873945，397×165842＝65839274，
359×187426＝67285934，136×495872＝67438592，
496×137852＝68374592，197×354682＝69872354，
586×123479＝72358694，152×483967＝73562984，
458×162379＝74369582，136×548297＝74568392，
197×384256＝75698432，197×385246＝75893462，
215×364789＝78429635，359×218467＝78429653，
136×582749＝79253864，125×634789＝79348625，
125×638749＝79843625，674×123958＝83547692，
658×127349＝83795642，586×143972＝84367592，
125×678349＝84793625，172×495638＝85249736，
658×129734＝85364972，163×529784＝86354792，
341×257896＝87942536，172×536894＝92345768，
134×697528＝93468752，316×295847＝93487652，
314×297856＝93526784，314×298576＝93752864，
658×143729＝94573682，386×245791＝94875326，
179×538426＝96378254，278×346951＝96452378，
395×246187＝97243865，638×152749＝97453862，
415×236789＝98267435。

如果说让算式变成四位数乘以五位数，得数为八位数的，具有这一规律的等式也有很多，你能填出几种来呢？

□□□□×□□□□□＝○○○○○○○○

186. 国庆节趣题

算式中的“国庆节”各表示一个什么数字时，它可以成为一道奇妙的等式。试试看，你能找出来吗？

	1	0	节
×	国	庆	1
5 6	7	8	9

187. 纵横算式

请把自然数 1、2、3、4、5、6、7、8、9、10 分别填入图中的空格内，使每横行、竖列形成的算式都成为等式。

试试看，你能办到吗？

	+		+		+	7	=	28
+		+		+		+		
	+		+		+	6	=	24
+		+		+		+		
	+	12	+	11	+		=	28
+		+		+		+		
	+	1	+		+	12	=	24
=		=		=		=		
26		26		26		26		

188. 纵横相等

请把自然数 1、3、5、7、9 分别填入图中的空格内，使每横行、竖列、对角线上的 3 个数之和都相等。

试一试，你能很快填上吗？

提示：每横行、竖列、对角线上的数之和为 15。

2		4
6		8

189. 白点与灰点

请你观察一下图中，看看白点与灰点哪种多？

190. 考眼力之 1

请在这 4 幅极为相似的图中，找出一幅明显与众不同的图来。

A

B

C

D

191. 考眼力之 2

请在这 4 幅极为相似的图中，找出一幅明显与众不同的图来。

A

B

C

D

192. 考眼力之 3

请在这 4 幅图中找出一幅与众不同的图来。

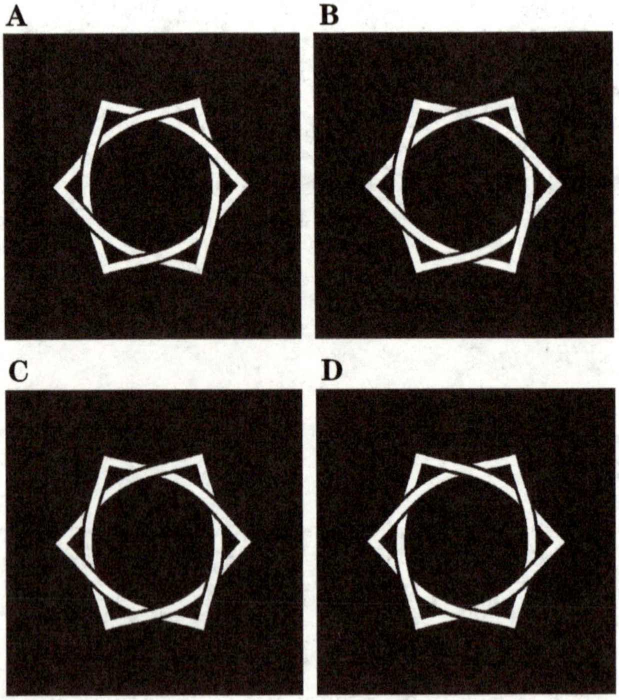

193. 考眼力之 4

请在这 4 幅图中找出一幅与众不同的图来。

C

D

194. 考眼力之 5

请在这 4 幅图中找出一幅与众不同的图来。

A

B

C

D

195. 对号入座

这是一张绝对神奇的图形划分图，它将一个大的正方形，剪成 21 块，可以同时用它们拼成正四、五、六、七、八边形。

考考你的眼力，你能将没有标号的块上标出它应有的编号吗？部分块上已填。

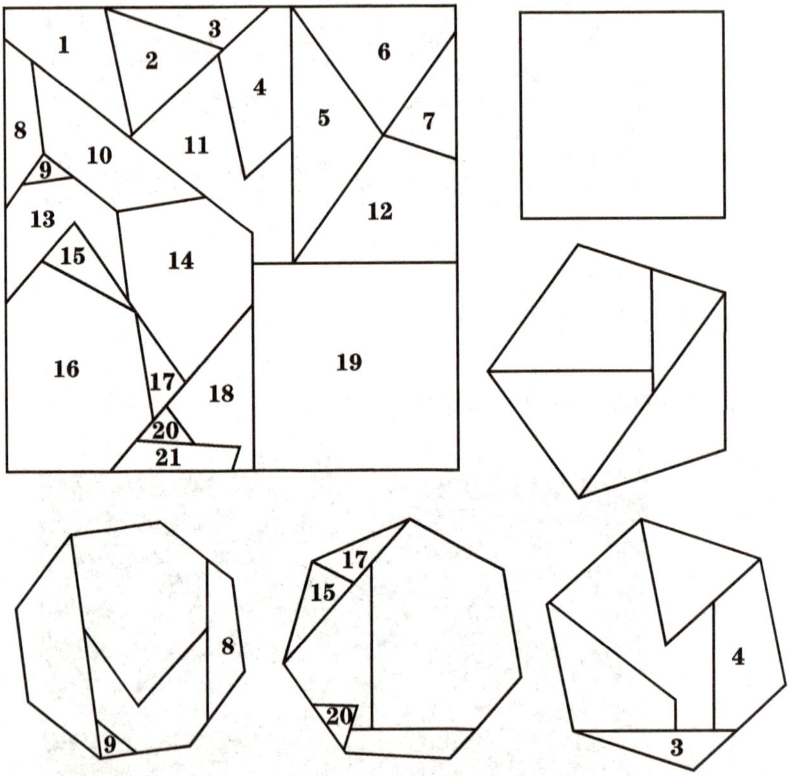

196. 遥遥相对

请将自然数1、2、3、4、5、6、7分别填入下面的空格内，使每个圆环上（共5个）上的数之和都得45。

试试看，你能填出来吗？

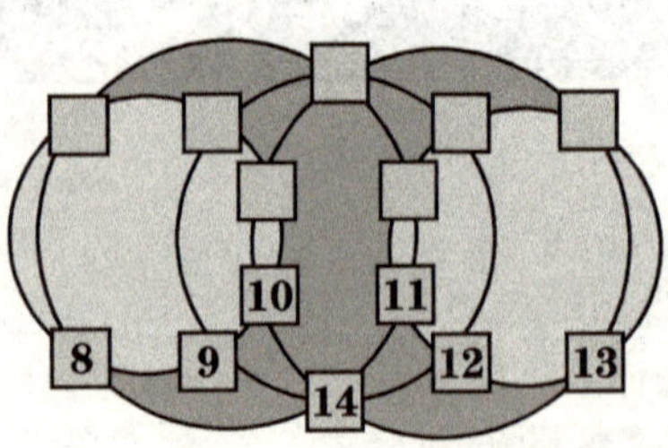

197. 相同数字

晚饭后，妈妈给娜娜出了这样一道趣题。

妈妈说："这是一道绝妙的算式，要求你在空格内填入相同的一个数字，使它们成为等式。你能很快填上来吗？"娜娜一看算式，惊叫起来："妈妈，妈妈，这也太神奇了吧，算式中出现了 1、2、3、4 呀！你让我填上的两个数字是相同的，是吗？"妈妈点点头。娜娜兴奋地说："这难不住我，我知道答案了……"

聪明的小朋友，你知道娜娜是如何找到答案的吗？

$$\begin{array}{r} 412\square \\ \times \quad\quad 3 \\ \hline 123\square 4 \end{array}$$

198. 珠联璧合

这里有两道本不相干的算式，它们的得数中除了将"1234"和"4321"包围外，其余的数字恰好是 2、3、4、5。

①8×26543=2 1234 4

②87×3945=3 4321 5

有人感觉这样的算式真的很难得，其实，你将原来算式中的数字调整成三位数乘三位数，它同样可以成为等式。不过，这要你动一番脑筋噢！

① □□□×□□□=2 1234 4

② □□□×□□□=3 4321 5

199. 火眼金睛

这里有两道用上数字 2～9 组成的算式，其中有一道是不相等的，你能很快找出来吗？这道不相等的算式，只需要调整一对数字的位置，它也能成为等式。

试试看，你行吗？

（1）754÷2－9＝368

（2）754÷2＋9＝368

200. 填数求和

请在空格内填入 5、6、7、8，使每个圆环（共 7 个）和每条直线上（共 2 条）的 4 个数之和都相等。

试试看，你能填出来吗？

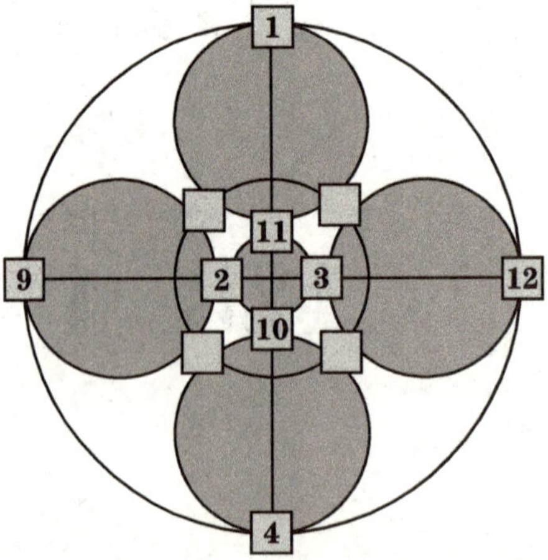

十一、难填的算式

201. 难填的算式

动物学校有一个小猪猪，特别精明，只是做事说话总是比别人慢半拍，大家送他一个外号叫“支吾猪”，因为这外号叫着响亮，他也就心甘情愿地认了。

今天，班里的每日一题轮到支吾猪给大家出题了。

只见支吾猪手里的题板上写着两道带有空格的算式：

□×□＋□－□＝22

□×□＋□－□＝22

支吾猪说：“大……大家好！今天我出的题目有点难。多动动脑筋，在填数字时，除了要算式相等外，数字还要统筹兼顾噢！”

大家见他半天没说出实质的东西，都有些着急了。

他清清嗓子，这时才切入正题：“请在两道算式的空格中，分别填入 1、2、3、4、5、6、7、8 这八个数字，使它们组成得 22 的等式……”

小牛壮壮自告奋勇，一举拿下第一个答案：

3×7＋2－1＝22

4×5＋8－6＝22

小猴灵灵也不相让，紧接着算出了第二种答案：

3×6＋5－1＝22

4×7＋2－8＝22

大家在为他们两个鼓掌庆贺时，支吾猪还在说着什么：“填出的算式得 22 不假，还得符合这样一个要求，那就是每道算式中的数字之和都得相等！这也是说我今大的题目特别难的原因！”

小牛壮壮、小猴灵灵一下子呆在那儿了，连忙在看自己的答案是不是符合支吾猪后面的要求……

小牛壮壮：

3＋7＋2＋1＝13

4＋5＋8＋6＝23

小猴灵灵：

3＋6＋5＋1＝15

4＋7＋2＋8＝21

唉，自己辛辛苦苦算出的答案，不符合要求。

素有“特务”之称的精明小兔子——“特务兔”可是个喜欢难为自己的主，他不会放过这个机会。不大一会儿，便找出了符合全部要求的答案！整个动物学校都惊叹不已！

你知道这道题目的答案吗？

202. 相信眼睛吗？

这里有一张奇特的图形。你来观察一下，能告诉我图中是不是有平行线，是不是有正圆形吗？

试试看，你行吗？

203. 特务兔与支吾猪

请你从1、2、3、4、5中选出适当数字，分别替换下式中的字，使之成为等式。

(1)　　兔

×　务兔

　特务兔

(2) 7×支吾猪×支吾猪＝支吾猪支吾猪

204. 支吾猪哭了

特务兔非常机灵，他带领一帮小伙伴慢慢牛、支吾猪、瓜瓜鸭、宝宝熊、灵灵猴开展了一次填算式游戏比赛。

题目是这样的：

请在空格内填入 1、2、3、4、5、6 各一次，使它组成等式。

□□－□－□－□－□＝11

□□－□－□－□－□＝22

□□－□－□－□－□＝33

□□－□－□－□－□＝44

□□－□－□－□－□＝55

为了公平起见，他要求大家从下面的题中抽出一道。一天的时间，谁最先完成就可得到他们的年度优胜奖。

第二天，他们约定来交答案了，支吾猪抹着眼泪，哭着来——因为他没有填出所要求的答案来。

想想看，你知道支吾猪抽到了哪道题吗？

205. 真有点儿神奇

在 1～6 这些自然数中，有 3 个数字，这里用“真”“神”“奇”来表示，列出下面的算式。看仔细，两道算式是带有小数点的噢！

你知道它们各代表几吗？

真＋神＋奇＝13

真×神.奇＝13

真.神×奇＝13

206. 巧妙的算式

动物山庄在搞智力竞赛，题目也是非常奇特：

请你在空格内填入数字 1、2、3、4、5、6、7、8、9 各一次，统筹安排一下这些数字，使它们与＋、－、×、÷拼合成两道得 100 的算式。

提示：除号后的数为 7。

□□×□－□＝100

□□÷□＋□□＝100

素有数学天才之称的特务兔找出了自己的答案：

54×2－8＝100

63÷7＋91＝100

慢吞吞的支吾猪也终于找到了自己的答案：

13×8－4＝100

56÷7＋92＝100

试试看，你还能找出自己的答案吗？

207. 神奇猜数

新年游戏会上，张老师给大家出了这样一道数学题：

从十二位数 888888888880 中，减去一个一位数后，它就可以被 2015 整除了。

大家猜来猜去，因为数太大，不进行运算根本就不知道对错。

你能猜出减去哪个数吗？

208. 歪打正着

羊爷爷在黑板上给特务兔和小猪他们出了这样一道填数字题：

请在空格内填入 3、3、3、6、6、6，相同的数字填入同样的空格，使它成为一道得 30 的等式。

□×□＋□－○×○－○＝30

特务兔聪明着呢，他不负众望，很快填出了答案：

6×6＋6－3×3－3＝30

一向严谨的小猪，这次真是马虎了，揉着胖嘟嘟的腮，瞪着眼竟然将数字 3 看成了数字 8。奇怪的是，他竟然按着自己的思路，也填出了这道等式。

你知道他是怎么填出来的吗？

209. 7组成的数

特务兔在考小动物们的智力。他在大树杈上挂出了一块小黑板，上面写着这样四道等式，要大家找出得数最大的那一道式子。

（1）2079÷297＝？

（2）3024÷432＝？

（3）3045÷435＝？

（4）6048÷864＝？

你能不动笔，凭脑力判断一下吗？

哈哈，被你猜中了，它们都得7。

请看这样一道算式，它是由987654321和＋、－、×、÷组成的得777的等式。

98＋765－43×2÷1＝777

下面请你在空格内填入一个由相同数字组成的数，使它的得数都是由数字7组成的数。

你能填上来吗？

9＋4－3×2÷1＝7

9＋□4－3×2÷1＝77

9＋□□4－3×2÷1＝777

9＋□□□4－3×2÷1＝7777

9＋□□□□4－3×2÷1＝77777

210. 神奇的算式

请在等号左右的空格内，分别填入1、2、3，使之成为一道神奇的算式。

你能很快填上来吗？

987□6□45×□＝□96□487□5

211. 明察秋毫

下面两道非常相似的算式中，有一道是不相等的。如果将不相等的算式中的一个数字去掉，它就能变成等式了。

你能很快判断出是哪个算式不相等，并且将多余的数字去掉，使它变成等式吗？

A. 98÷7＋6543－2×1＝555

B. 98＋765－43×2÷1＝777

212. 智力猜数

这是一道神奇无比的算式，它是在数字串“987654321”中，添上＋、－、×、÷四则运算符号组成的算式。我们只知道它的得数是由相同数字组成的四位数。

你能猜出它们的答案是多少吗？

9876－5＋4×32÷1＝AAAA

213. 绝对神奇

请在空格内填入数字4、5、6、7、8，使之成为含有四则运算的神奇算式。你能填出来吗？

9×□□□□□＋3－2÷1＝788887

214. 方框圆圈

算式中出现了方框圆圈两种不同的符号，只知道它们分别代表一个偶数数字。

你能根据算式表明的关系，猜出各是几吗？

9□×□○○＝□□○○8

215. 改符号换得数

来看下面的两道算式：

1×6＋4＝10

2×3+5=11

它们是由1、2、3、4、5、6这六个数字组成的得10和11的算式。想想看，如果将乘号换成哪一种运算符号，这两道算式的得数就要交换了。

216. 巧填加减乘除

这里有一道怪算式，它们是在11、33、55、77、99中添上四则运算符号各一次组成的得63.8的算式。

请你将运算符号重新填入算式，使得数变为28.6。

试试看，你行吗？

11－33÷55×77＋99＝63.8

11□33□55□77□99＝28.6

217. 巧调1、5、7

下面是用数字1～8和运算符号组合成的得4.5的等式。

7×4÷8＋1＝4.5

3×5÷6＋2＝4.5

请你移动算式中的1、5、7三个数字的位置，使它们的得数变为5.5。

试试看，可能吗？

□×4÷8＋□＝5.5

3×□÷6＋2＝5.5

218. 巧凑算式

请将数字3、4、5、6、7、8分别填入下面的空格内，使它们成为两道得数分别为2.5和3.5的等式。

试试看，你能填出来吗？

□×□÷□＝2.5

□×□÷□＝3.5

219. 字母换数之 1

将算式中的 A 和 B 换成什么数字时，两道等式都能成立？你能猜出各是几吗？

AB÷8=8

B8÷A=8

220. 字母换数之 2

将算式中的 A 和 B 换成什么数字时，两道等式都能成立？你能猜出各是几吗？

3×3－A=B

3÷3＋A=B

221. 汉字换数

请将算式中的汉字，换作对应的数字，使 8 道等式都能够成立。你知道每个汉字代表几吗？

认×认+认-真×真-真=22

开×开+开-心×心-心=44

快×快+快-乐×乐-乐=66

大×大+大-方×方-方=88

认认认-真真真=222

开开开-心心心=444

快快快-乐乐乐=666

大大大-方方方=888

十二、趣味数学魔法

222. 趣味数学魔法

请你从 1、2、3、4、5 中选出四个数字，分别替换下式中的字，使之成为一道等式。

限定：数＜学，魔＜法。

数＋学＝魔×法

数×学＝魔＋法

223. 趣得 61

请将 45、72、83、90 填入下面算式中的空格内，使它成为一道正确的算式。完成后的等式非常有趣，0～9 这十个数字各出现一次。

你能很快填成功吗？

□×□÷□－□=61

224. 欢欢喜喜

请将算式中的汉字换成适当的数字，使下面的 10 道得 100 的算式都能够成立。

你能很快换成功吗？

提示：欢＜贺＜喜＜颂＜笑＜歌

欢×欢×喜×喜＝100

欢＋欢×笑×笑＝100

贺×贺喜－喜＝100
喜×喜×欢×欢＝100
颂＋颂＋歌歌＝100
颂×颂＋歌×歌＝100
笑×笑×欢＋欢＝100
歌＋歌颂＋颂＝100
歌歌＋颂＋颂＝100
歌×歌＋颂×颂＝100

225. 趣组算式

先来欣赏一组奇妙的算式，它们都是由数字串“135135”组成的，且不使用括号，可以组成得100、200、400的算式。

135－1×35＝100
135×1－35＝100
135÷1－35＝100
1×35＋13×5＝100
13×5＋1×35＝100
13×5×1＋35＝100
13×5÷1＋35＝100
1×35×1×3－5＝100
1×35÷1×3－5＝100
135＋13×5＝200
1×3×5×13＋5＝200
13×5＋135＝200
13×5×1×3＋5＝200
13×5÷1×3＋5＝200
135×1×3－5＝400
135÷1×3－5＝400

这里大家来玩个有趣的组算式游戏：

在数字串“246246”中添上＋、－、×、÷中的3个不同的运算符号，不使用括号，使它组成得99的算式。你能办到吗？试一试！如果不限制所填的运算符号，你还能填成一道得99的算式吗？

246246＝99

226. 趣味添 0

给（1）式中添一个“0”，给（2）式中添两个“0”，给（3）式中添三个“0”，给（4）式中添四个“0”，给（5）式中添五个“0”，使等式都能成立。你行吗？

（1）1＋11＝111；

（2）2＋22＝222；

（3）3＋33＝333；

（4）4＋44＝444；

（5）5＋55＝555。

227. 菱形与三角形

请将算式中的菱形与三角形，换成两个不同的数字，使两道等式同时成立。试试看，你能填出来吗？

◆÷3×▲2＝32

▲2÷3×◆＝32

228. 对号入座

将数字 2、3、4、5、6、7、8、9 分别使用一次，使它们组成两道等于 111 的算式。

如果告诉你第二道算式的答案是“59×2－7＝111”，试试看，第一道的加法算式你能填出来多少种呢？

□□＋□□＝111

□□×□－□＝111

229. 慧眼识金之1

请你观察一下，你能看出图片 A、B、C、D 中，哪一张与众不同吗？

A

B

C

D

230. 慧眼识金之2

请你观察一下，你能看出图片 A、B、C、D 中，哪一张与众不同吗？

A

B

C D

231. ABCD

想想看，A、B、C、D 各表示几时，这两道奇怪的等式能够成立？

$$\boxed{A}\boxed{B}\boxed{C}\boxed{D}9\times 3 = 222777$$

$$\boxed{C}\boxed{B}\boxed{A}\boxed{D}3\times 9 = 222777$$

232. 拓印图片

请你观察一下，你能看出图片 A 是由 B、C、D 中的哪个模板拓印出来的吗？

A B

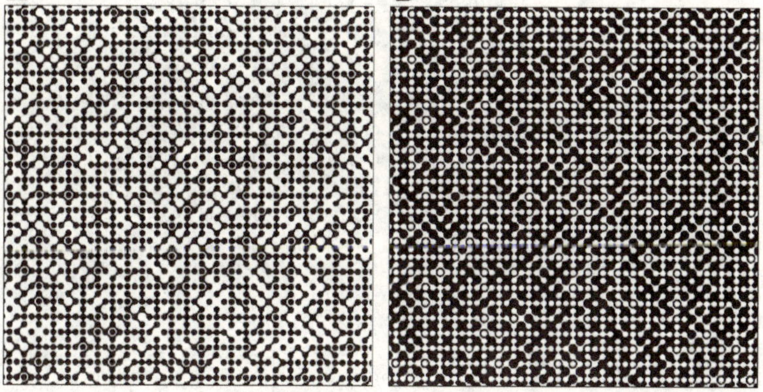

C

D

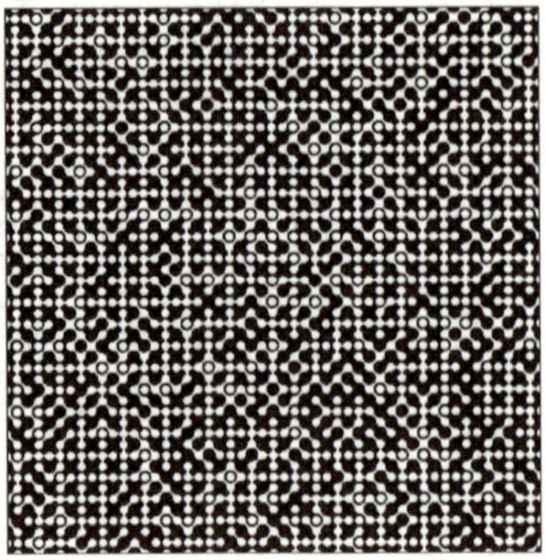

233. 迷宫

淘气的小鹌鹑跑进了一个迷宫里，它很害怕，想赶紧出去，可是找不到路了。你能进入迷宫，找到小鹌鹑，并把它顺利带出来吗?

234. 组成平方数

请在空格内填入 0、1、2、3、4、5、6、7、8、9，使每一横行都成为一个平方数。

试试看，你能填出几种来呢？

□

□□

□□□

□□□□

235. 小熊请客

熊妈妈打电话，请住在山里的羚羊阿姨来做客。小熊听了很开心：“哇，太好了。我去接羚羊阿姨！”

小熊跑到山里去，可他不认识羚羊阿姨：“羚羊阿姨长什么样呢？”

一只小兔蹦蹦跳跳地跑过来。小熊迎上去：“您是羚羊阿姨吧？”小兔咻咻地笑了：“我是小兔娇娇，正在做梅花鹿博士出的一道题，等我做完了，我会帮你找羚羊阿姨的！”小熊急切地说：“谢谢你，那你快些行吗？”

“这道题是……”小兔娇娇说着拿来一张纸，上面密密麻麻地写着这样的算式：

$956^2=913936 \longrightarrow 913+936=1849=43^2$

$957^2=915849 \longrightarrow 915+849=1764=42^2$

$958^2=917764 \longrightarrow 917+764=1681=41^2$

$959^2=919681 \longrightarrow 919+681=1600=40^2$

$960^2=921600 \longrightarrow 921+600=1521=39^2$

$961^2=923521 \longrightarrow 923+521=1444=38^2$

$962^2=925444 \longrightarrow 925+444=1369=37^2$

$963^2=927369 \longrightarrow 927+369=1296=36^2$

$964^2=929296 \longrightarrow 929+296=1225=35^2$

$965^2=931225 \longrightarrow 931+225=1156=34^2$

$966^2=933156 \longrightarrow 933+156=1089=33^2$

$967^2=935089 \longrightarrow 935+089=1024=32^2$

$968^2=937024 \longrightarrow 937+024=961=31^2$

“我知道，我知道！将一个六位的完全平方数拆成两个三位数，将这两个三位数相加的和也是个完全平方数。有趣的是首尾两个平方数的底数相加和为999。对不？”小熊抢着答道。

“这是先让欣赏的，是个吓唬人的例子而已，你再看——”说着小兔又拿出这样的题目来：

$5^3=125 \longrightarrow 1+2+5=8$　　$6^3=216 \longrightarrow 2+1+6=9$　　$7^3=343 \longrightarrow 3+4+3=10$

“题目要求先算出 5、6、7 的三次方来，再分别将得数的数字相加，得出的三个数恰好是 5、6、7 的连续自然数 8、9、10。”小兔娇娇解释说。

小熊急了，不解地问：“那题目的最后要求是什么呢？”

小兔娇娇说：“题目要求找出一组具有这一规律的算式，并填写在这张纸上。”说着亮出了一张纸：

○○^{3}＝□□□□⟶□＋□＋□＋□＝○○

○○^{3}＝□□□□⟶□＋□＋□＋□＝○○

○○^{3}＝□□□□⟶□＋□＋□＋□＝○○

聪明的小熊很快就判断出这些两位数必定小于 36，接着便很快填了出来。于是高高兴兴地和小兔娇娇找羚羊阿姨去了……

你能猜出小熊的答案来吗？

236. 奇妙 ABC

算式中的 A、B、C 表示 3 个奇数数字。猜猜看，它们各是几时，这些等式都能够成立？

提示：A＝1。

A＋BC×A×B＋C＝AAA

A＋BC÷A×B＋C＝AAA

AB＋C＋ABC＝ACB

AB÷C×ABC＝BCA

ABC＋AB＋C＝ACB

ABC×AB÷C＝BCA

A×B－C＋ABC＝ABB

A×B＋CAB－C＝CAA

A＋BCA÷B－C＝AAB

A×BCA－B＋C＝BCB

ABC＋A＋B×C＝ACA

ABC＋A×B－C＝ABB

ABC×A＋B－C＝ABB

ABC÷A＋B－C＝ABB

A×B＋CA×B－C＝ACA

A×B×CA＋B－C＝ACA

A×B×CA－B＋C＝ACC

237. 神奇的等式

给等号左边添上运算符号（可以用括号）使等式成立。你行吗？

0.12345678＝123

0.12345678＝234

0.12345678＝345

0.12345678＝456

0.12345678＝567

0.12345678＝678

0.12345678＝789

例子：0.123×4×5×（6×7＋8）＝123

238. 组得 100 算式

“天天高高兴兴，时时开开心心”，是大家相互祝福时常说的话。

有趣的是算式同样可以表达对大家的祝福，因为很多人喜欢数字 1、6 和 8，我们可以编出不使用括号的 6 道得 100 的算式：

11＋6÷6＋88＝100

1－1＋6＋6＋88＝100

1×1×6＋6＋88＝100

1÷1×6＋6＋88＝100

1－1＋6×6＋8×8＝100

1×1×6×6＋8×8＝100

1÷1×6×6＋8×8＝100

请你动动脑筋，看看下面的数字串如何添运算符号，才能组成得 100 的算式呢，当然也不能使用括号。

试试看，你能完成吗？

（1）113355＝100

（2）224466＝100

（3）445566＝100

（4）667788＝100

（5）778899＝100

十三、环环相连

239. 每环为 22

在下面的八个圆环中填入 1～16（1 已填）各数，使每个圆环上的三个数之和都是 22。

你可以这样想：每个圆环上的三个数之和都得 22，22×8＝176，而 1＋2＋…＋15＋16＝136，176－136＝40。可见，圆环相接的（重复使用的）八个数的和为 40。

因此，如何选择出包括 1 在内的和为 40 的八个数，是解开这道题的关键所在。

240. 每环为 23

在下面的八个圆环中填入 1～16（1 已填）各数，使每个圆环上的三个数之和都是 23。

你可以这样想：每个圆环上的三个数之和都得 23，23×8＝184，而 1＋2＋…＋15＋16＝136，184－136＝48。可见，圆环相接的（重复使用的）八个数的和为 48。

因此，如何选择出包括 1 在内的和为 48 的八个数，是解开这道题的关键所在。

241. 每环为 24

在下面的八个圆环中填入 1～16（1 已填）各数，使每个圆环上的三个数之和都是 24。

你可以这样想：每个圆环上的三个数之和都得 24，24×8＝192，而 1＋2＋…＋15＋16＝136，192－136＝56。可见，圆环相接的（重复使用的）八个数

的和为 56。

如何选择出包括 1 在内的和为 56 的八个数，是解开这道题的关键所在。

玩过了几次这样的游戏，你可能会有这样的想法，1 那个数字只能在那一个位置吗？好，现在就以你的疑问为目标，探索一下下面的题目吧。

在下面的八个圆环中填入 1～16（2 已填）各数，使每个圆环上的三个数之和都是 24。

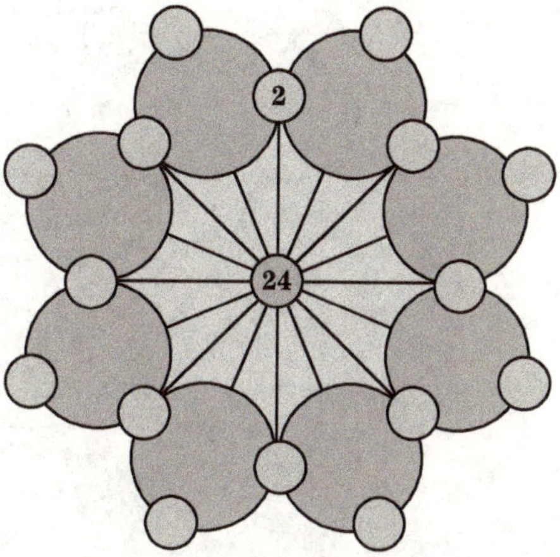

你可以这样想：每个圆环上的三个数之和都得 24，24×8＝192，而 1＋2＋…＋15＋16＝136，192－136＝56。可见，圆环相接的（重复使用的）八个数的和为 56。

如何选择出包括 2 在内的和为 56 的八个数，是解开这道题的关键所在。

我们将 2 换作 3，你还能填出答案来吗？试一试！

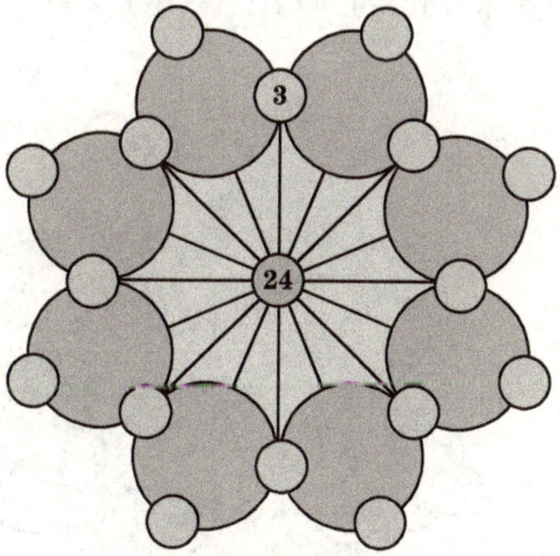

242. 每环为25

在下面的八个圆环中填入1～16（1已填）各数，使每个圆环上的三个数之和都是25。

你可以这样想：每个圆环上的三个数之和都得25，25×8＝200，而1＋2＋…＋15＋16＝136，200－136＝64。可见，圆环相接的（重复使用的）八个数的和为64。

如何选择出包括1在内的和为64的八个数，是解开这道题的关键所在。你行吗？

在下面的八个圆环中填入1～16（2已填）各数，使每个圆环上的三个数之和都是25。

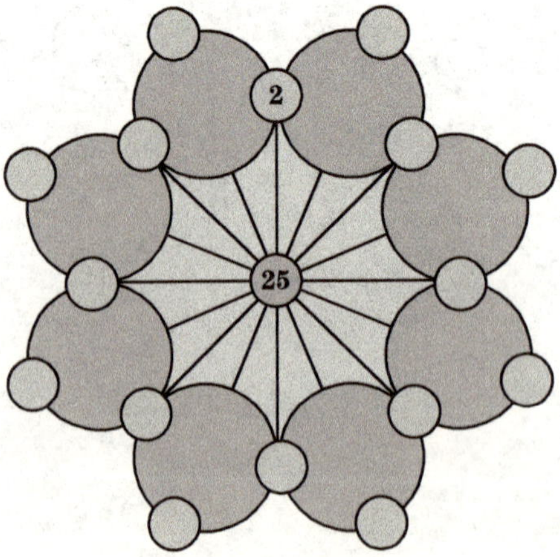

你可以这样想：每个圆环上的三个数之和都得 25，25×8＝200，而 1＋2＋…＋15＋16＝136，200－136＝64。可见，圆环相接的（重复使用的）八个数的和为 64。

如何选择出包括 2 在内的和为 64 的八个数，是解开这道题的关键所在。

在下面的八个圆环中填入 1～16（3 已填）各数，使每个圆环上的三个数之和都是 25。

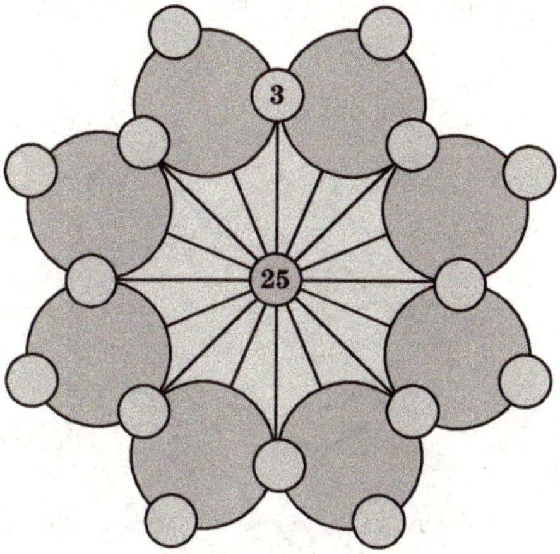

243. 每环为 26

在下面的八个圆环的圆圈中填入 1～16（1 已填）各数，使每个圆环上的三个数之和都是 26。

你可以这样想：每个圆环上的三个数之和都得 26，26×8＝208，而 1＋

2＋…＋15＋16＝136，208－136＝72。可见，圆环相接的（重复使用的）八个数的和为72。

如何选择出包括1在内的和为72的八个数，是解开这道题的关键所在。

例如，1与下一个圆环交接的那个数不能小于9，因为如果想凑成这个圆环上三个数之和为26的话，最大的数是16，小于9就没有办法凑成这个圆环了，故该环可以填9。

在下面的八个圆环的圆圈中填入1～16（2已填）各数，使每个圆环上的三个数之和都是26。

你行吗？

在下面的八个圆环的圆圈中填入1～16（3已填）各数，使每个圆环上的三个数之和都是26。

你能顺利填写出来吗？

在下面的八个圆环的圆圈中填入1～16（4已填）各数，使每个圆环上的三个数之和都是26。

你会填了吗？

244. 每环为 27

在下面的八个圆环的圆圈中填入 1～16（1 已填）各数，使每个圆环上的三个数之和都是 27。

你可以这样想：每个圆环上的三个数之和都得 27，27×8＝216，而 1＋2＋…＋15＋16＝136，216－136＝80。可见，圆环相接的（重复使用的）八个数的和为 80。

根据我们前面所讲的，你会填写出答案的。对吧？

在下面的八个圆环的圆圈中填入 1～16（2 已填）各数，使每个圆环上的三个数之和都是 27。

如果会填了，那就快快写出答案来吧！

在下面的八个圆环的圆圈中填入 1～16（3 已填）各数，使每个圆环上的三个数之和都是 27。

一定难不住你了。请写出它们的答案吧！

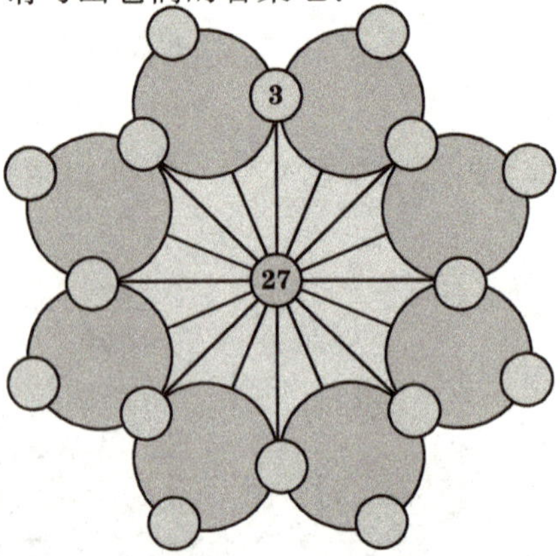

在下面的八个圆环的圆圈中填入 1～16（4 已填）各数，使每个圆环上的三个数之和都是 27。

在下面的八个圆环的圆圈中填入 1～16（5 已填）各数，使每个圆环上的三个数之和都是 27。

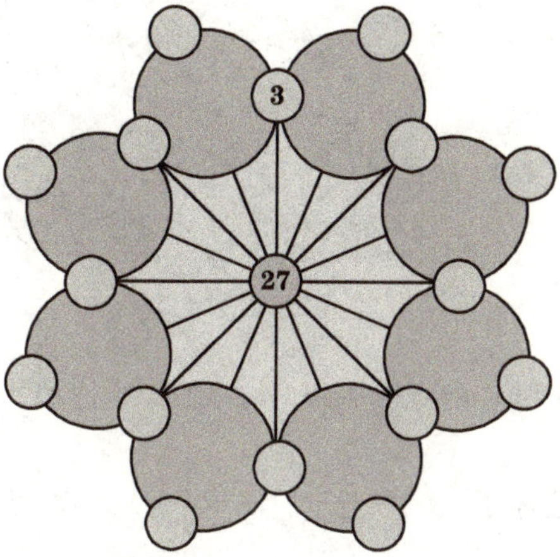

245. 每环为 28

在下面的八个圆环的圆圈中填入 1～16（3 已填）各数，使每个圆环上的三个数之和都是 28。

你能填出来吗？

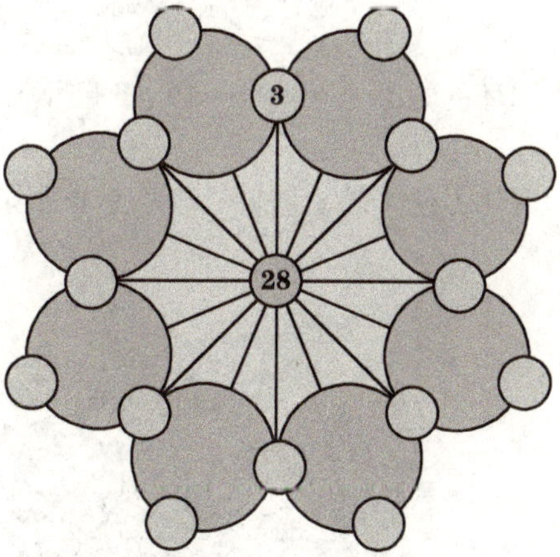

在下面的八个圆环的圆圈中填入 1～16（4 已填）各数，使每个圆环上的三个数之和都是 28。

填填看吧！

在下面的八个圆环的圆圈中填入 1～16（5 已填）各数，使每个圆环上的三个数之和都是 28。

这已经难不住你了，填填看吧！

在下面的八个圆环的圆圈中填入 1～16（6 已填）各数，使每个圆环上的三个数之和都是 28。

根据前面所学习的方法，填出它们已经不是难题了。

试一试，好吗？

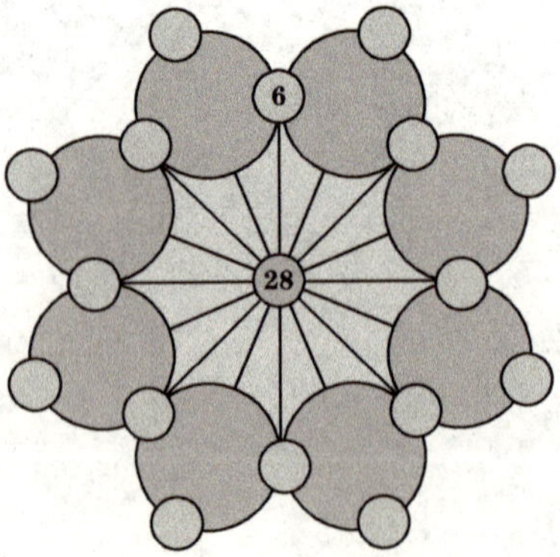

246. 每环为 29

每个圆环上的三个数之和都得 29，29×8＝232，而 1＋2＋…＋15＋16＝136，232－136＝96，可见，圆环相接的（重复使用的）八个数的和为 96。

根据我们前面所讲的，你会发现此题已没有答案。因为要用上八个数凑成和为 96 的数，1、2、3、4 已经不能够成为共用的数了。

在下面的八个圆环的圆圈中填入 1～16（5 已填）各数，使每个圆环上的三个数之和都是 29。

能够填出来吗?

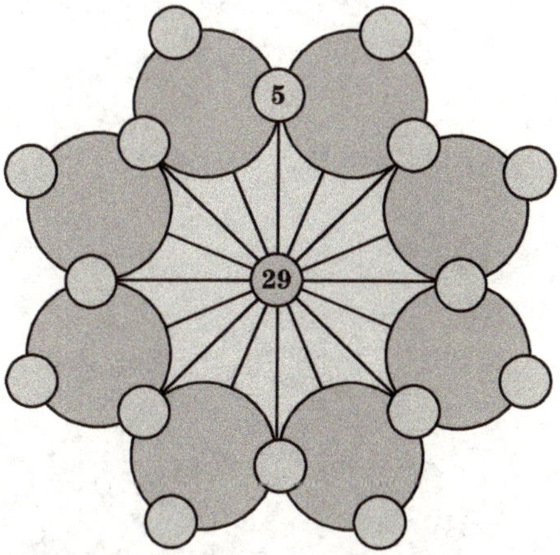

在下面的八个圆环的圆圈中填入 1～16（6 已填）各数，使每个圆环上的三个数之和都是 29。

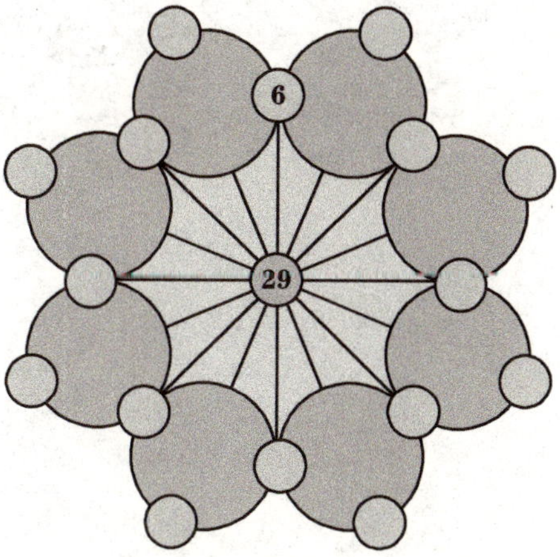

在下面的八个圆环的圆圈中填入 1～16（7 已填）各数，使每个圆环上的三个数之和都是 29。

你能很快填出来，是吗？

在下面的八个圆环的圆圈中填入 1～16（8 已填）各数，使每个圆环上的三个数之和都是 29。

你还行吗？试一试吧！

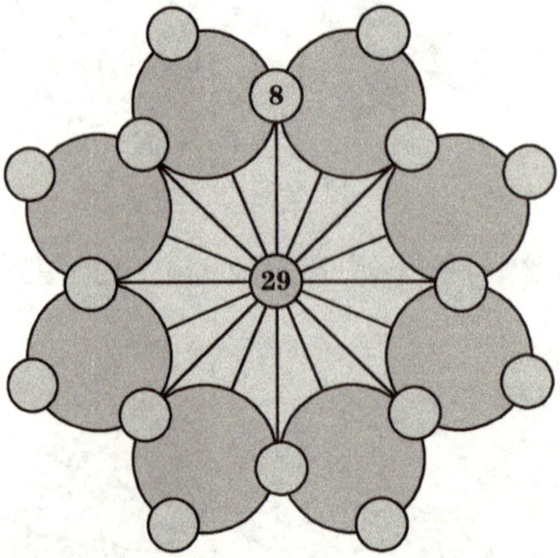

十四、数学欣赏

247. 关于大数的趣味问题

在学习了关于大数的内容后，小七查到这样一个有趣的问题：

有一数学爱好者提出了这样的设想，问是否存在这样的自然数：在这个数后面重写一遍这个数，新组成的数是一个完全平方数？

因为我们举不出现成的例子来，所以就想着去否定它。其实，已经有高手回答说，有，不过这样的数都是一些不太常见的相对较“大”些的数。大家一定想见识一下它们的尊容，想看看到底是什么样的数“手牵手”能够“牵”出个完全平方数来。

下面举出几例，供大家欣赏。例如：

11 位数 13223140496：

13223140496 13223140496

$=36363636364^2$

11 位数 20661157025：

20661157025 20661157025

$=45454545455^2$

11 位数 29752066116：

29752066116 29752066116

$=54545454546^2$

11 位数 40495867769：

40495867769 40495867769

$=63636363637^2$

11 位数 52892561984：

52892561984 52892561984

$=72727272728^2$

11 位数 66942148761：

66942148761 66942148761

$=81818181819^2$

11 位数 82644628100：

82644628100 82644628100

$=90909090910^2$

再大一些的有 21 位数 183673469387755102041：

183673469387755102041 183673469387755102041

$=428571428571428571429^2$

21 位数 326530612244897959184：

326530612244897959184 326530612244897959184

$=571428571428571428572^2$

更大一些的有 33 位数 132231404958677685950413223140496：

132231404958677685950413223140496132231404958677685950413223140496

$=363636363636363636363636363636364^2$

更大的还有：

39 位数 147928994082840236686390532544378698225：

147928994082840236686390532544378698225147928994082840236686390532
544378698225

$=384615384615384615384615384615384615385^2$

如果说没有电脑的帮助，谁又有什么样的精力能够解决这样的问题呢？可见科技的力量是无穷的。

数学有趣吧！

248. 八个数字与加减乘除

请你给式中的空格填入数字 1、2、3、4、5、6、7、8，使之与＋、－、×、÷拼合成一道等式。你能很快填写出来吗？

□□－□□÷□＝□×□＋□

总计有 145 个答案：

17－56÷8＝2×3＋4 （＝10）

18－56÷7＝2×3＋4 （＝10）

23－84÷7＝1×5＋6 （＝11）

23－84÷7＝1×6＋5 （＝11）

27－48÷3＝1×5＋6 （＝11）

27－48÷3＝1×6＋5 （＝11）

$68-57\div1=2\times4+3\ (=11)$
$86-75\div1=2\times4+3\ (=11)$
$36-48\div2=1\times5+7\ (=12)$
$36-48\div2=1\times7+5\ (=12)$
$28-45\div3=1\times6+7\ (=13)$
$28-45\div3=1\times7+6\ (=13)$
$32-76\div4=1\times5+8\ (=13)$
$32-76\div4=1\times8+5\ (=13)$
$86-73\div1=2\times4+5\ (=13)$
$43-56\div2=1\times7+8\ (=15)$
$43-56\div2=1\times8+7\ (=15)$
$68-53\div1=2\times4+7\ (=15)$
$31-84\div6=2\times5+7\ (=17)$
$84-67\div1=3\times5+2\ (=17)$
$56-38\div1=2\times7+4\ (=18)$
$83-65\div1=2\times7+4\ (=18)$
$46-81\div3=2\times7+5\ (=19)$
$83-64\div1=2\times7+5\ (=19)$
$48-27\div1=3\times5+6\ (=21)$
$24-16\div8=3\times5+7\ (=22)$
$31-54\div6=2\times7+8\ (=22)$
$41-57\div3=2\times8+6\ (=22)$
$48-26\div1=3\times5+7\ (=22)$
$56-34\div1=2\times7+8\ (=22)$
$65-43\div1=2\times7+8\ (=22)$
$84-62\div1=3\times5+7\ (=22)$
$27-16\div4=3\times5+8\ (=23)$
$68-45\div1=3\times7+2\ (=23)$
$65-48\div1=2\times7+3\ (=24)$
$57-64\div2=3\times8+1\ (=25)$
$68-42\div1=3\times7+5\ (=26)$
$83-57\div1=4\times6+2\ (=26)$
$36-18\div2=4\times5+7\ (=27)$
$51-48\div2=3\times7+6\ (=27)$
$41-72\div6=3\times8+5\ (=29)$

73－84÷2＝5×6＋1（＝31）

83－5÷1＝2×7＋64（＝31）

83－52÷1＝4×6＋7（＝31）

35－21÷7＝4×6＋8（＝32）

35－8÷4＝1×6＋27（＝33）

35－8÷4＝1×7＋26（＝33）

35－8÷4＝26×1＋7（＝33）

35－8÷4＝27×1＋6（＝33）

72－38÷1＝5×6＋4（＝34）

41－32÷8＝5×6＋7（＝37）

61－72÷3＝4×8＋5（＝37）

64－81÷3＝5×7＋2（＝37）

83－46÷1＝5×7＋2（＝37）

72－34÷1＝5×6＋8（＝38）

48－21÷3＝5×7＋6（＝41）

48－7÷1＝3×5＋26（＝41）

73－64÷2＝5×8＋1（＝41）

83－42÷1＝5×7＋6（＝41）

46－8÷2＝1×5＋37（＝42）

46－8÷2＝1×7＋35（＝42）

46－8÷2＝35×1＋7（＝42）

46－8÷2＝37×1＋5（＝42）

48－6÷1＝3×5＋27（＝42）

76－34÷1＝5×8＋2（＝42）

45－6÷3＝18×2＋7（＝43）

46－21÷7＝5×8＋3（＝43）

47－8÷2＝5×6＋13（＝43）

61－72÷4＝5×8＋3（＝43）

67－24÷1＝5×8＋3（＝43）

56－4÷1＝2×7＋38（＝52）

67－23÷1＝5×8＋4（＝44）

76－32÷1＝5×8＋4（＝44）

54－18÷2＝6×7＋3（＝45）

52－18÷3＝6×7＋4（＝46）

61－42÷3＝5×8＋7（＝47）

56－8÷1＝2×7＋34（＝48）
51－8÷4＝2×6＋37（＝49）
57－24÷3＝6×8＋1（＝49）
57－32÷4＝6×8＋1（＝49）
53－12÷4＝6×7＋8（＝50）
54－12÷3＝6×7＋8（＝50）
54－21÷7＝6×8＋3（＝51）
75－24÷1＝6×8＋3（＝51）
75－23÷1＝6×8＋4（＝52）
58－6÷2＝17×3＋4（＝55）
61－8÷2＝4×5＋37（＝57）
65－24÷3＝7×8＋1（＝57）
65－32÷4＝7×8＋1（＝57）
65－8÷1＝2×7＋43（＝57）
62－8÷4＝1×3＋57（＝60）
62－8÷4＝1×7＋53（＝60）
62－8÷4＝53×1＋7（＝60）
62－8÷4＝57×1＋3（＝60）
64－8÷2＝1×3＋57（＝60）
64－8÷2＝1×7＋53（＝60）
64－8÷2＝53×1＋7（＝60）
64－8÷2＝57×1＋3（＝60）
68－7÷1＝2×4＋53（＝61）
65－3÷1＝2×7＋48（＝62）
67－4÷1＝5×8＋23（＝63）
67－8÷2＝15×4＋3（＝63）
67－8÷2＝3×4＋51（＝63）
68－5÷1＝3×7＋42（＝63）
67－3÷1＝5×8＋24（＝64）
72－8÷1＝5×6＋34（＝64）
68－3÷1＝2×4＋57（＝65）
68－2÷1＝3×7＋45（＝66）
68－4÷2＝5×7＋31（＝66）
83－7÷1＝4×6＋52（＝66）
72－4÷1＝5×6＋38（＝68）

73－8÷2＝1×4＋65（＝69）
73－8÷2＝1×5＋64（＝69）
73－8÷2＝16×4＋5（＝69）
73－8÷2＝64×1＋5（＝69）
73－8÷2＝65×1＋4（＝69）
73－8÷4＝2×5＋61（＝71）
74－6÷2＝5×8＋31（＝71）
75－4÷1＝6×8＋23（＝71）
75－3÷1＝6×8＋24（＝72）
76－4÷1＝5×8＋32（＝72）
75－8÷4＝36×2＋1（＝73）
76－2÷1＝5×8＋34（＝74）
78－4÷2＝3×5＋61（＝76）
83－6÷1＝5×7＋42（＝77）
84－7÷1＝3×5＋62（＝77）
84－7÷1＝36×2＋5（＝77）
81－6÷2＝5×7＋43（＝78）
85－7÷1＝24×3＋6（＝78）
83－4÷1＝2×7＋65（＝79）
84－5÷1＝36×2＋7（＝79）
85－6÷1＝24×3＋7（＝79）
86－7÷1＝25×3＋4（＝79）
83－2÷1＝4×6＋57（＝81）
83－2÷1＝5×7＋46（＝81）
83－4÷2＝1×5＋76（＝81）
83－4÷2＝1×6＋75（＝81）
83－4÷2＝75×1＋6（＝81）
83－4÷2＝76×1＋5（＝81）
86－5÷1＝2×4＋73（＝81）
84－2÷1＝3×5＋67（＝82）
86－4÷1＝25×3＋7（＝82）
87－5÷1＝26×3＋4（＝82）
86－3÷1＝2×4＋75（＝83）
87－4÷1＝26×3＋5（＝83）

参考答案

一、数来数趣

1.《消消看》答案

粉色的两块是不相同的（它们是呈镜反图的）。

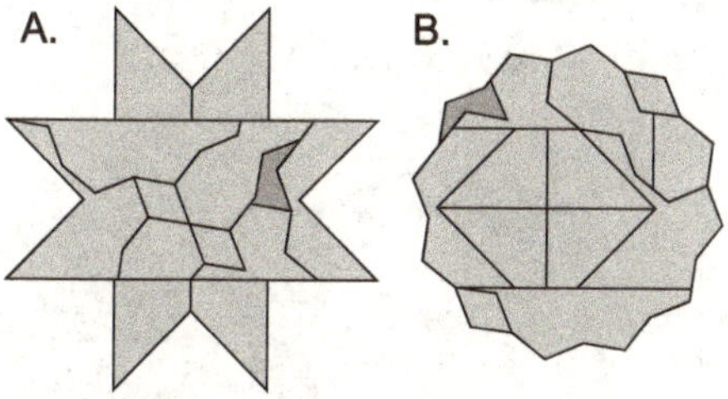

2.《五角星填数》答案

3.《五数连环》答案

4.《五数算式》答案

共有以下八种填法：

1＋5－3×4÷2＝0

1＋5－4×3÷2＝0

3＋5－2×4÷1＝0

3＋5－4×2÷1＝0

5＋1－3×4÷2＝0

5＋1－4×3÷2＝0

5＋3－2×4÷1＝0

5＋3－4×2÷1＝0

5.《小数算式之1》答案

6.3×5.1＋9.87＝42

7.3×5.6＋8.12＝49

8.1×6.3＋2.97＝54

9.8×3.6＋5.72＝41

6.《小数算式之2》答案

$6^3 \div 5^4 = 0.3456$

7.《小数算式之3》答案

68.59＋3.41＝72

58.79＋4.21＝63

38.79＋6.21＝45

28.59＋7.41＝36

8.《小公鸡的漫画像》答案

9.《小七的位置》答案

每个顶角上的数是要重复计算一次的，所以，你可以这样想，23 乘以 3 得 69，而 1 至 9 的和为 45，差了 24，而 7＋8＋9 正好是 24，故 7、8 和 9 要在三个顶角上了。

例如：

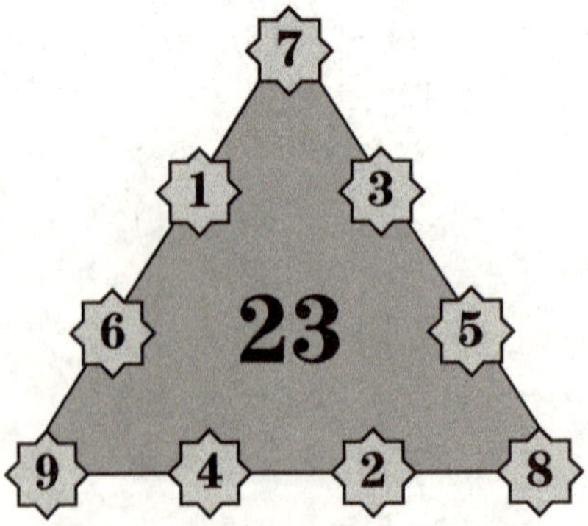

二、虚心实心

10.《虚心实心之 1》答案

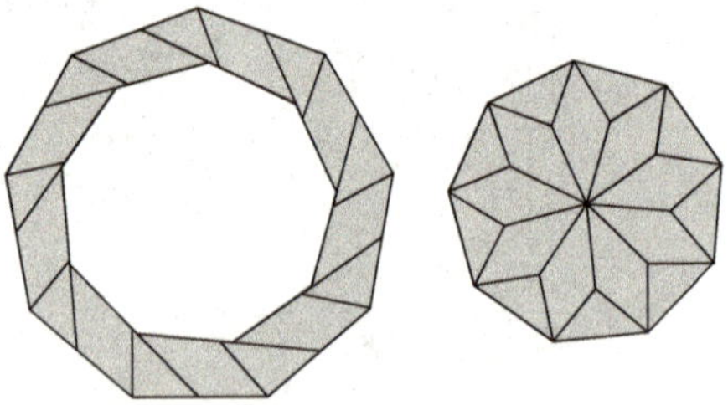

11.《虚心实心之 2》答案

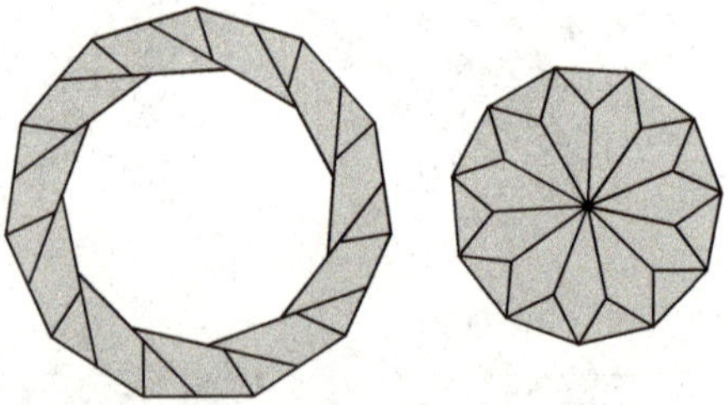

12.《虚心实心之 3》答案

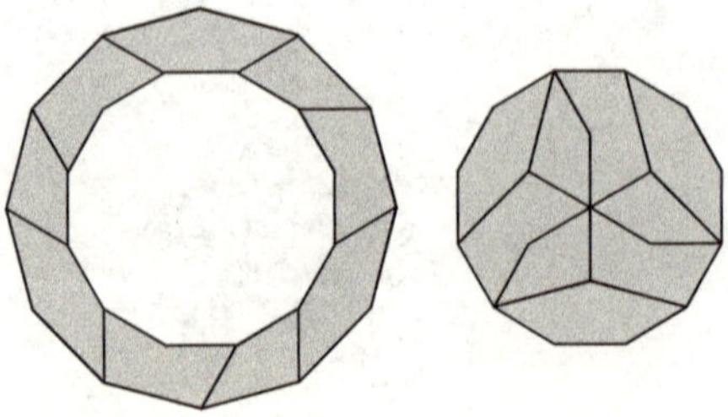

13.《虚心实心之 4》答案

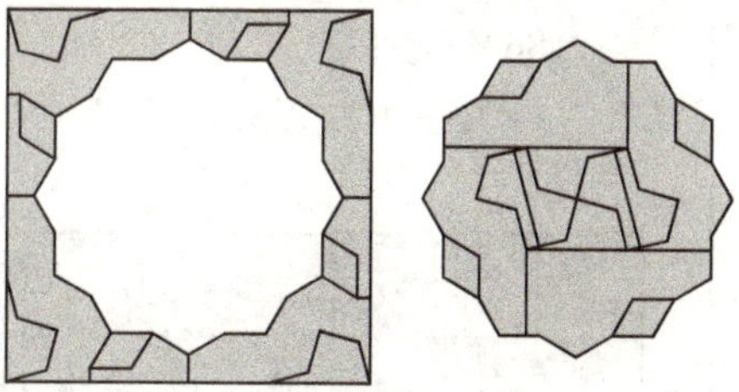

14.《旋风填数之 1》答案

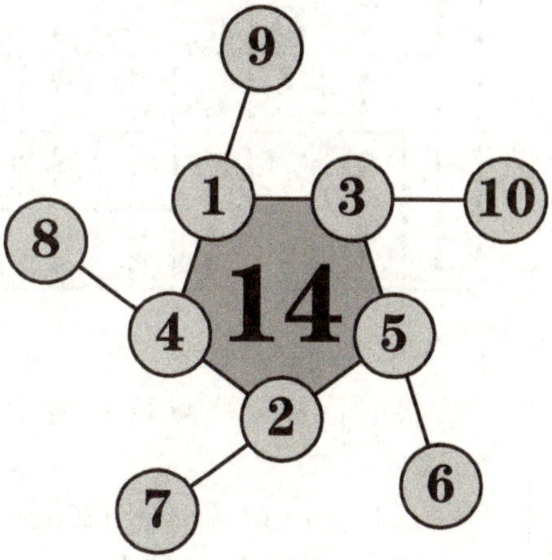

15《旋风填数之 2》答案

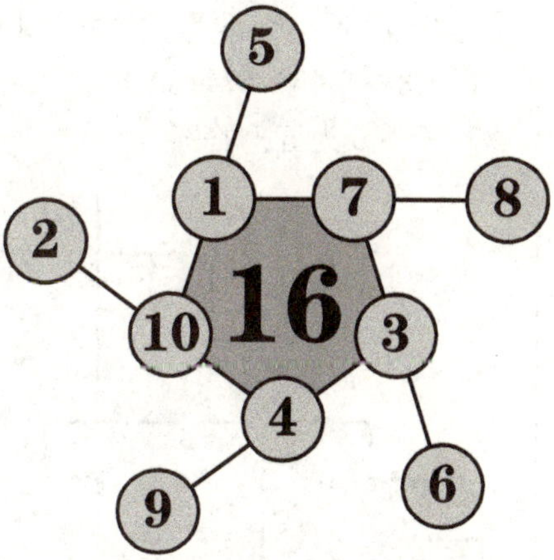

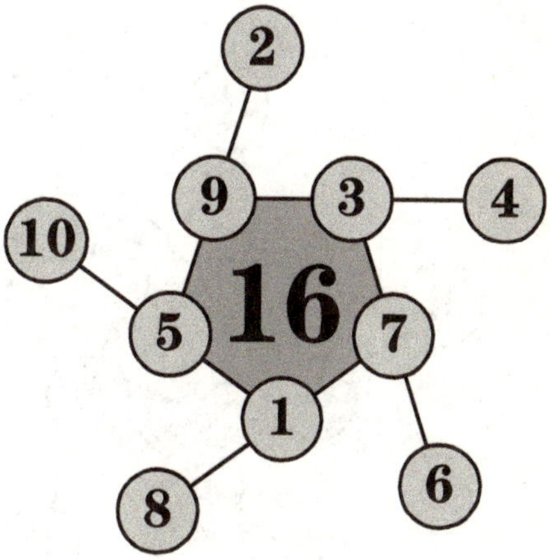

16.《旋风填数之 3》答案

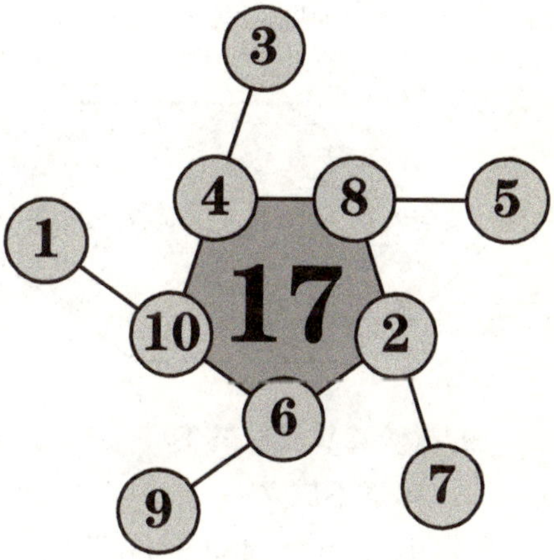

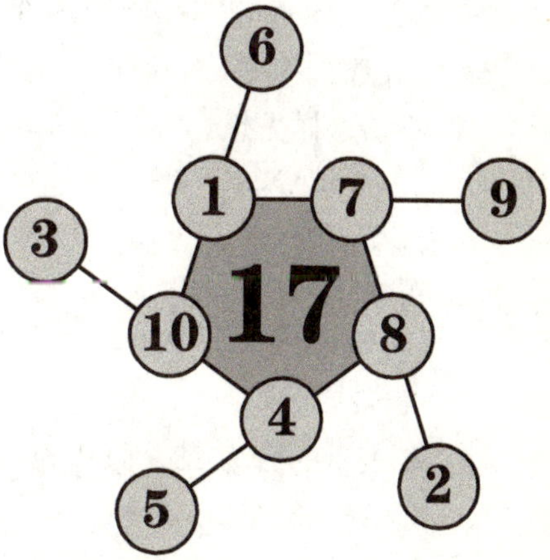

17.《旋风填数之4》答案

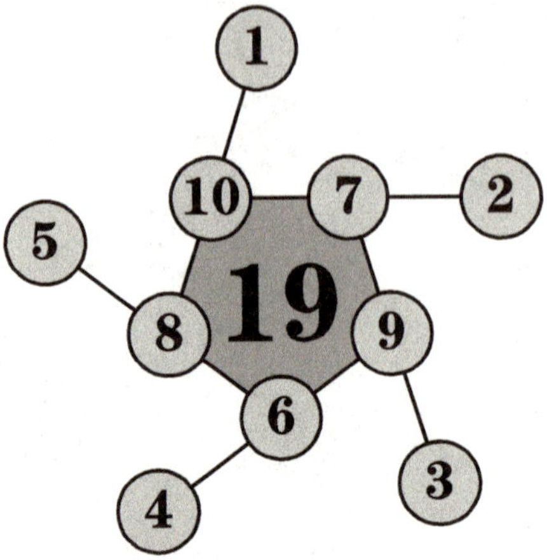

18.《一分为四》答案

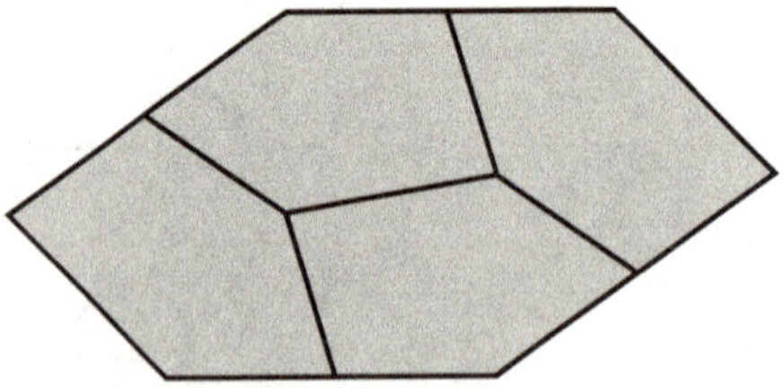

19.《验算算式》答案

等式不成立。

$9^2 + 12^8 =$ 429 981 777

$3^{10} + 4^{13} + 6^{11} + 7^5 =$429 981 776

20.《寻数》答案

不妨这样去想：

3×A+A×8=308

A×（3+8）=308

A×11=308

A=308÷11

A=28

A表示的数为28，原式为：

3×28+28×8=308

21.《学与玩》答案

“学”＝1；“与”＝8；“玩”＝6。

186×6=1116

22.《一五一十》答案

23.《一减到底》答案

根据估算，被减数只能是四位数1234。

1234－5－6－7－8＝1208

1234－56－7－89＝1082

24.《一个乘号》答案

通过计算可以发现②式是正确的。①式中添入一个乘号，算式可以成为“12×3÷4×5×67＝3015”。

25.《一分为五》答案

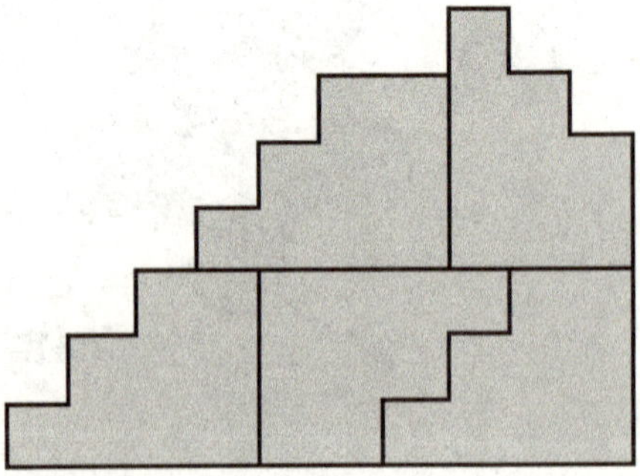

26.《移动 6 与 7》答案

1×26×345＝8970

27.《译译填填》答案

1003^2＝ 1006009

1030^2＝ 1060900

1300^2＝ 1690000

1400^2＝ 1960000

2470^2＝ 6100900

3001^2＝ 9006001

3010^2＝ 9060100

3100^2＝ 9610000

28.《有趣的剪纸》答案

将中心的八角星剪开，你就很容易看出来了，A、C 是一样大的，它们的面积恰好是一个胖八角星和一个瘦八角星，而 B 是由两个瘦八角星组成的，D 则是由两个胖八角星组成的。

29.《有趣的小 5》答案

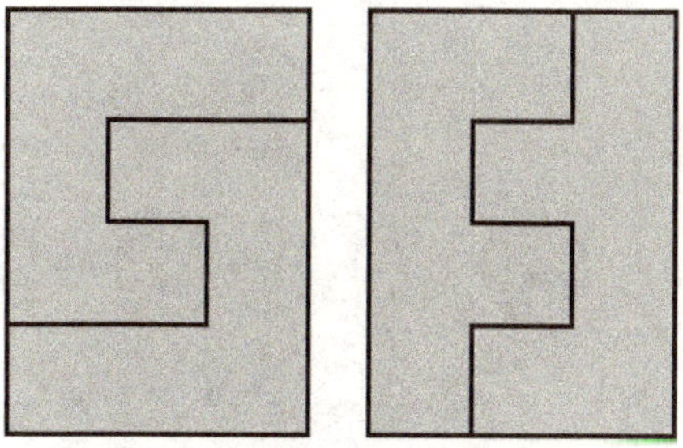

30.《依样画葫芦之 1》答案

将 912 分解质因数：912＝2×2×2×2×3×19。

通过调整，不难找到答案。

16×57＝912

24×38＝912

31.《依样画葫芦之 2》答案

“将这七个数字依次填上”即可。没想到吧？

12×9834567＝118014804

三、与众不同

32.《与众不同之 1》答案

D 与众不同。

33.《与众不同之 2》答案

E 与众不同，其他图形都是将胖“十”字划分为面积相等的 12 份，而 E 不是。

34.《与众不同之 3》答案

D 与众不同。

35.《与众不同之 4》答案

C 与众不同。

A、D 相同，与 B 也是相同的，只是 B 旋转了 90 度。C 的图案与它们是不同的。

36.《正方形还原之 1》答案

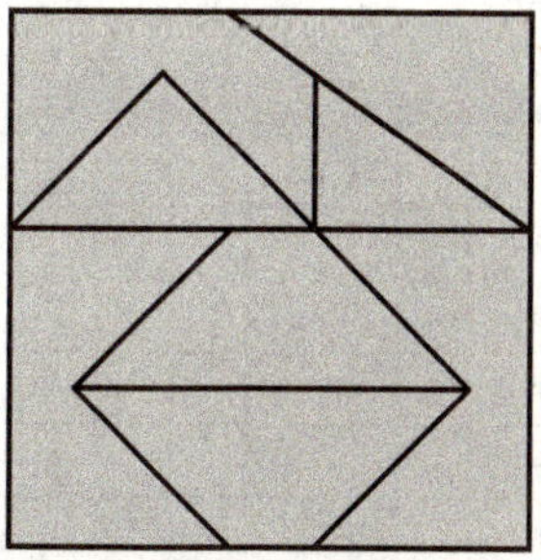

37.《正方形还原之 2》答案

38.《找找看》答案

39.《找不同之1》答案

从四幅图中的边缘看，它们没有任何的不同。如果看图的中间部分，你可以找到它们的不同之处了。图C的中间部分出现了转动，它就是与从不同的图。

C与众不同。

40.《找不同之2》答案

C与众不同。其他都是将正方形划分为相等的两块，而C划分的两块不相等。

41.《郁闷的“大黄鸭”》答案

这个八边形的八条边，以方格边长长度为单位，恰好是1、2、3、4、5、6、7、8，且依次连接。

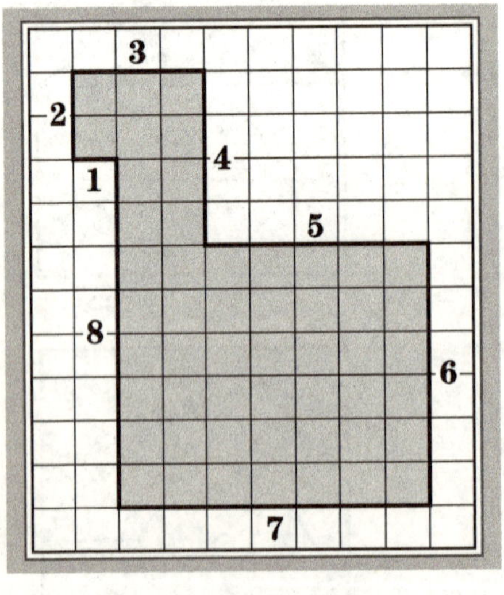

42.《直角三角形之1》答案

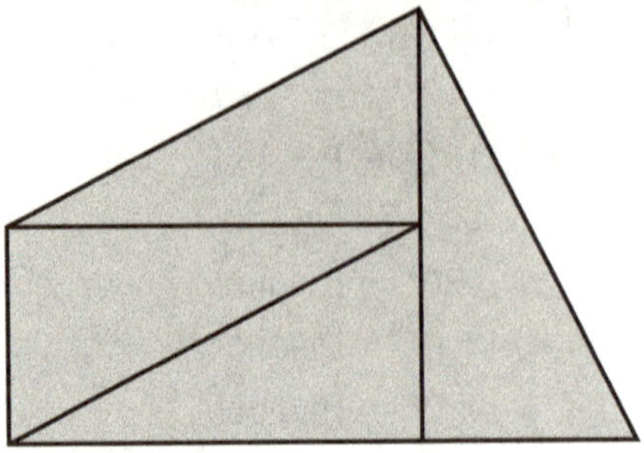

43.《直角三角形之2》答案

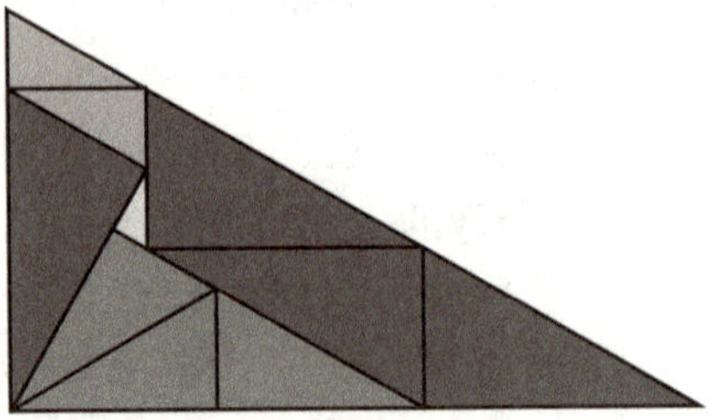

44.《只填减号》答案

由提示得知被减数为123，后面的数字只需要适当调整，就能组成题目所要求的算式。

123－4－5－6－78＝30

123－4－5－67－8＝39

123－4－56－7－8＝48

四、智慧旋风

45.《智慧旋风之1》答案

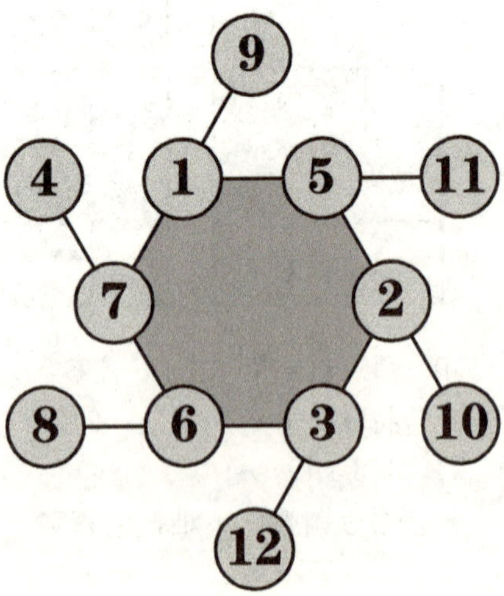

46.《智慧旋风之 2》答案

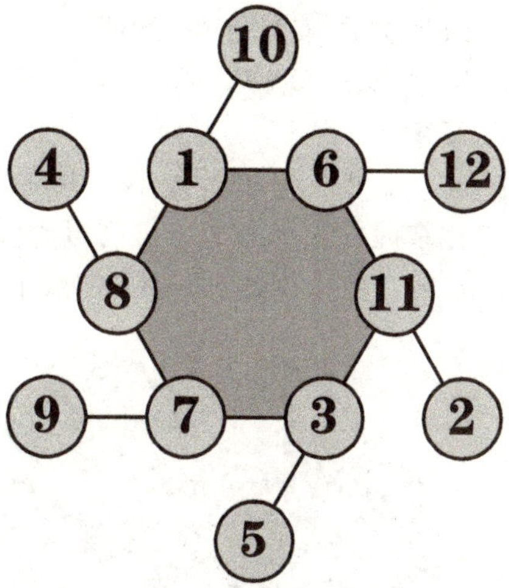

47.《智慧旋风之 3》答案

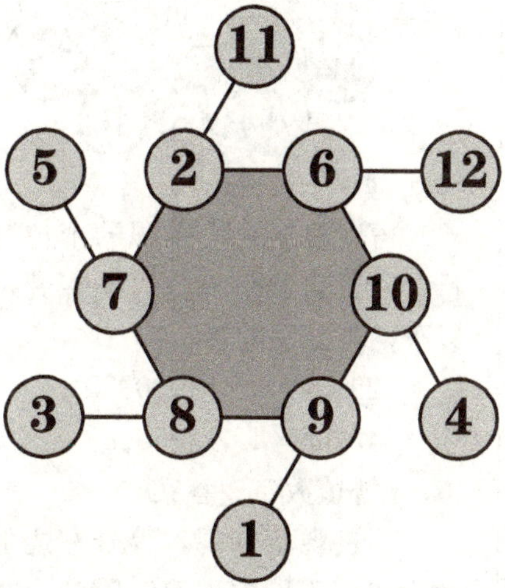

48.《智填算式》答案

如果说你能够从 1、2、3、4、5 中抽取三个数字组成 413，又知道剩下的两个一位数的乘积恰好为 10，那么很容易填写出答案：

413×2×5=4130

49.《超级头脑》答案

既然算式中不出现重复的数字，先来看看三道算式中给出了哪些数字吧。出现了 1、2、4、6、8、9，显然，“超级”与“大脑”表示的数字中不会有这六个数字，那么，它们只能是 0、3、5、7。观察算式等号左右给出的数，它们是为倍数关系的。而用 0、3、5、7 这四个数字同样可以组成的倍数只有 35 和 70，代入算式验算，等式成立。故“超级”为 35，“头脑”为 70。

35×82=41×70=2870

35×92=46×70=3220

35×96=48×70=3360

50.《智力分图》答案

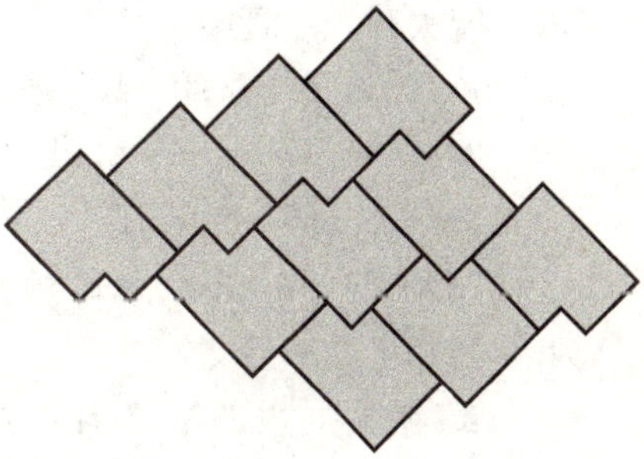

51.《智力考》答案

好像没有什么特殊的解决方法，也只有通过试验来完成了。

“智”=3；“力”=6；“考”=4。

$4^8÷3÷6+0=3640.9$

$4^8÷3÷6+1=3641.9$

$4^8÷3÷6+2=3642.9$

$4^8÷3÷6+3=3643.9$

$4^8÷3÷6+4=3644.9$

$4^8÷3÷6+5=3645.9$

$4^8÷3÷6+6=3646.9$

$4^8÷3÷6+7=3647.9$

$4^{8}\div3\div6+8=3648.9$

$4^{8}\div3\div6+9=3649.9$

52.《智拼矩形》答案

A+B+C；D+E+F；

G+H+I；A+D+G；

B+E+H；C+F+I。

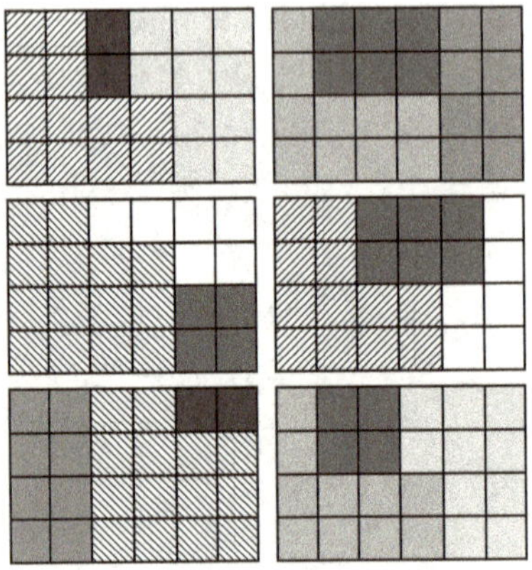

53.《智去减号》答案

1234－5－6－78＝1145

1234－5－67－8－9＝1145

1234－5－67－8＝1154

1234－56－7－8－9＝1154

54.《智填七数》答案

1填在最上边的空格内，然后顺时针方向隔三个圆圈填下一个数，以这样的规律，可以很快填出答案来。

55.《智填九数》答案

1填在最上边的空格内，然后顺时针方向隔三个圆圈填下一个数，以这样的规律，可以很快填出答案来。

显然，与填七边形一样的规律。你掌握了这个方法，自己可以设计出更多奇数边数的图形填数游戏了。

56.《智寻三位数》答案

可以根据它们乘积的个位数字的特点来试验和估算，通过探究可找出以下两种不同的答案：

429×4×2×9＝30888

842×8×4×2＝53888

57.《智填数字》答案

通过观察发现，等号左边的三位数为三个不同的数字，第二个加数为三位数的百位与十位数字组成的两位数，一位数为三位数的个位数字。为此，通过尝试无法找到符合要求的得500的算式。故无解。

58.《智分字母》答案

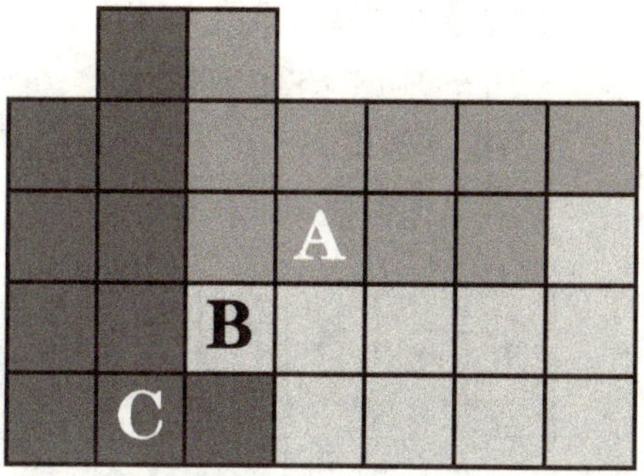

59.《填数》答案

（1）原式：□□×12+□□1×2=1122

每项上各除以 2：

□□×12÷2+□□1×2÷2
=1122÷2

整理后为：

□□×6+□□1=561

算式还可以变形为：

□□×6+□□×10+1=561

□□×6+□□×10+1−1=
561−1

□□×6+□□×10=560

□□×（6+10）=560

□□×16=560

□□=560÷16=35

这个两位数是 35。

算式为：

35×12+351×2=1122

（2）

17	24	1	8	15
23	5	7	14	16
4	6	13	20	22
10	12	19	21	3
11	18	25	2	9

（3）

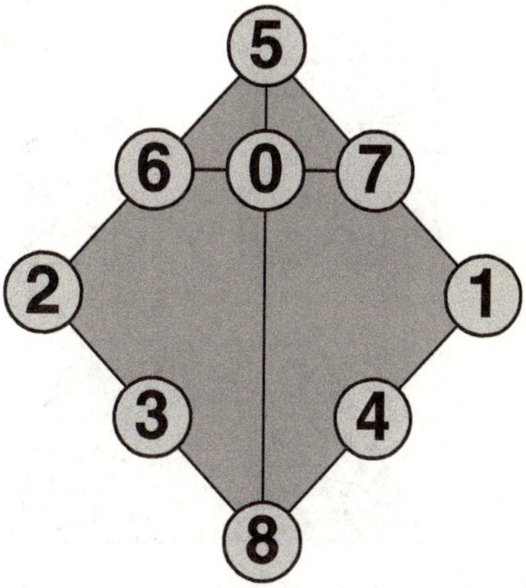

（4）①A 为 192；B 为 384；C 为 576。

②A 为 219；B 为 438；C 为 657。

③A 为 273；B 为 546；C 为 819。

④A 为 327；B 为 654；C 为 981。

60.《质数合数接力赛》答案

根据给出的提示，不难找到所有的算式。

41+ 2 =43

43+ 4 =47

47+ 6 =53

53+ 8 =61

61+10=71

71+12=83

83+14=97

97+16=113

113+18=131

61.《重新考虑》答案

1+342+657=1000

62.《重整旗鼓》答案

（1）

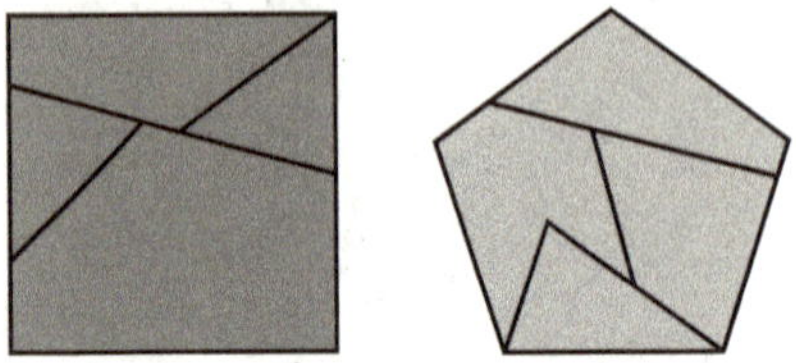

（2）

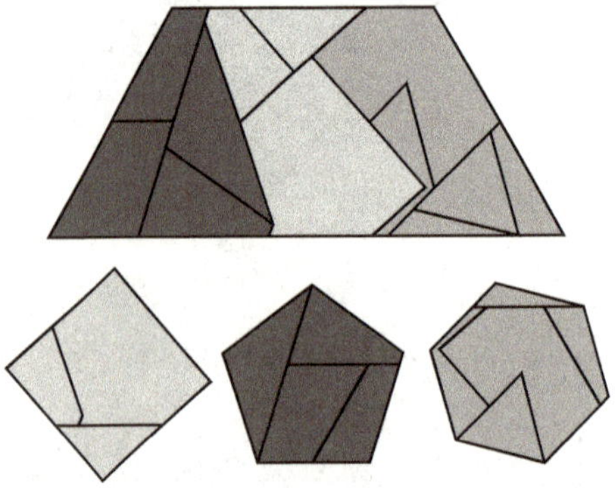

63.《重新划分之1》答案

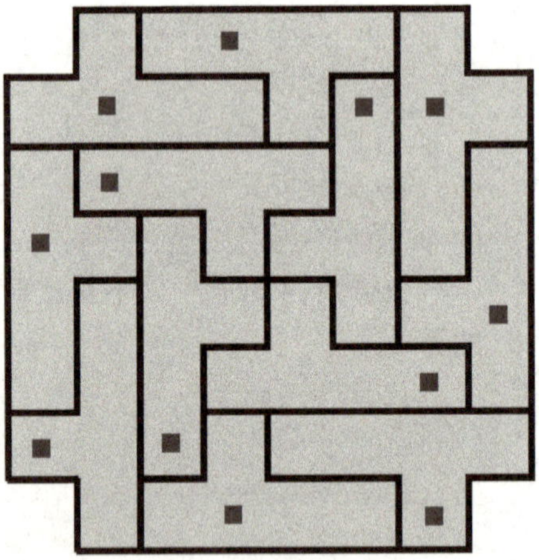

64.《重新划分之2》答案

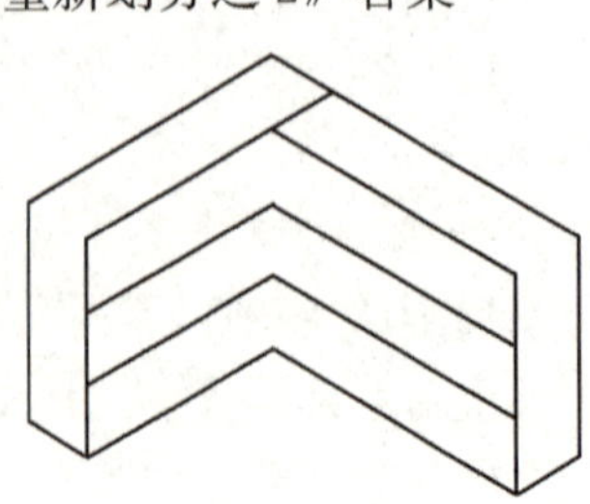

65.《重新考虑》答案

1＋246＋753＝1000

五、绝妙算式

66.《纵横等式之1》答案

1	+	8	+	4	=	13
+		+		+		
7	+	3	+	3	=	13
+		+		+		
5	+	2	+	6	=	13
=		=		=		
13		13		13		

67.《纵横等式之2》答案

3	+	7	+	4	=	14
+		+		+		
6	+	6	+	2	=	14
+		+		+		
5	+	1	+	8	=	14
=		=		=		
14		14		14		

68.《纵横等式之3》答案

3	+	5	+	7	=	15
+		+		+		
4	+	9	+	2	=	15
+		+		+		
8	+	1	+	6	=	15
=		=		=		
15		15		15		

69.《字母算式之 1》答案

从个位上的数字考虑，不难找到答案。

A 表示 5，B 表示 2。

11115÷5=2223

11112÷2=5556

70.《字母算式之 2》答案

1188÷18=66

4455÷45 = 99

71.《字母算式之 3》答案

很显然，C 所表示的数是很容易求的，474474÷6006=79 即是 C 所表示的数。那么，又知道 A、B、C 为三个连续自然数，知道了 C 所表示的数，故 A=77，B=78，代入算式验证后发现等式成立。

77×78=6006

77×78×79=474474

72.《字母代数》答案

A=5，B=2。

5÷2=2.5

59÷2=29.5

599÷2=299.5

5999÷2=2999.5

59999÷2=29999.5

73.《最大与最小》答案

例子中是填 0～9 十个数字，而这里却没有告诉填哪些数字。这就要动脑筋想想看，为了满足题目的要求，我们应该选择哪些数字来完成这样的算式了。

填写最大得数的算式，要尽量选择较大的数字。只能选择 9、8、7、6、5、4。同理，填写最小得数的算式，要尽量选择较小的数字。只能是 0、1、2、3、4、5。

最大得数的算式：

4+75+986=1065

最小得数的算式：

5+24+103=132

74.《走动的数字》答案

下面给你一个完全解。

A×B3C=3A×BC

(1) 3×132=33×12 (=396)，

(2) 3×231=33×21 (=693)，

(3) 4×136=34×16 (=544)，

(4) 4×238=34×28 (=952)。

A×B4C=4A×BC

(1) 4×143=44×13 (=572)，

(2) 4×341=44×31 (=1364)。

A×B5C=5A×BC

(1) 5×154=55×14 (=770)，

(2) 5×253=55×23 (=1265)，

(3) 5×352=55×32 (=1760)，

(4) ×451=55×41 (=2255)。

$A\times B\boxed{6}C=\boxed{6}A\times BC$

(1) 6×165=66×15 (=990),
(2) 6×264=66×24 (=1584),
(3) 6×462=66×42 (=2772),
(4) 6×561=66×51 (=3366),
(5) 7×268=67×28 (=1876),
(6) 7×469=67×49 (=3283)。

$A\times B\boxed{7}C=\boxed{7}A\times BC$

(1) 7×176=77×16 (=1232),
(2) 7×275=77×25 (=1925),
(3) 7×374=77×34 (=2618),
(4) 7×473=77×43 (=3311),
(5) 7×572=77×52 (=4004),
(6) 7×671=77×61 (=4697)。

$A\times B\boxed{8}C=\boxed{8}A\times BC$

(1) 8×187=88×17 (=1496),
(2) 8×286=88×26 (=2288),
(3) 8×385=88×35 (=3080),
(4) 8×583=88×53 (=4664),
(5) 8×682=88×62 (=5456),
(6) 8×781=88×71 (=6248)。

$A\times B\boxed{9}C=\boxed{9}A\times BC$

(1) 6×192=96×12 (=1152),
(2) 7×194=97×14 (=1358),
(3) 7×291=97×21 (=2037),
(4) 8×196=98×16 (=1568),
(5) 8×294=98×24 (=2352),
(6) 8×392=98×32 (=3136),
(7) 9×198=99×18 (=1782),
(8) 9×297=99×27 (=2673),
(9) 9×396=99×36 (=3564),
(10) 9×495=99×45 (=4455),
(11) 9×594=99×54 (=5346),
(12) 9×693=99×63 (=6237),
(13) 9×792=99×72 (=7128),
(14) 9×891=99×81 (=8019)。

75.《企鹅妹妹》答案

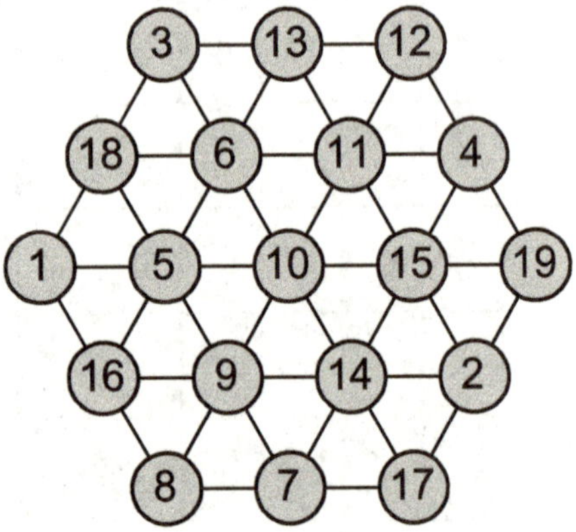

76.《巧移乘号》答案

如果你能够看透“1×64”与“16×4”得数相同,你就会很快找到答案:

5×16×4=320

77.《趣味换数》答案

根据提示,原式可以整理为“奇妙趣+奇+妙+趣=888”。根据题意,要考虑到进位,“奇”只能为7,算式为“7妙趣+7+妙+趣=888”,整理为“妙趣+妙+趣=101”。因此,奇=7;妙=9;趣=1。代入算式演算,符合要求。

8791+87+9+1=8888

78.《三个两位数》答案

组法有多种,如两个减数的相同数位上的数字的交换,或两个加数相同数位上的数字交换,都符合要求。

56−12−43=1

12+35−46=1

46−13−25=8

21＋43－56＝8

56－12－34＝10

21＋35－46＝10

64－12－35＝17

31＋42－56＝17

65－12－34＝19

12＋53－46＝19

65－13－24＝28

21＋53－46＝28

六、飞去来器

79.《飞去来器之 1》答案

	11			
	1	7	2	12
	6		8	
10	4	5	3	
			9	

80.《飞去来器之 2》答案

	10			
	1	8	2	12
	5		6	
9	7	3	4	
			11	

81.《飞去来器之 3》答案

	12			
	2	8	3	11
	4		5	
10	6	1	7	
			9	

82.《飞去来器之 4》答案

	11			
	3	6	4	12
	1		7	
8	10	2	5	
			9	

83.《飞去来器之 5》答案

	12			
	2	7	8	9
	1		3	
6	11	4	5	
			10	

84.《飞去来器之6》答案

85.《飞去来器之7》答案

86.《飞去来器之8》答案

87.《飞去来器之9》答案

88.《添加号让结果最小》答案

因为是4个加号，9个数，即把数分成5组，其实共有5种分法：

(一) 1，1，1，1，5

(二) 1，1，1，2，4

(三) 1，1，1，3，3

(四) 1，1，2，2，3

(五) 1，2，2，2，2

其中（一）最少5位数。

其中（二）最少4位数。

其中（三）至少3位数：123＋456＝579。

(四) 至少为3位数：即123＋45＋67＋8＋9＝252。

(五) 至少为3位数：即12＋34＋56＋78＋9＝189。

很显然答案选（五）。

在123456789中添加上四个加号，最小得数为189。

12＋34＋56＋78＋9＝189

89.《添四个“1”》答案

第一道是等式；第二道和第三道在78前添数字“1”成为178等式成立；第四道在78前添两个“1”，成为

1178 等式成立。

12＋3×4×5＋6＝78

1×234－56＝178

1×2＋34×5＋6＝178

1234－56＝1178

90.《纵横算式》答案

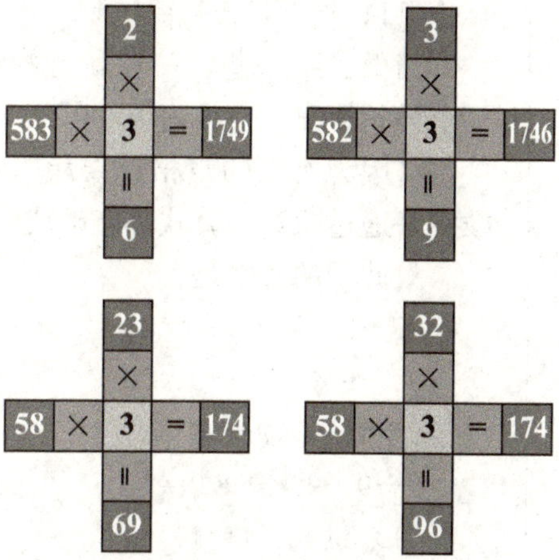

91.《三胞胎解题》答案

91×43＋914×3＝6655

92.《加减乘除》答案

2＋46÷2×4＋6－100

2×46－2＋4＋6＝100

93.《巧填符号》答案

2－46＋24×6＝100

24×6＋2－46＝100

2＋4×6×2×4＋6＝200

2×462－4×6＝900

94.《小松鼠出题》答案

8×5＋55＝85＋5＋5

95.《奇怪的算式》答案

真表示 9，奇表示 4，怪表示 6。

984×9＋8×4＝8888，

986×9＋8＋6＝8888。

96.《真奇妙的算式》答案

其实，这道题并不像想象中的那么难。首先你要想到一位的质数有哪些，这样就不会盲目凑数了。显然，因为“奇×妙＝□妙”（□内的数为进位的数，它可以不是质数），能够满足此条件的只有 3×5＝$\boxed{1}$5 和 7×5＝$\boxed{3}$5 两种。很明显，根据这两种条件，可以判断出得数八个“妙”只能是——55555555。确定了“妙”为 5，又根据数字谜题的解题规则：相同的汉字（字母或符号）表示的数字相同，反之，不同的汉字（字母或符号）表示的数字不能相同。再从高位上想起，“真×真＝5□”（□内的数为未进位的数，它可以不是质数），而与 50 最接近的只有 7×7＝$\boxed{49}$，如果确定了“真”为 7，那 3×5＝$\boxed{1}$5 和 7×5＝$\boxed{3}$5 两种只能选 3×5＝$\boxed{1}$5 一种了，也就是说“奇”为 3。

整理一下，可以写成算式 7373×7535＝55555555。验算，正确，OK。

97.《字母换数》答案

在司空见惯的事物中，改变其条件，走到极端，观察其变化，倒是研究事物、认识事物的一个好方法。只看两组算式中的第一道，很容易看出，AB0－AB－0＝AAA 其实就是 AB0－AB＝AAA，且知道了 B 加 A 等于 10，C 加 D 也等于 10。只有在此认识的基础上，仔细观察、深入思索，才可以意外地发现其可能性。

A 为 3；B 为 7；C 为 4；D 为 6。

算式为：

370－37－0＝333

371－37－1＝333

372－37－2＝333

373－37－3＝333

374－37－4＝333

375－37－5＝333

376－37－6＝333

377－37－7＝333

378－37－8＝333

379－37－9＝333

740－74－0＝666

741－74－1＝666

742－74－2＝666

743－74－3＝666

744－74－4＝666

745－74－5＝666

746－74－6＝666

747－74－7＝666

748－74－8＝666

749－74－9＝666

98.《巧排算式》答案

由个位上的数字，不难猜出因数的个位上的那个空格内只能是2。

15432×8＝123456

99.《巧得100》答案

显而易见，算式中的一位数除以一位数，得数一定是个整数。故可以从此入手，“6÷2＝3”“4÷2＝2”等都应该考虑到。不难填出下列答案。

限定一位的因数为1，除数为2，这道算式共有4种不同的填法：

35＋67×1－4÷2＝100，

37＋65×1－4÷2＝100，

65＋37×1－4÷2＝100，

67＋35×1－4÷2＝100。

七、妙填趣式

100.《妙填趣式》答案

盲目性地试验，不如运用数学头脑来分析和运算。如果你能够很快确定解这道题的突破口，那就会取得长足的进步。

对，只有最后一道算式可以直接采用运算求解。因为除法是乘法的逆运算，这道算式变为：

111111÷111÷11＝□1

稍微仔细一些，一算就能找出所要求得的答案。空格内填“9”。

又因为所有的空格都要填入同一数字，通过验算，算式都能够成立。

故此题的答案是：

99＋9÷9－9×9＝19

99－9×9＋9÷9＝19

9÷9－9×9＋99＝19

9÷9＋99－9×9＝19

91×11×111＝111111

101.《减法等式》答案

(1) 678－345＝333

(2) 678－3－4－5＝666

102.《趣组算式》答案

通过试填，可以找到以下两种答案。

586×123479＝72358694

6985×12347＝86243795

103.《9个数字》答案

根据估算试填。

1357×189＝256473

2468×192＝473856

104.《趣得22》答案

根据给出的数字，及算式中所占的位置，可推测出正确的算式。

A. (3÷2－1＋5)×4＝22

(3÷2＋4)×(5－1)＝22

B. 1×234÷6＋78－95＝22

（1＋23÷46）×78－95＝22

1÷23×（469－78）＋5＝22

105.《聪明才智》答案

根据算式的特点，可以判断出“聪明”表示的两个数字相差不应该太大。而“聪明才智”所表示的四位数又接近8888，故可以判断“聪”字为7，“明”字为6。通过调整与试验，不难找出答案。

这个四位数是7614。

7614×7÷6＋1＋4＝8888

106.《春夏秋冬》答案

由提示得知，“春夏×2＝秋冬”，给出的数字范围是1～6中的数字，所以，你应该想到“13，26”“16，32”这两组数，其他的组合都不符合提示的要求了。然后一一代入算式，看它能不能保证等式成立。假如“春夏”为13，由个位上的数就能推测它不能成立。再来看“春夏”为16的话，算式可以成立。“秋冬”为32，算式同样也能成立。

因此，可以找到答案：

11×16×66＝11616

33×32×22＝23232

107.《各就各位》答案

算式可调整为 88888 ＋ 10 ＝ 8□□□□□□÷9□，8□□□□□□÷9□＝88898，88898×9□＝8□□□□□□，考虑到要填的数字为1、2、3、4、5、6、7，9后面的数字是解开此题的关键。显然填1不行，要填的数字不出现8；如果填2的话，积的个位上为6；如果填3的话，积的个位上为4；如果填是4的话，积的个位上为2；如果填7的话，积的个位上为6；而5和6都没有可能。根据上面所说的可能，一一排查出不符合要求的数。最后可以找到答案：

8267514÷93－10＝88888

108.《神秘算式》答案

“两道等式能够同时成立”，就不能单单看其中一个了，只看第一个算式，能够满足它的答案有好几个。而让第二个算式成立则要动一番脑筋了。三个两位数的和为111，那么表示的数字你一定估算出来了。

444－333＝111

33＋34＋44＝111

888－666＝222

66＋68＋88＝222

109.《50的倍数》答案

2×4×8－2－4－8＝50

3×7×8－3－7－8＝150

5×6×9－5－6－9＝250

110.《六边形填数》答案

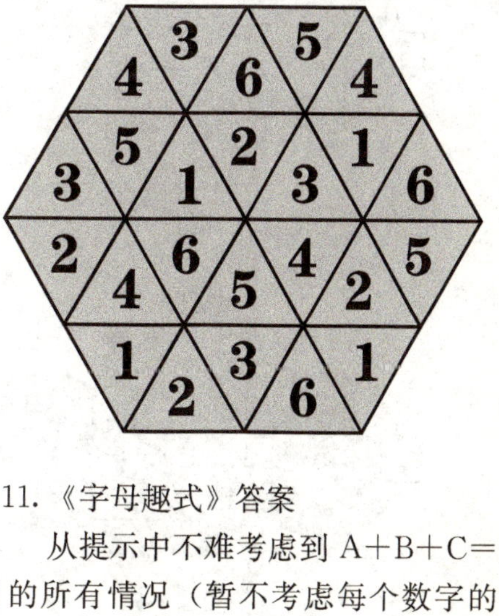

111.《字母趣式》答案

从提示中不难考虑到A＋B＋C＝8的所有情况（暂不考虑每个数字的

大小)：

1＋2＋5＝8

1＋3＋4＝8

从个位数上看，A 只能是数字 1，其他数字不外乎 2 和 5 或 3 和 4 了。

可以通过枚举法，一一求出所有的可能，并将不符合要求的排除。

A＝1；B＝5；C＝2。

1151×222＝255522

112.《奇特算式》答案

根据题目中要求的符号数量，要换几种不同的思路才能够完成。

填 4 个符号：3×36×6＋9＋9＝666

填 3 个符号：3＋3＋669－9＝666

填 2 个符号：3－36＋699＝666

113.《51 趣题》答案

上图每个圆环上的数之和都是 16；下图每个圆环上的数之和都是 17。

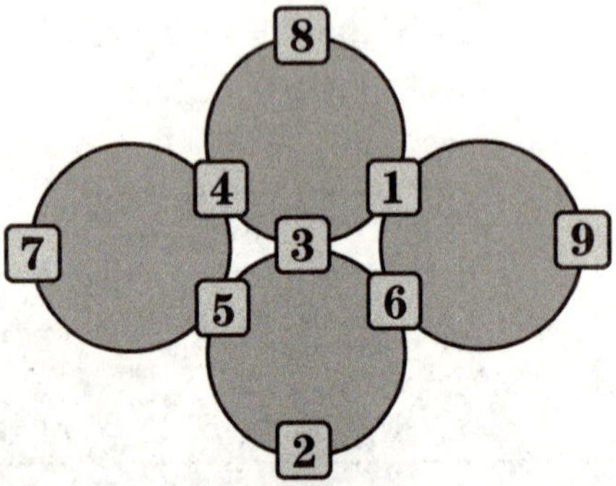

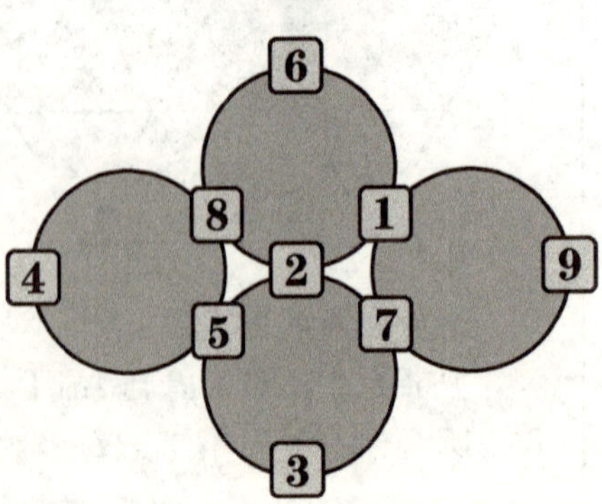

114.《调数填值》答案

如图。

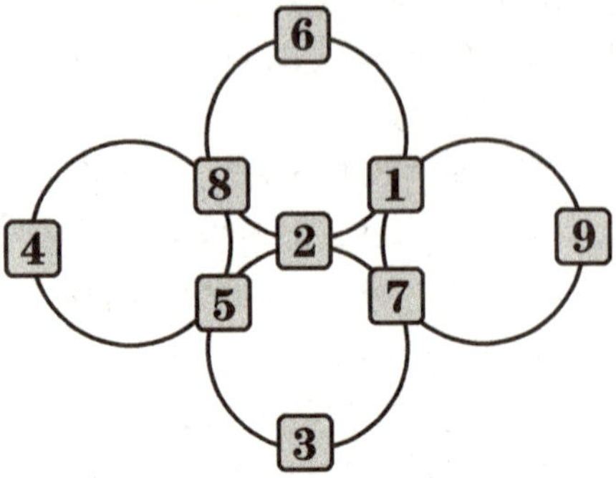

115.《画方隔数》答案

如图。

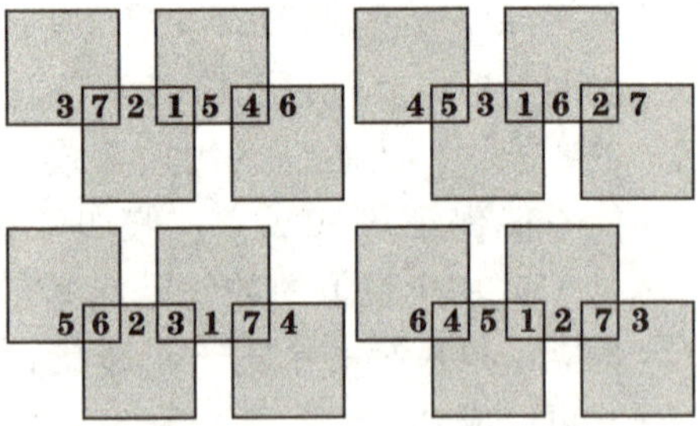

八、梅花填数

116.《环环相连》答案

如图。

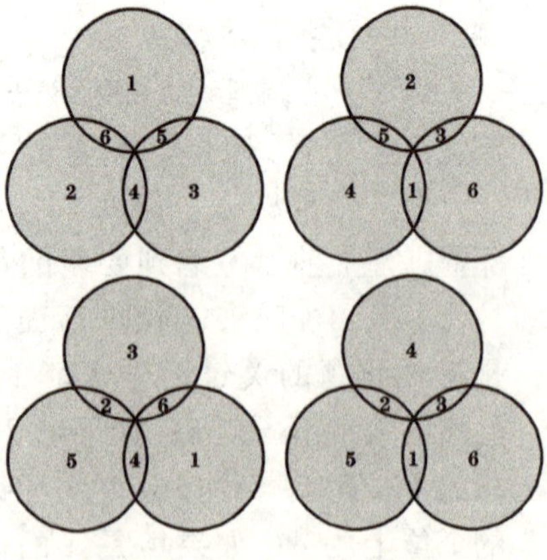

117.《环上填数》答案

如图。

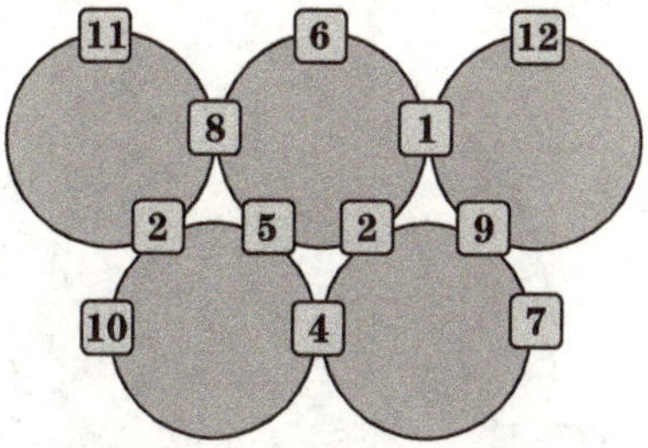

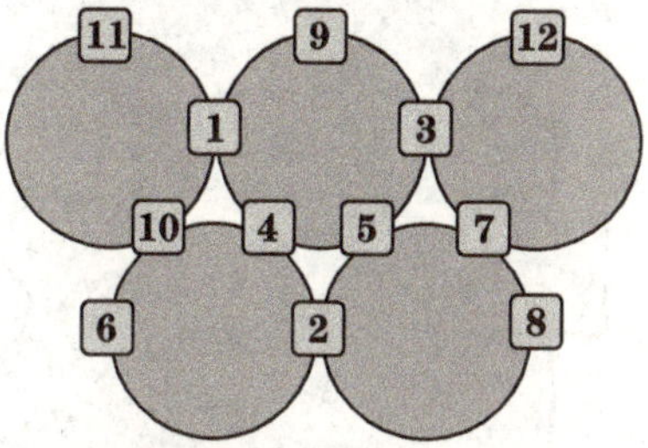

118.《极致调理》答案

如图，将“3”与“8”对换位置，就是要求出的答案。

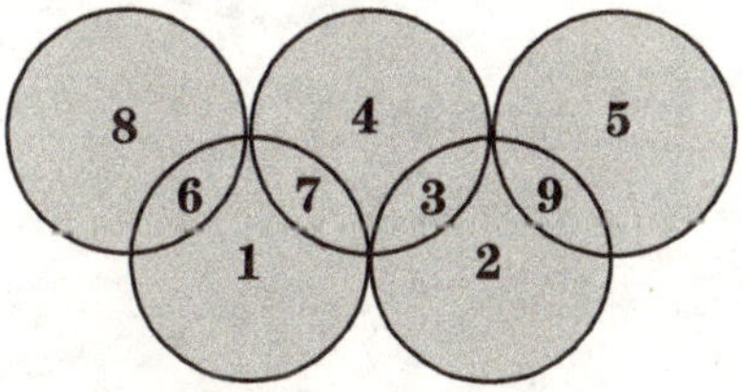

119.《梅花填数之 1》答案

如图。

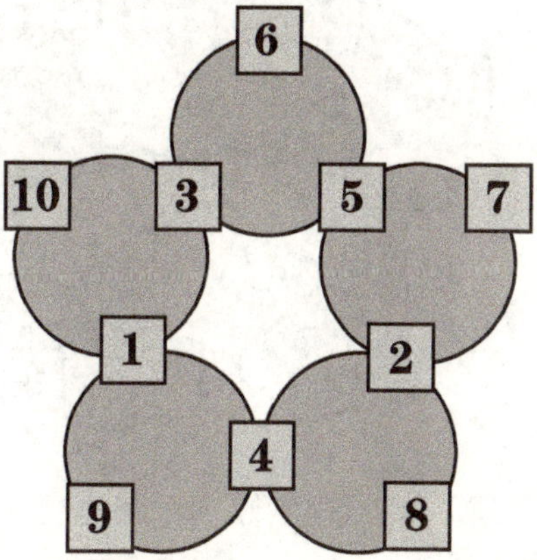

120.《梅花填数之 2》答案

如图。

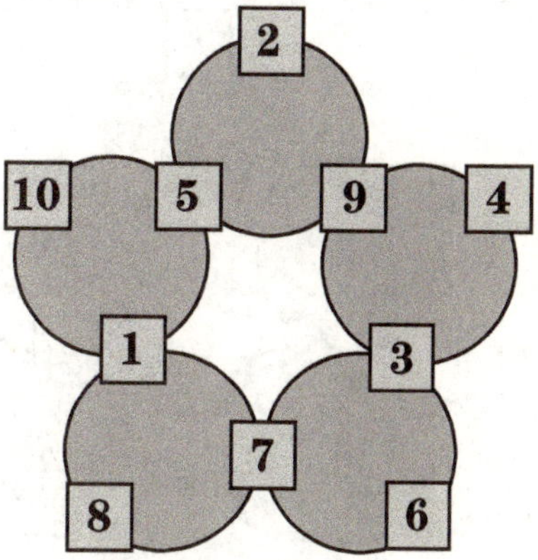

121.《梅花填数之 3》答案

如图。

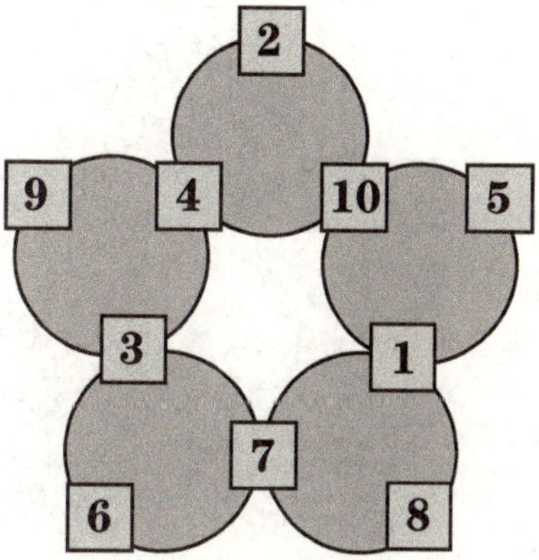

122.《梅花填数之 4》答案

如图。

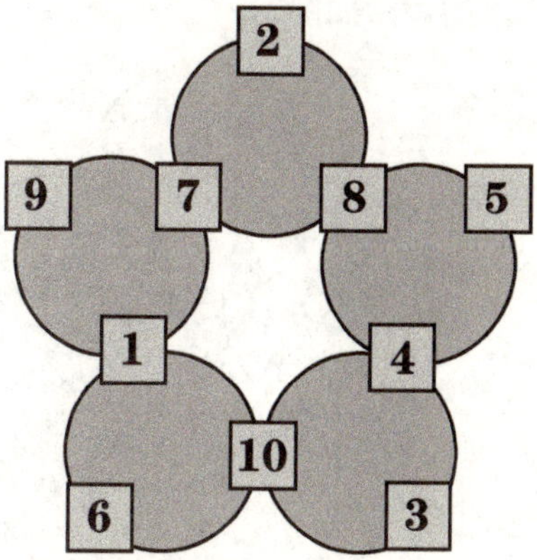

123.《梅花填数之5》答案

如图。

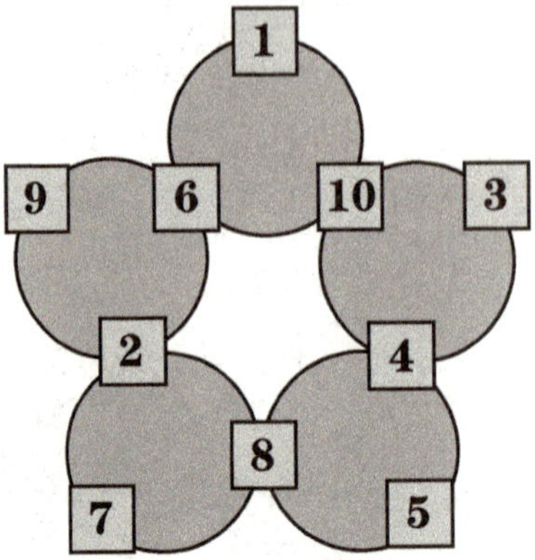

124.《梅花填数之6》答案

如图。

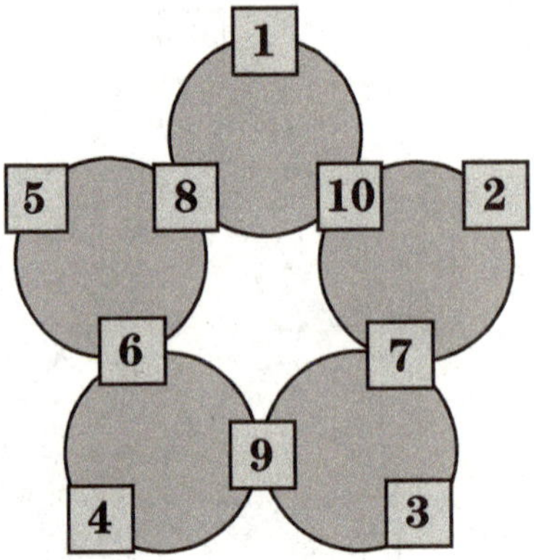

125.《巧算70》答案

只需要算一下，就能够填出所要求的数。如图。

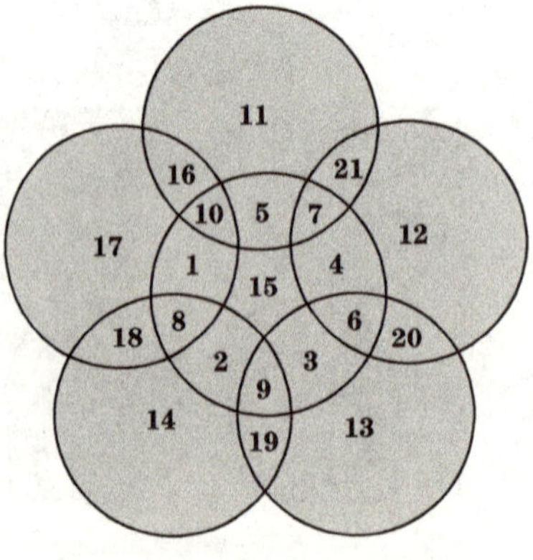

126.《巧填质数》答案

如图。

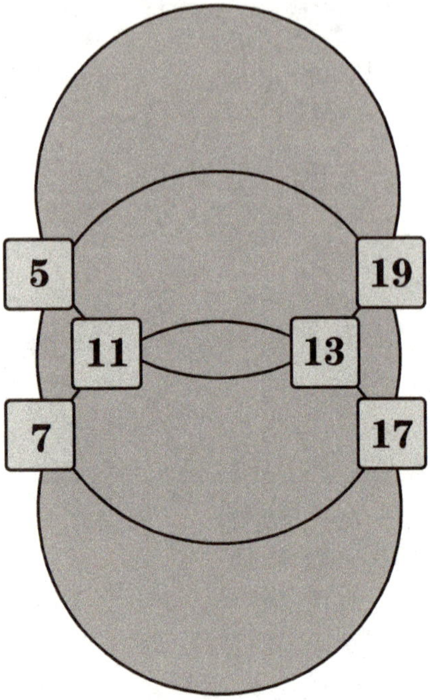

九、五环填数

127.《五环填数之1》答案

如图。

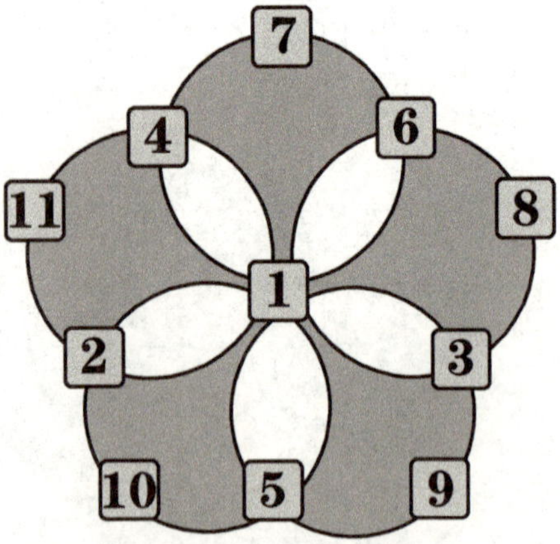

128.《五环填数之2》答案

如图。

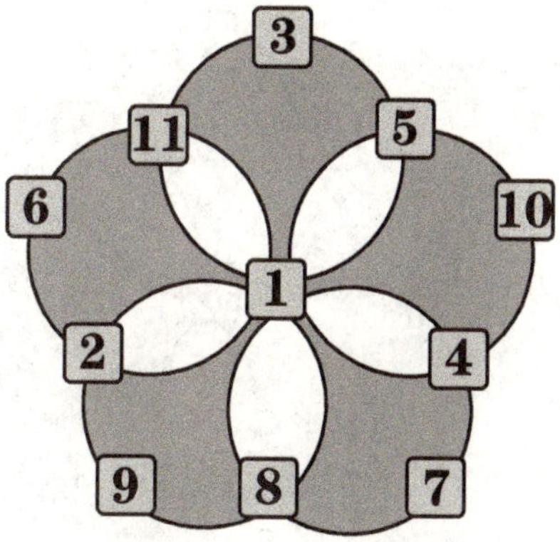

129.《五环填数之 3》答案

如图。

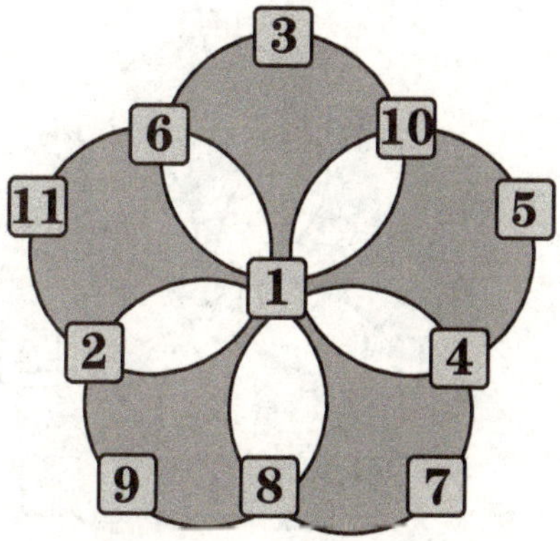

130.《五环填数之 4》答案

如图。

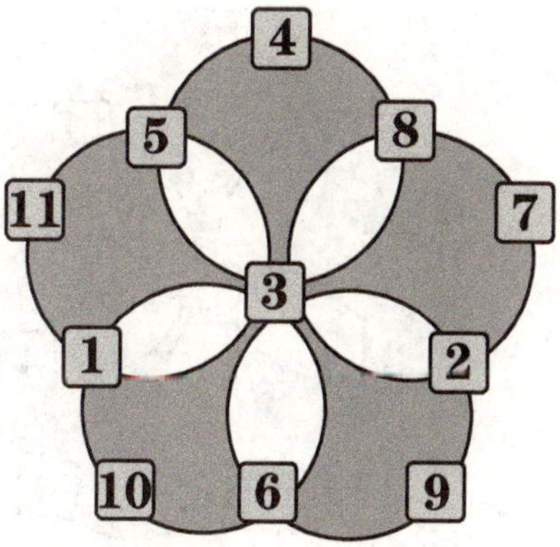

131.《五环填数之 5》答案

如图。

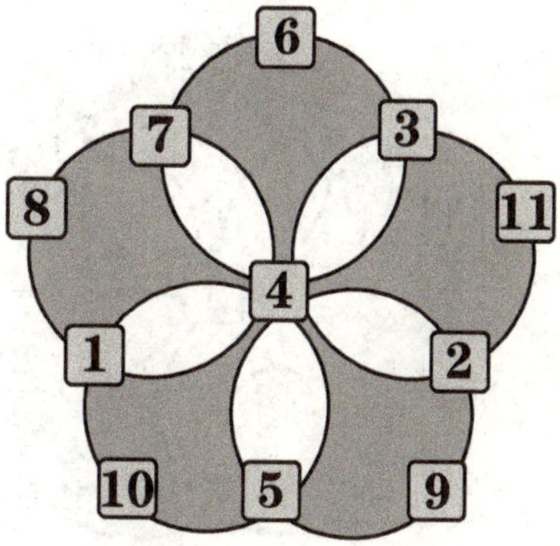

132.《五环填数之 6》答案

如图。

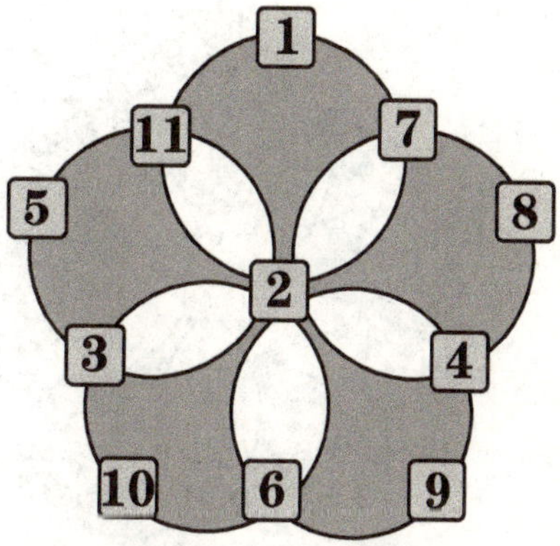

133.《五环填数之 7》答案

如图。

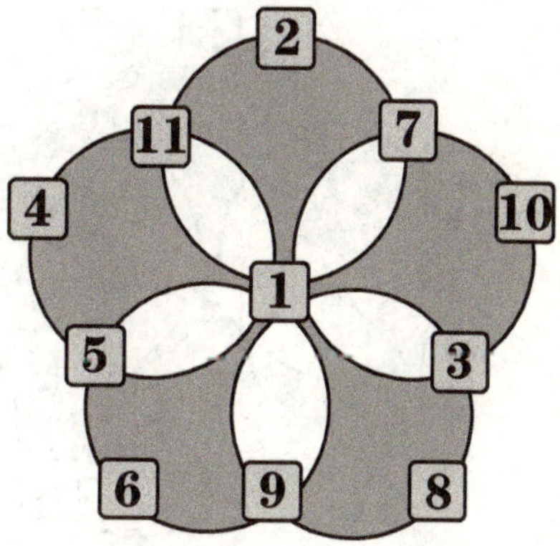

134.《五环填数之 8》答案

如图。

135.《五环填数之9》答案

如图。

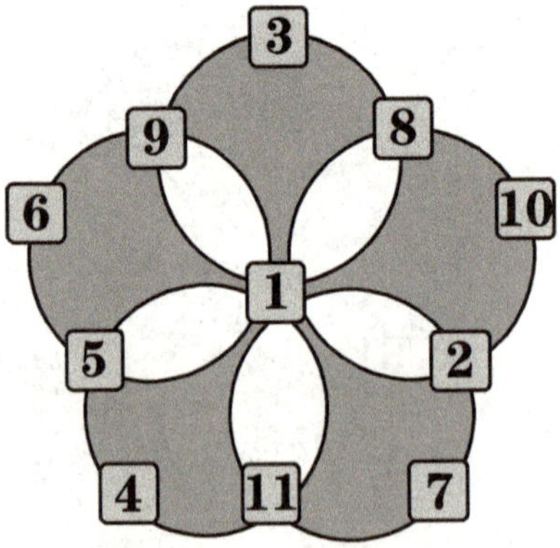

136.《五环填数之10》答案

如图。

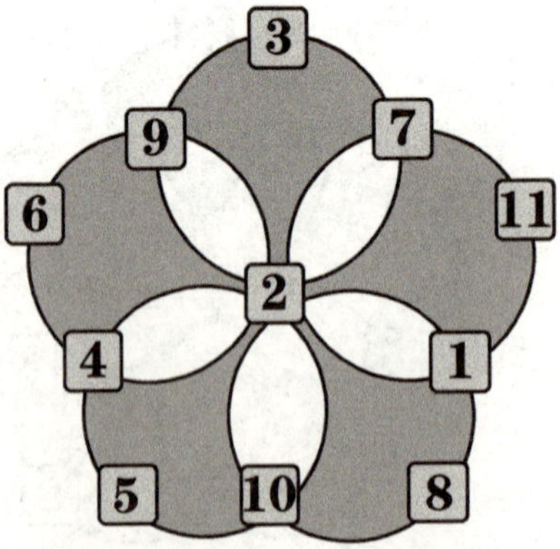

137.《五环填数之11》答案

如图。

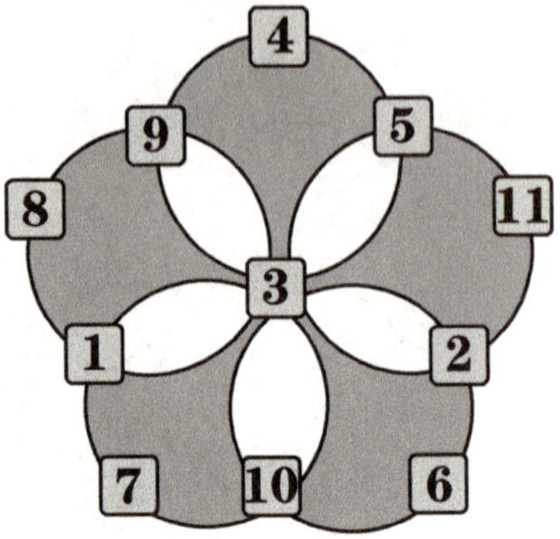

138.《五环填数之12》答案

如图。

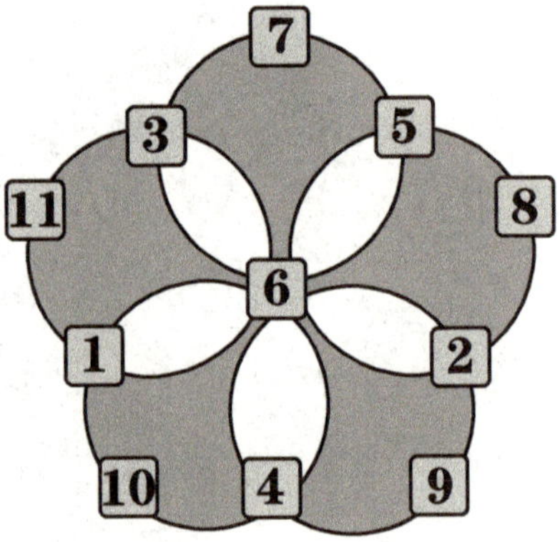

139.《五环填数之13》答案

如图。

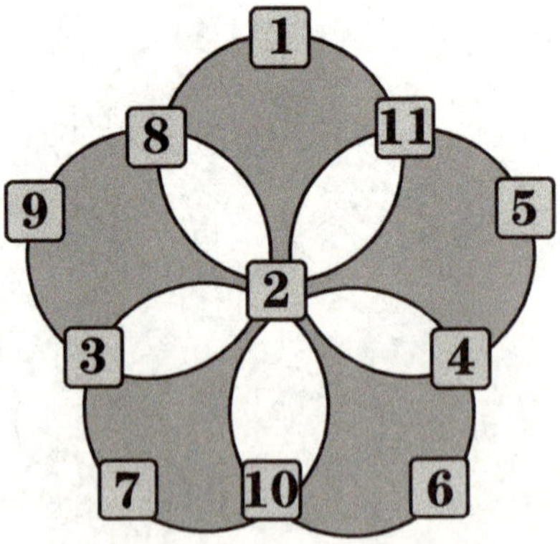

140.《五环填数之14》答案

如图。

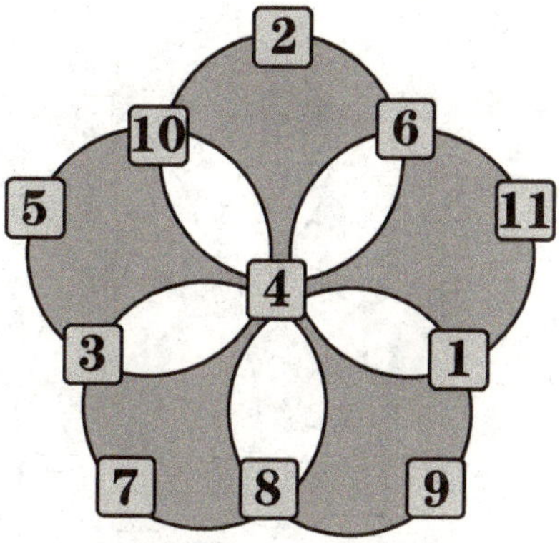

141.《五环填数之 15》答案

如图。

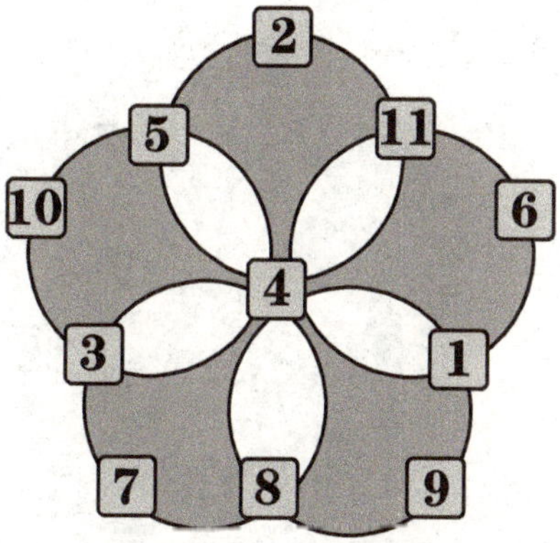

142.《五环填数之 16》答案

如图。

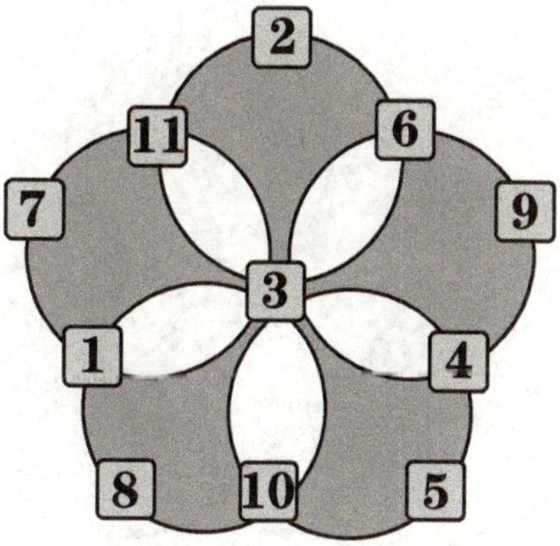

143.《五环填数之 17》答案

如图。

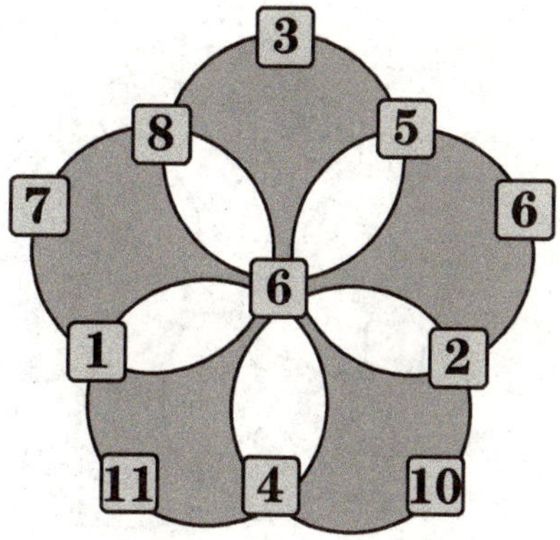

144.《五环填数之 18》答案

如图。

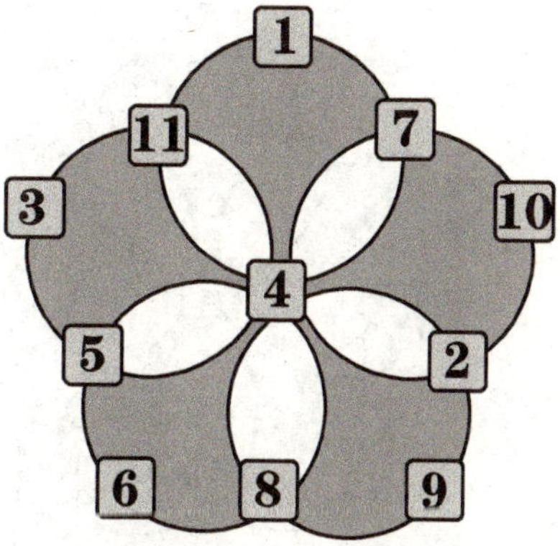

145.《五环填数之 19》答案

如图。

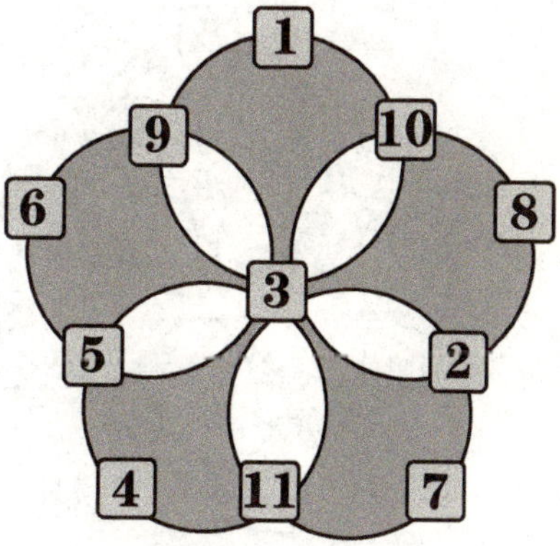

146.《五环填数之 20》答案

如图。

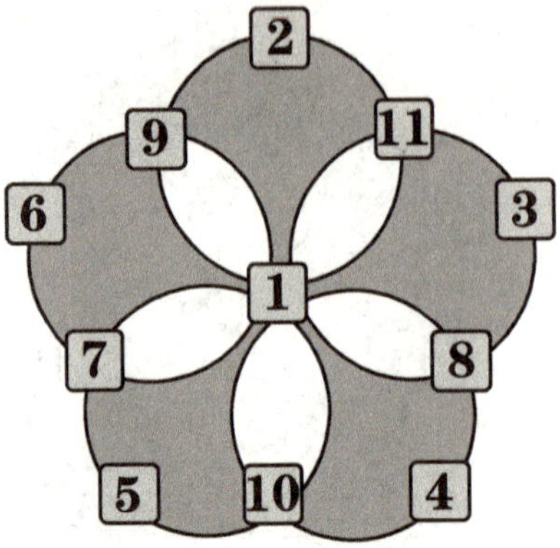

147.《五环填数之21》答案

如图。

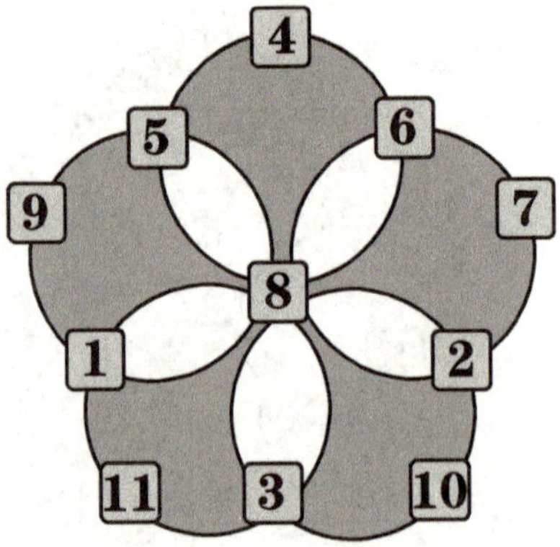

148.《五环填数之22》答案

如图。

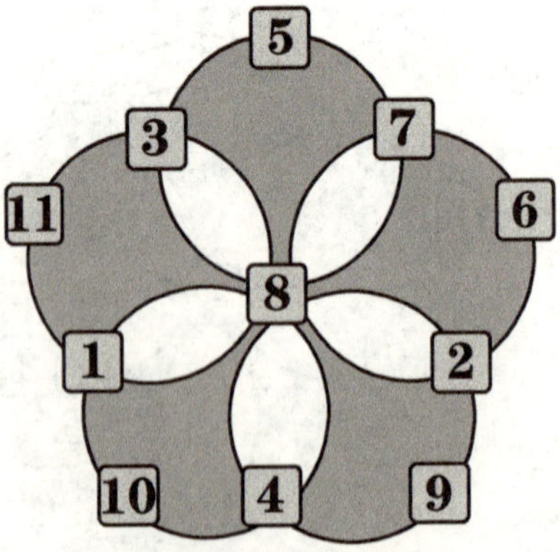

149.《五环填数之23》答案

如图。

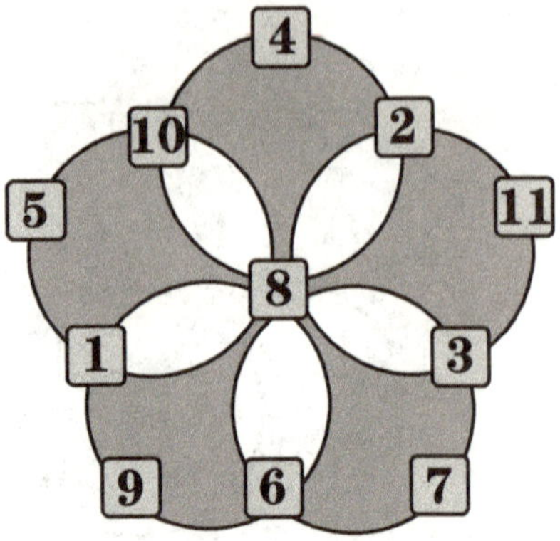

150.《五环填数之24》答案

如图。

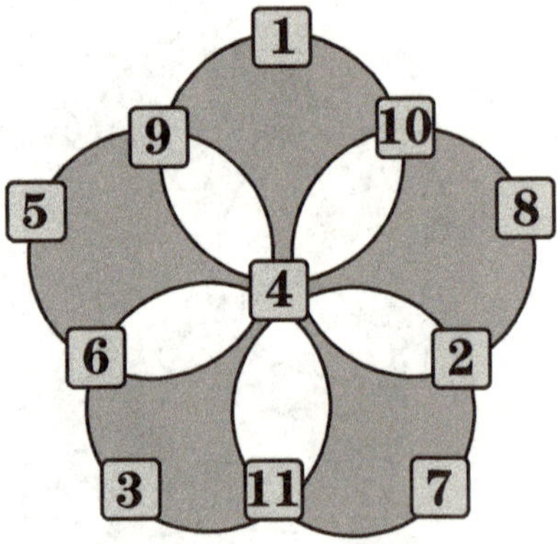

151.《五环填数之25》答案

如图。

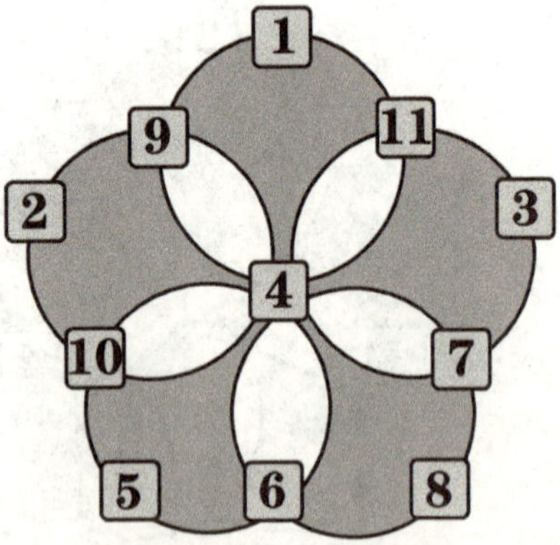

152.《五环填数之26》答案

如图。

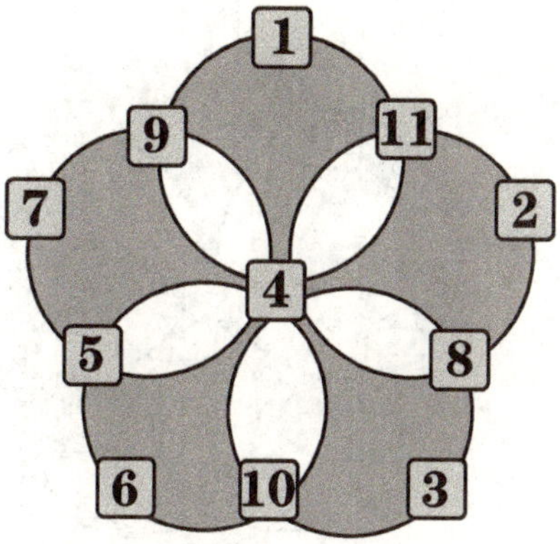

153.《五环填数之 27》答案

如图。

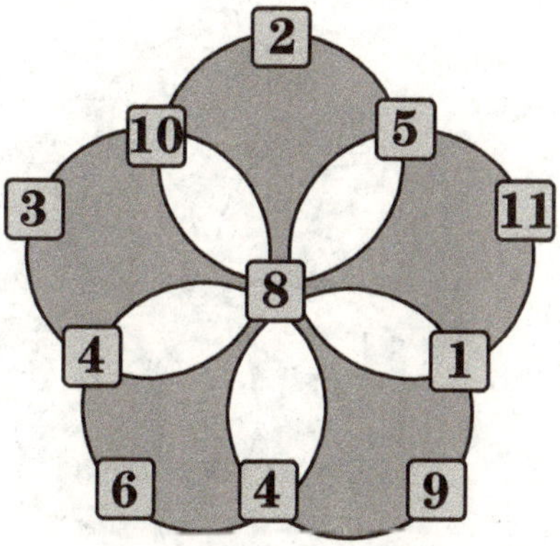

154.《五环填数之 28》答案

如图。

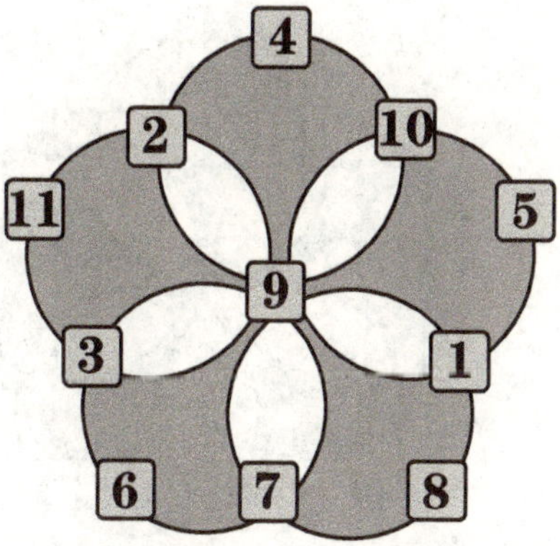

155.《五环填数之 29》答案

如图。

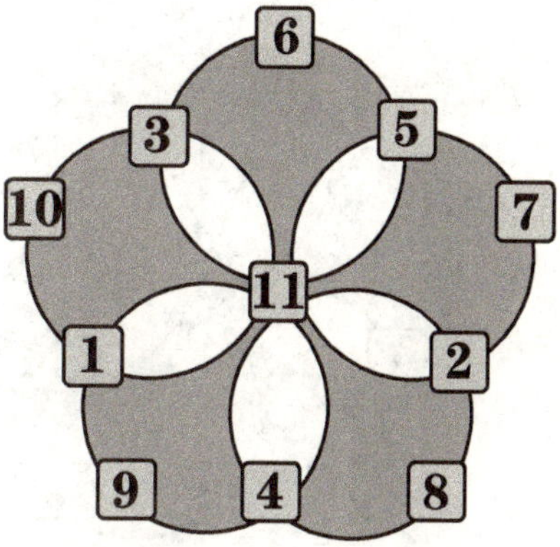

156.《五环填数之 30》答案

如图。

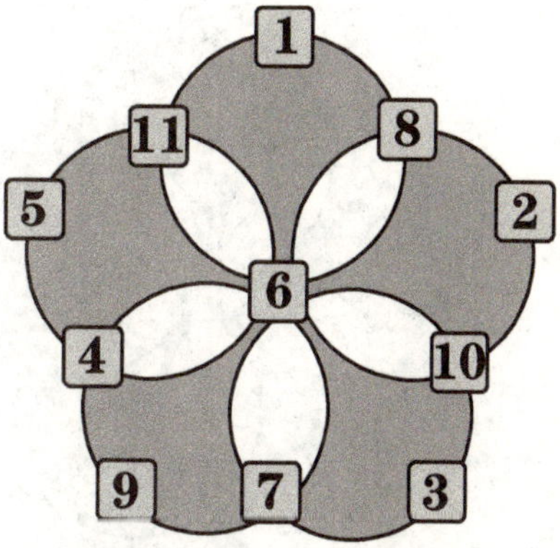

157.《五环填数之 31》答案

如图。

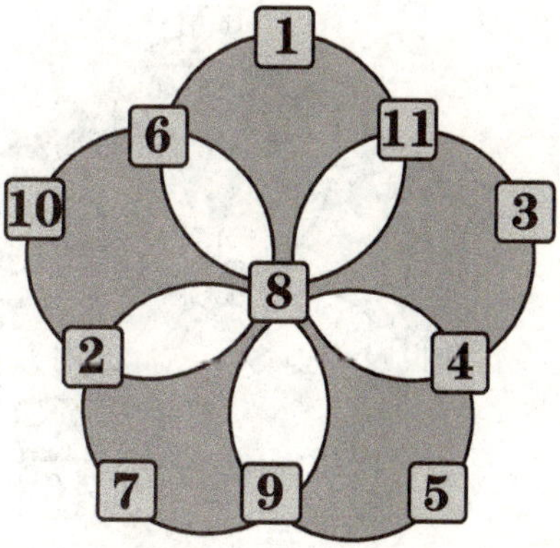

158.《五环填数之 32》答案

如图。

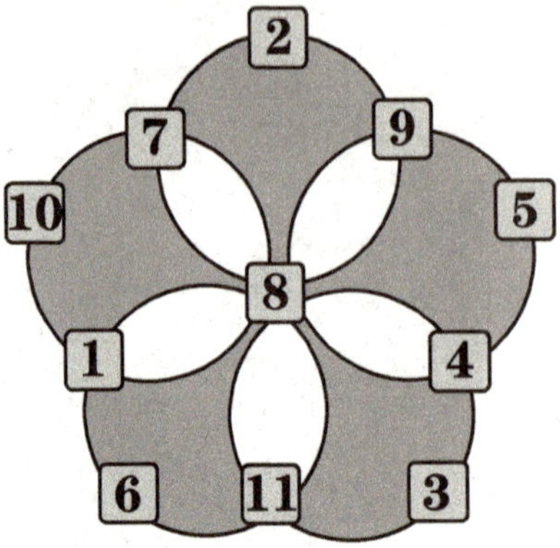

159.《五环填数之33》答案

如图。

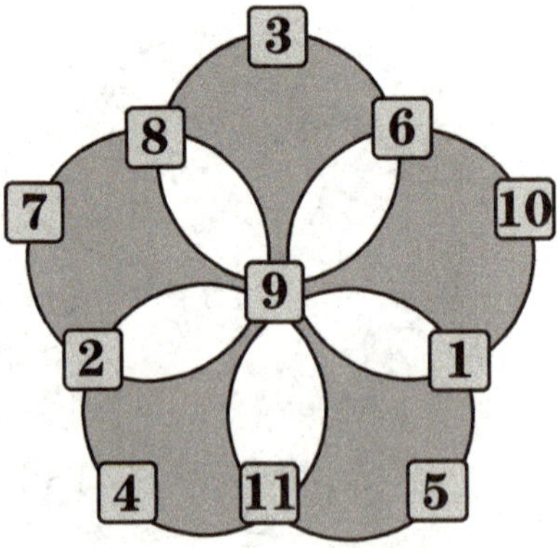

160.《五环填数之34》答案

如图。

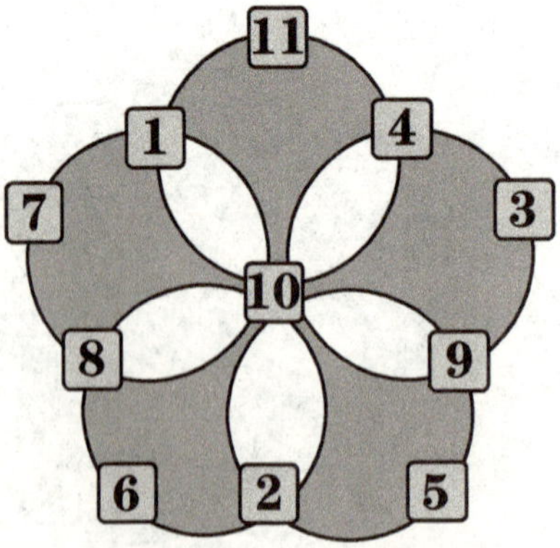

161.《五环填数之35》答案

如图。

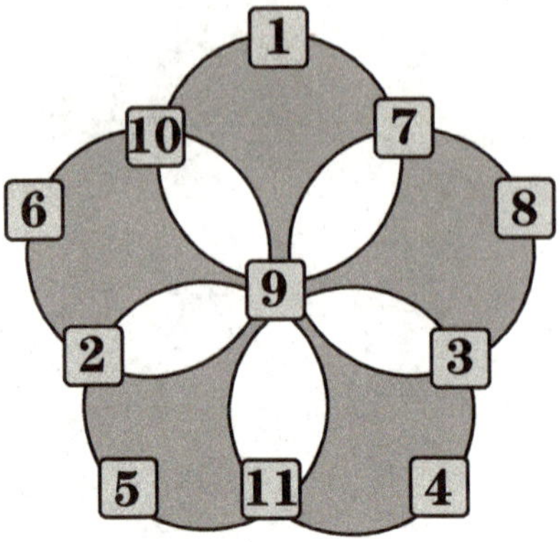

162.《五环填数之36》答案

如图。

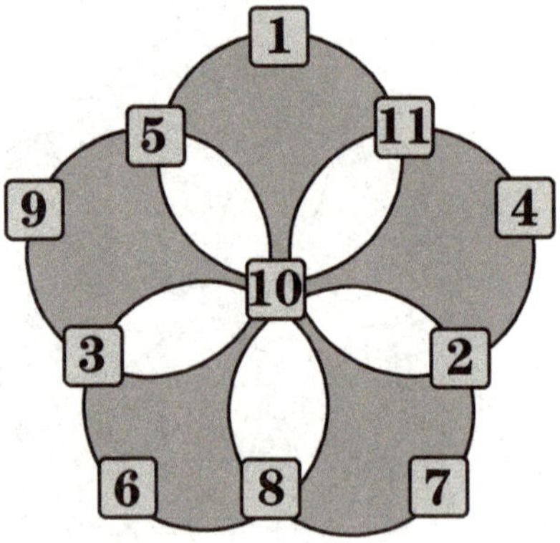

163.《五环填数之37》答案

如图。

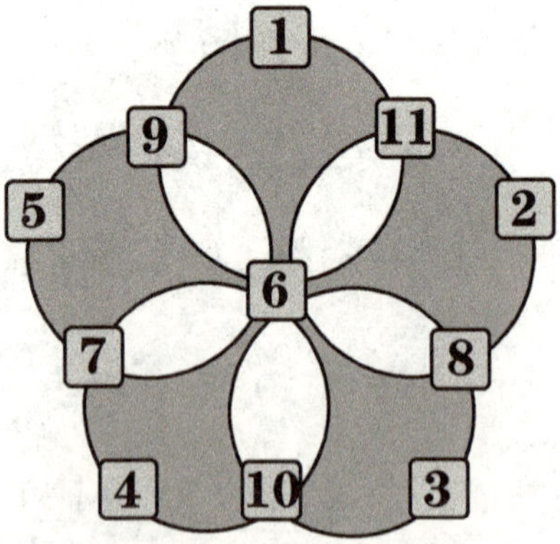

164.《五环填数之38》答案

如图。

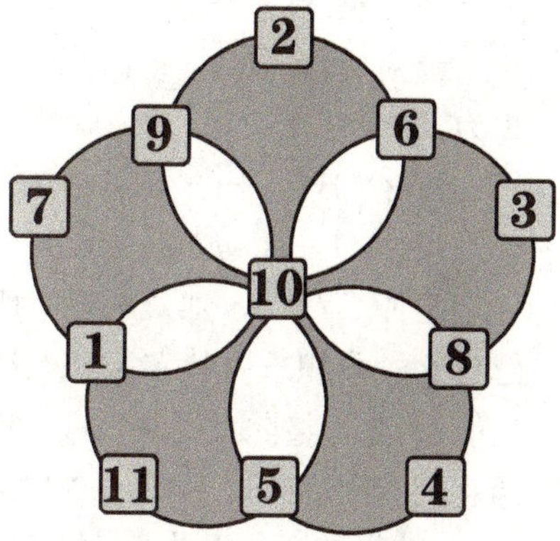

165.《五环填数之 39》答案

如图。

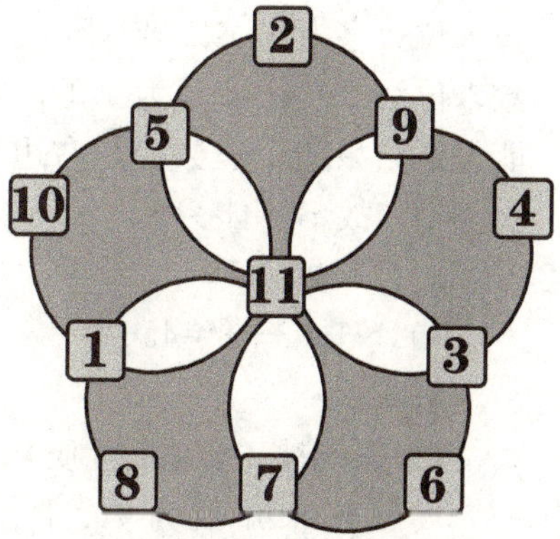

166.《五环填数之 40》答案

如图。

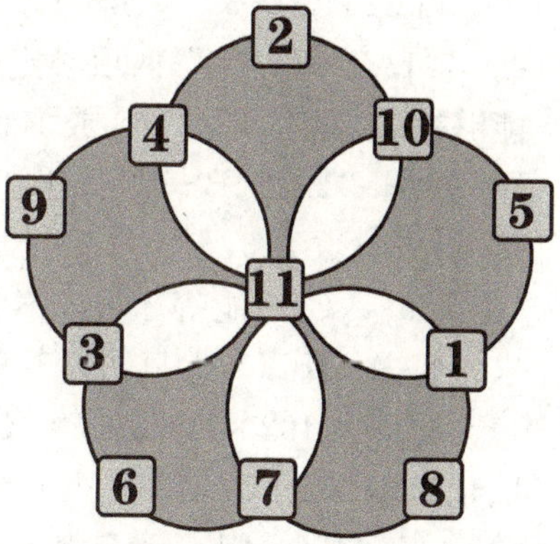

167.《五环填数之 41》答案

如图。

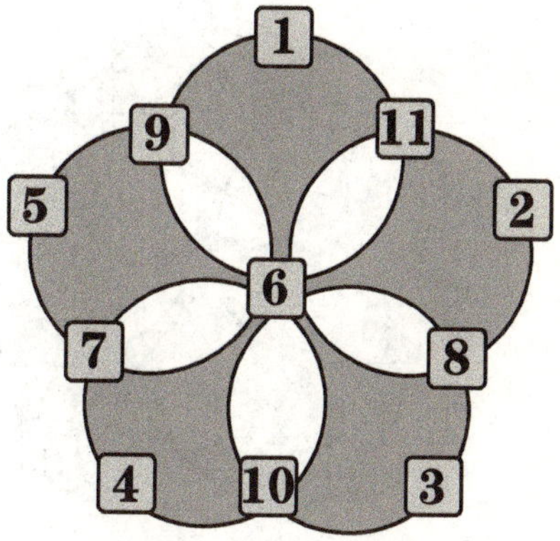

168.《五环填数之 42》答案

如图。

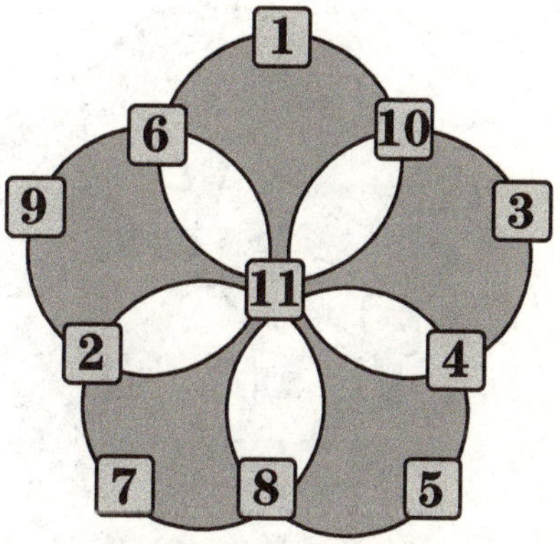

169.《五环填数之 43》答案

如图。

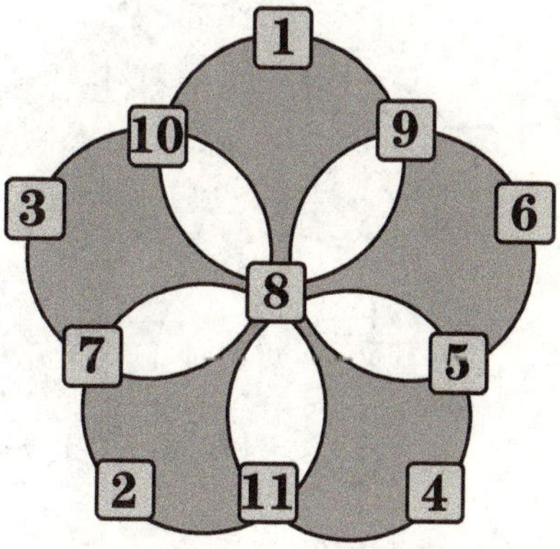

170.《五环填数之 44》答案

如图。

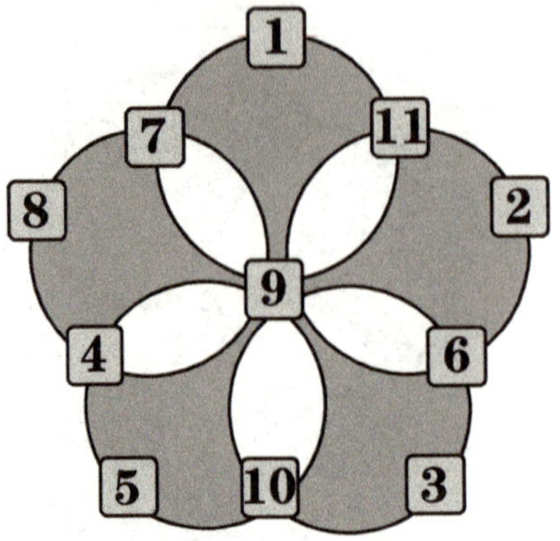

171.《五环填数之 45》答案

如图。

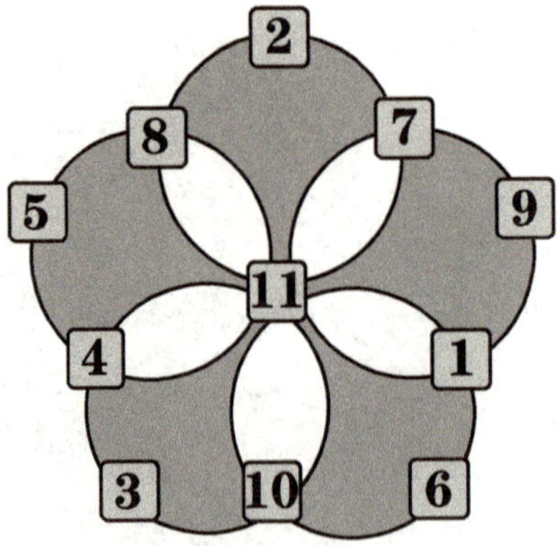

172.《五环填数之 46》答案

如图。

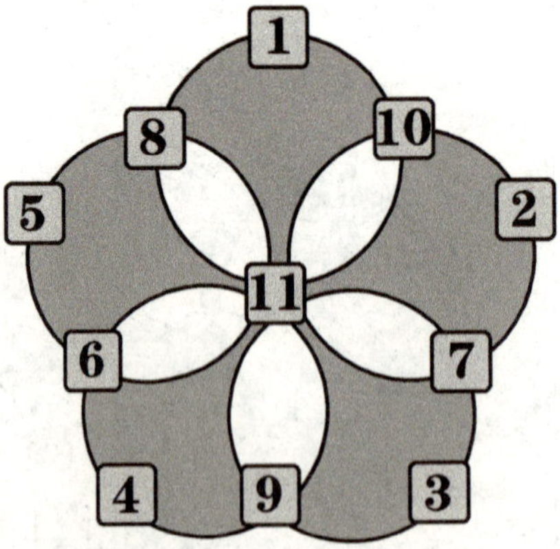

十、神奇填数

173.《神奇填数》答案

解法一

（末位数字运算法）

设三个未知数为 A、B、C，算式为：

1A2×B÷3+C=456

1A2×B÷3=456−C

假如 B 为 9，那么三位的因数个位与 9 的乘积末位数字为 8，末位为 8 且能够被 3 整除的数有 18、48、78。当它们为 18、48、78 时，“1A2×B÷3=”的得数个位上为 6，则 C 只能为 0，不符合题目要求。故 B 不能为 9。

假如 B 为 8，那么“1A2×B”得数末位数字为 6，“1A2×B÷3=”得数末位为 2。只有 C 为 4 的时候，才能保证结果的个位数字与右边个位数字相等。故 B 不能为 8。

故 B 只能为 7。

192×7÷3+8=456

解法二

（根据能被 3 整除的性质）

设三个未知数为 A、B、C，算式为：

1A2×B÷3+C=456

“1A2×B÷3”一定为整数，那么，“1A2”和“B”两项必定有一项能够被 3 整除，即 A=9 或 B=9。当 B=9 时，“1A2×B÷3”等于“1A2×3”得末位数为 6，若“1A2×B÷3+C=456”，C 只能等于 0，不符合要求，舍去。所以，A 只能等于 9。

题目为 192×B÷3+C=456，可以化为 64×B+C=456，当 B 为 8 时，512+C=456，则 C 为负数，不符合题意。因此，B 只能为 7。

192×7÷3+8=456

174.《急救中心》答案

24×1×5=120

2×4×15=120

175.《一无所有》答案

932×8=7456

176.《上山打老虎》答案

16923−4578=12345；

64173−9852=54321。

177.《凤毛麟角》答案

没有这样的三位数。

178.《含糊其辞》答案

后来，人们又发现，在10万个自然数中，有5996个数，不管运算多久，似乎也产生不出回文数，196就是其中最小的一个。但是，不管怎样运算，就是没人能找出它们产生不了回文数的确凿证据来。所以只能用含糊的词“似乎”来表述。

179.《五数填空》答案

61−42−5−3=11

61−43−5−2=11

61−45−3−2=11

62−31−5−4=22

62−34−5−1=22

62−35−4−1=22

63−21−5−4=33

63−24−5−1=33

63−25−4−1=33

64−12−5−3=44

64−13−5−2=44

64−15−3−2=44

180.《三道等式》答案

6×7=42

43−1=42

5×8+2=42

181.《五个两位数得1》答案

共有196个算式：

10×34÷85+69−72=1,

10×36÷24+75−89=1,

10×42÷35+68−79=1,

10×42÷35+86−97=1,

10×46÷23+59−78=1,

10×48÷32+65−79=1,

10×54÷36+78−92=1,

10×56÷28+74−93=1,

10×63÷42+75−89=1,

10×64÷32+59−78=1,

10×78÷39+26−45=1,

10×78÷52+49−63=1,

10×85÷34+72−96=1,

10×87÷29+35−64=1,

10×92÷46+38−57=1,

10×96÷48+53−72=1,

12×30÷45+79−86=1,

12×45÷90+68−73=1,

12×48÷36+75−90=1,

12×54÷36+80−97=1,

12×60÷45+78−93=1,

12×60÷48+59−73=1,

12×80÷64+59−73=1,

12×84÷56+73−90=1,

12×84÷63+75−90=1,

12×85÷30+46−79=1,

12×85÷30+64−97=1,

12×96÷48+50−73=1,

13×40÷26+59−78=1,

13×40÷52+69−78=1,

13×40÷52+87−96=1,

13×50÷26+74−98=1,

13×68÷52+74−90=1,

13×90÷45+62−87=1，
13×90÷78+42−56=1，
13×96÷78+25−40=1，
14×20÷35+79−86=1，
14×20÷56+79−83=1，
14×27÷63+85−90=1，
14×30÷28+65−79=1，
14×35÷70+86−92=1，
14×70÷28+35−69=1，
14×70÷35+62−89=1，
14×70÷98+26−35=1，
14×70÷98+53−62=1，
14×72÷63+80−95=1，
14×76÷28+53−90=1，
14×80÷56+73−92=1，
15×24÷30+68−79=1，
15×24÷30+86−97=1，
15×29÷87+36−40=1，
15×32÷40+68−79=1，
15×32÷40+86−97=1，
15×32÷60+87−94=1，
15×32÷80+69−74=1，
15×72÷40+63−89=1，
15×74÷30+62−98=1，
15×76÷20+38−94=1，
15×76÷38+20−49=1，
15×78÷90+24−36=1，
15×98÷30+26−74=1，
15×98÷42+36−70=1，
16×27÷54+83−90=1，
16×30÷24+59−78=1，
16×40÷32+59−78=1，
16×45÷80+29−37=1，
16×49÷28+30−57=1，
16×50÷32+74−98=1，
16×70÷28+54−93=1，
16×75÷80+29−43=1，
16×85÷40+39−72=1，
17×20÷34+59−68=1，
17×20÷34+86−95=1，
17×20÷68+49−53=1，
17×40÷85+29−36=1，
17×50÷34+68−92=1，
17×58÷34+62−90=1，
17×60÷34+29−58=1，
17×86÷34+50−92=1，
17×90÷85+26−43=1，
17×92÷46+50−83=1，
17×96÷48+20−53=1，
18×24÷36+59−70=1，
18×35÷42+76−90=1，
18×39÷27+40−65=1，
18×39÷54+60−72=1，
18×42÷63+59−70=1，
18×56÷42+70−93=1，
18×60÷24+35−79=1，
18×60÷24+53−97=1，
18×60÷27+54−93=1，
18×60÷54+73−92=1，
18×60÷72+35−49=1，
18×70÷35+29−64=1，
18×75÷90+32−46=1，
18×90÷45+32−67=1，
18×92÷46+35−70=1，
19×20÷38+47−56=1，
19×20÷38+65−74=1，
19×46÷23+50−87=1，
19×46÷38+50−72=1，
19×56÷38+20−47=1，
19×64÷32+50−87=1，

19×68÷34+20−57=1,
19×74÷38+20−56=1,
19×86÷43+20−57=1,
20×38÷95+64−71=1,
20×51÷34+68−97=1,
20×54÷18+37−96=1,
20×63÷45+71−98=1,
20×95÷76+14−38=1,
20×98÷56+13−47=1,
21×30÷45+76−89=1,
21×40÷56+83−97=1,
21×48÷56+73−90=1,
21×48÷63+75−90=1,
21×54÷63+80−97=1,
21×60÷84+59−73=1,
21×96÷84+50−73=1,
23×78÷69+15−40=1,
24×30÷18+57−96=1,
24×35÷60+78−91=1,
24×36÷18+50−97=1,
24×39÷78+50−61=1,
24×51÷68+73−90=1,
24×68÷51+39−70=1,
24×98÷56+30−71=1,
25×76÷38+41−90=1,
26×30÷15+47−98=1,
26×45÷90+71−83=1,
26×51÷39+47−80=1,
26×84÷39+15−70=1,
26×84÷91+50−73=1,
26×95÷38+10−74=1,
27×40÷18+36−95=1,
27×90÷81+35−64=1,
28×45÷63+71−90=1,
28×45÷70+19−36=1,
28×65÷70+14−39=1,
28×70÷35+14−69=1,
28×70÷35+41−96=1,
29×30÷58+47−61=1,
29×36÷87+40−51=1,
29×40÷58+17−36=1,
29×45÷87+16−30=1,
29×51÷87+30−46=1,
29×60÷87+15−34=1,
30×41÷82+65−79=1,
30×45÷27+19−68=1,
30×46÷92+71−85=1,
30×56÷84+72−91=1,
30×81÷45+26−79=1,
30×84÷72+61−95=1,
30×87÷45+12−69=1,
31×40÷62+59−78=1,
31×50÷62+74−98=1,
31×90÷45+26−87=1,
32×45÷90+71−86=1,
32×78÷96+15−40=1,
32×90÷48+16−75=1,
32×95÷76+41−80=1,
34×90÷51+27−86=1,
35×72÷84+61−90=1,
35×72÷90+41−68=1,
35×92÷70+41−86=1,
35×98÷70+14−62=1,
36×84÷72+50−91=1,
36×90÷72+14−58=1,
36×90÷72+41−85=1,
39×45÷27+16−80=1,
39×64÷78+20−51=1,
39×70÷65+41−82=1,
39×80÷65+24−71=1,

40×91÷56+23−87=1，
40×91÷65+23−78=1，
40×91÷65+32−87=1，
40×95÷76+32−81=1，
41×70÷82+35−69=1，
41×76÷82+53−90=1，
42×78÷91+30−65=1，
45×72÷60+38−91=1，
45×72÷81+30−69=1，
45×78÷90+23−61=1，
48×51÷72+60−93=1，
48×63÷72+50−91=1，
48×70÷56+32−91=1，
48×75÷60+32−91=1，
51×62÷93+47−80=1，
51×72÷68+40−93=1，
54×63÷81+29−70=1，
56×72÷48+10−93=1，
56×90÷72+14−83=1，
56×90÷84+13−72=1，
62×84÷93+15−70=1，
63×72÷81+40−95=1，
64×75÷80+32−91=1。

182.《趣味填数》答案

1×1+1=1×[2]=2

2×2+2=2×[3]=6

3×3+3=3×[4]=12

4×4+4=4×[5]=20

5×5+5=5×[6]=30

6×6+6=6×[7]=42

7×7+7=7×[8]=56

8×8+8=8×[9]=72

9×9+9=9×[10]=90

183.《统筹填数》答案：

（1）26×1+7=33，
35−8÷4=33；
或者 27×1+6=33，
35−8÷4=33。

（2）17×3+4=55，
58−6÷2=55。

（3）36×2+5=77，
84−7÷1=77。

184.《120之谜》答案

从每行或列中缺少一个数的填起，不难找到答案。如图。

3	29	23	24	34	7
21	9	35	28	1	26
36	22	2	8	25	27
16	6	33	37	11	17
12	39	14	19	31	5
32	15	13	4	18	38

185.《一笔勾销》答案

2467×13895=34278965，
1457×23698=34527986，
2386×15497=36975842，
2438×15967=38927546，
2384×16597=39567248，
2458×17396=42759368，
1268×35794=45386792，
2753×16849=46385297，
2645×17893=47326985，
1637×28945=47382965，

2456×19378=47592368，
1468×32597=47852396，
2647×18359=48596273，
2674×18539=49573286，
2654×19837=52647398，
1459×36872=53796248，
2764×19853=54873692，
4267×13589=57984263，
1268×45973=58293764，
1367×45982=62857394，
3529×17846=62978534，
4958×12763=63278954，
1358×46729=63457982，
1792×35684=63945728，
4789×13652=65379428，
1385×49267=68234795，
1846×37529=69278534，
1286×53947=69375842，
1639×42578=69785342，
2179×34586=75362894，
5426×13987=75893462，
1583×47962=75923846，
1286×59437=76435982，
1396×54827=76538492，
4598×16723=76892354，
1853×42976=79634528，
3896×21457=83596472，
2179×38456=83795624，
1729×48563=83965427，
5876×14392=84567392，
3149×26857=84572693，
3149×26875=84629375，
1756×48392=84976352，
1243×68579=85243697，
2168×39574=85796432，
6985×12347=86243795，
1639×52748=86453972，
6247×13985=87364295，
2519×34786=87625934，
6758×13249=89536742，
5327×16849=89754623，
1952×47863=93428576，
6859×13742=94256378，
7649×12385=94732865，
5498×17236=94763528，
1963×48275=94763825，
3869×24517=94856273，
5482×17396=95364872，
3671×25984=95387264，
1637×58429=95648273，
3968×24517=97283456，
7894×12356=97538264，
7534×12986=97836524，
5624×17398=97846352，
6875×14293=98264375，
3718×26459=98374562，
5273×18694=98573462，
1358×72649=98657342，
2359×41867=98764253。

186.《国庆节趣题》答案

将 56789 分解质因数也能得到答案，这里可以从因数的个位上的数字“节”算式，它只能等于 9。用 56789÷109=521 可以马上得出答案。

109×521=56789

187.《纵横算式》答案

如图。

5	+	6	+	10	+	7	=	28
+		+		+		+		
8	+	7	+	3	+	6	=	24
+		+		+		+		
4	+	12	+	11	+	1	=	28
+		+		+		+		
9	+	1	+	2	+	12	=	24
‖		‖		‖		‖		
26		26		26		26		

188.《纵横相等》答案

如果你一下子就看出来，这不正是原来的九宫格吗？那么答案一定难不住你。

如图。

2	9	4
7	5	3
6	1	8

189.《白点与灰点》答案

没有灰点。圆圈内的点也是白点，因为视觉问题，人们常常会将圆圈内的点看成是灰色的点。

190.《考眼力之1》答案

D与众不同。

191.《考眼力之2》答案

D与众不同。

192.《考眼力之3》答案

D与众不同。

193.《考眼力之4》答案

D与众不同。

194.《考眼力之5》答案

D与众不同。

195.《对号入座》答案

如图。

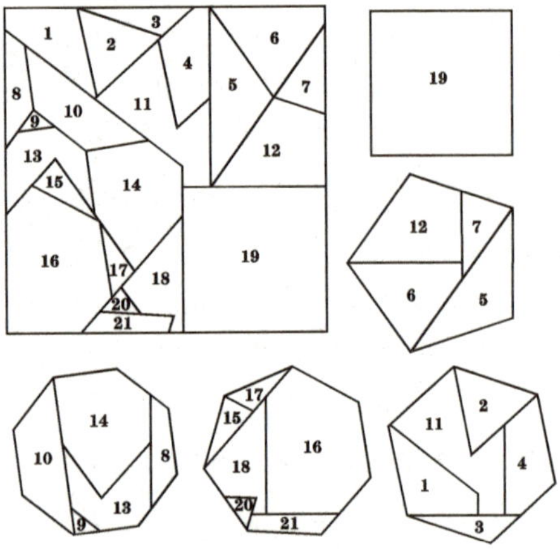

196.《遥遥相对》答案

其实并不难填，只要保证上下相对的两个数之和为15即可。因此，答案非常简单（如图）。

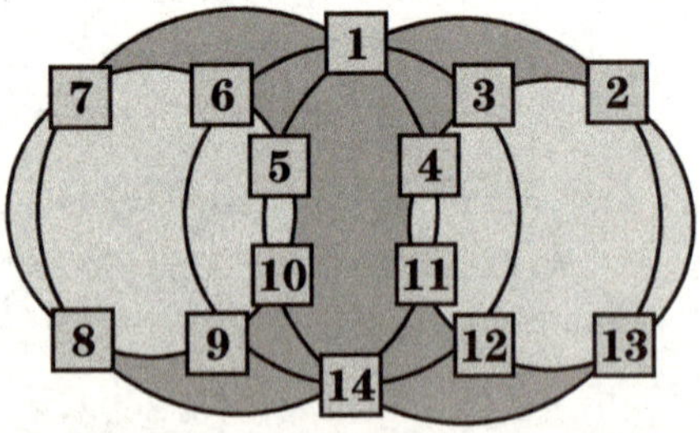

197.《相同数字》答案

娜娜是从个位上的数字考虑的，3×8=24，这个数字应该是“8”，算式为：

$$\begin{array}{r} 4128 \\ \times \quad 3 \\ \hline 12384 \end{array}$$

198.《珠联璧合》答案

① 254×836=2 1234 4

② 435×789=3 4321 5

199.《火眼金睛》答案

①式相等。

②式调整一下 8 和 6 的位置，等式为：754÷2+9=386。

200.《填数求和》答案

由最大和最小圆环及两条直线上的数得知，完成后的图中每个圆环上的数之和都得 26。填法如图。

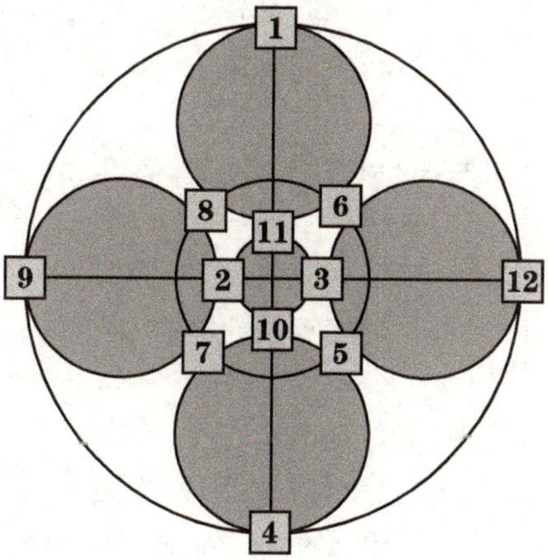

十一、难填的算式

201.《难填的算式》答案

特务兔的答案是：

2×8+7−1=22

4×6+3−5=22

验证：

2+8+7+1=18

4+6+3+5=18

202.《相信眼睛吗?》答案

有平行线，因为它的外框是个正方形。

没有正圆形，因为图形是由一条螺旋线形成的。

203.《特务兔与支吾猪》答案

(1) “特务兔”表示 125。5×25=125。

(2)“支吾猪”表示 143。7×143×143=143143。

204.《支吾猪哭了》答案

支吾猪抽到了得 44 的算式，此题是填不出来的。

其他算式分别是：

25−6−4−3−1=11

35−6−4−2−1=22

45−6−3−2−1=33

65−4−3−2−1=55

205.《真有点儿神奇》答案

很显然，算式中的三个数字中，不可能有 1。因为 1+6+6=13，而数字又不能重复。三个数字中如果有 2，那么其余两个数只能是 5 和 6 了，因为 2+5+6=13。当然，还可能有 3+4+6=13，通过与后面两道题的结合，发现只有出现 5 时，才可能让得数为整数，故只有下面的一种答案了。

2+6+5=13

2×6.5=13

2.6×5=13

206.《巧妙的算式》答案

你可以从7的倍数14考虑，不难填出答案。

53×2−6=100

14÷7+98=100

207.《神奇猜数》答案

因为能被2015整除的话，这个数的末位要么是0要么上5，题目中说明了要在这个十二位数中减去一个数，因此这个数是只能是5。

888888888880−5=888888888875

441135925×2015 = 888888888875

208.《歪打正着》答案

小猪的填法是：8×8+8−6×6−6=30。

209.《7组成的数》答案

先来填出下面的算式，验算后发现是成立的。

9+87654−3×2÷1=87657

由上面的算式可以知道，将算式中的“8765”换成任意的7、77、777、7777、77777等由数字7组成的数后，得数也是77、777、7777、77777、777777了。

9+4−3×2÷1=7

9+74−3×2÷1=77

9+774−3×2÷1=777

9+7774−3×2÷1=7777

9+77774−3×2÷1=77777

210.《神奇的算式》答案

由因数的个位上的数字可以判断，一位的因数只能为3。算式为

98716245×3=296148735

211.《明察秋毫》答案

显然，B.98+765−43×2÷1=777是一道等式。

计算一下A式，98÷7+6543−2×1=6555。

发现它的得数是6555，故只需要去掉算式中的数字6，它就变成等式了。

98÷7+543−2×1=555

212.《智力猜数》答案

不难猜出得数为9999。

9876−5+4×32÷1=9999

213.《绝对神奇》答案

9×87654+3−2÷1=788887

214.《方框圆圈》答案

算式为：

92×244=22448

215.《改符号换得数》答案

将乘号换成加号，它们的得数就要换位置了。

1+6+4=11

2+3+5=10

216.《巧填加减乘除》答案

11×33÷55−77+99=28.6

217.《巧调1、5、7》答案

1×4÷8+5=5.5

3×7÷6+2=5.5

218.《巧凑算式》答案

3×5÷6=2.5

4×7÷8=3.5

219.《字母换数之1》答案

显然8×8=64，A=6，B=4。

算式是64÷8=8，48÷6=8。

220.《字母换数之2》答案

显然A+B=3×3=9，而A比B

小1。

因此答案只能是A=4，B=5。

算式是3×3－4=5，3÷3＋4=5。

221.《汉字换数》答案

6×6＋6－4×4－4=22

7×7＋7－3×3－3=44

8×8＋8－2×2－2=66

9×9＋9－1×1－1=88

666－444=222

777－333=444

888－222=666

999－111=888

十二、趣味数学魔法

222.《趣味数学魔法》答案

1＋5=2×3；

1×5=2＋3。

223.《趣得61》答案

72×90÷45－83=61

90×72÷45－83=61

224.《欢欢喜喜》答案

欢=2；贺=3；喜=5；颂=6；笑=7；歌=8。

2×2×5×5=100

2＋2×7×7=100

3×35－5=100

5×5×2×2=100

6＋6＋88=100

6×6＋8×8=100

7×7×2＋2=100

8＋86＋6=100

88＋6＋6=100

8×8＋6×6=100

225.《趣组算式》答案

这是一个暗藏玄机的数学游戏，很多人会以为此题答案不唯一，你错了。

在246246中添上＋－、×、÷中的3个不同的运算符号，不使用＋，只能组成算式：

246÷2－4×6=99

如果不限制所填的运算符号，算式只能成为：

2＋4＋62÷4×6=99

226.《趣味添0》答案

(1) 1＋110=111；

(2) 20＋202=222；

(3) 3＋3030=3033；

(4) 40＋4400=4440；

(5) 500＋5005=5505。

227.《菱形与三角形》答案

菱形表示8，三角形表示1。

8÷3×12=32

12÷3×8=32

228.《对号入座》答案

由于给出了一道等式，并知道这道加法算式中不再出现已填过的数字2、5、7、9，余下的数字只有3、4、6、8了，这几个数字填成两位数加两位数得111的算式，可以填出4种不同答案。

43＋68=111

68＋43=111

63＋48=111

48＋63=111

229.《慧眼识金之1》答案

图片B与众不同。

B

230.《慧眼识金之2》答案

图片D与众不同。

231.《ABCD》答案

如果你想到除法是乘法的逆运算，用222777除以3或9，就能算出它们表示的数字，这可比猜的准又快。

74259×3=222777

24753×9=222777

232.《拓印图片》答案

图片A是由模板C拓印出来的。

233.《迷宫》答案

如图。

234.《组成平方数》答案

总计有12组解：

$0=0^2$，

$16=4^2$，

$784=28^2$，

$5329=73^2$。

$0=0^2$，

$25=5^2$，

$784=28^2$，

$1369=37^2$。

$0=0^2$，

$25=5^2$，

$784=28^2$，

$1936=44^2$。

$0=0^2$，

$25=5^2$，

$841=29^2$，

$7396=86^2$。

$0=0^2$，

$36=6^2$，

$729=27^2$，

$5184=72^2$。

$0=0^2$，

$81=9^2$，

$324=18^2$，

$7569=87^2$。

$0=0^2$，

$81=9^2$，

$576=24^2$，

$3249=57^2$。

$0=0^2$，

$81=9^2$，

$729=27^2$，

$4356=66^2$。

$1=1^2$，

$36=6^2$，

$784=28^2$，

$9025=95^2$。

$9=3^2$，

$16=4^2$，

$784=28^2$，

$3025=55^2$。

$9=3^2$，

$81=9^2$，

$324=18^2$，

$7056=84^2$。

$9=3^2$，

$81=9^2$，

$576=24^2$，

$2304=48^2$。

235.《小熊请客》答案

$14^3=2744$→2＋7＋4＋4＝17；

$15^3=3375$→3＋3＋7＋5＝18；

$16^3=4096$→4＋0＋9＋6＝19。

236.《奇妙 ABC》答案

B＝3；C＝5。

算式为：

1＋35×1×3＋5＝111

1＋35÷1×3＋5＝111

13＋5＋135＝153

13÷5×135＝351

135＋13＋5＝153

135×13÷5＝351

1×3－5＋135＝133

1×3＋513－5＝511

1＋351÷3－5＝113

1×351－3＋5＝353

135＋1＋3×5＝151

135＋1×3－5＝133

135×1＋3－5＝133

135÷1＋3－5＝133

1×3＋51×3－5＝151

1×3×51＋3－5＝151

1×3×51－3＋5＝155

237.《神奇的等式》答案

下面给出 47 个答案：

0.1×23×（4＋56）－（7＋8）＝123

0.1×234×5－6×（7－8）＝123

0.123×4×5×（6×7＋8）＝123

（0.1×2＋3）×4×5＋67－8＝123

（0.1×2＋3）×45－6－7－8＝123

0.1×（2＋34）×5×6＋7＋8＝123

（0.1＋2＋3）×4×5＋6＋7＋8＝123

0.12×［3×（4＋5×67）＋8）］＝123

0.1×（2345－6－7＋8）＝234

0.1×（2＋34）×5÷6×78＝234

0.1×（23－4＋5＋6）×78＝234

（0.1＋23－45÷6）×（7＋8）＝234

0.1×234÷5×（6×7＋8）＝234

（0.12＋3）×（4＋56＋7＋8）＝234

0.12×（34＋5）×（6×7＋8）＝234

［0.1＋2＋3÷（4×5）×6］×78＝234

（0.1－2＋3×4÷5）×6×78＝234

0.1×（2＋3－4）×5×6×78

=234

0.1×2×3×（4－5＋6）×78=234

0.1÷（2＋3－4）×5×6×78=234

0.1÷2×3×（4×56×7－8）=234

[0.1＋（2×3－4）÷5]×6×78=234

0.1÷2×3×4×（567＋8）=345

0.1×2×345×（6＋7－8）=345

（0.1＋2＋3×4）×5×6－78=345

0.1×2×（3＋4×5）×（67＋8）=345

（0.1＋2×3＋4÷5）×（6×7＋8）=345

0.1×（2＋3）×4＋5×67＋8=345

[0.1＋2×（3＋4）]×5×6－78=345

（0.1＋2）×3×（4＋56）＋78=456

0.1×（2－3＋4＋567）×8=456

0.1×（2×3×4＋567×8）=456

0.1×2÷3×456×（7＋8）=456

（0.1＋2）×（3＋4）×5×6＋7＋8=456

（0.1＋2）×（345－67－8）=567

0.1×（2＋3）÷4×567×8=567

0.1×（2－3÷4）×567×8=567

0.1÷2×3×45×（6＋78）=567

（0.1＋2－3÷4）×5×（6＋78）=567

0.1×2×3×45×（6＋7＋8）=567

（0.1＋2）×3×（4＋5×6＋7×8）=567

0.1×2＋（3－4）÷5＋678=678

0.1×（2－3－4＋5）＋678=678

0.1×（2×3－4）×5×678=678

（0.12÷3＋4＋5）×（67＋8）=678

（0.1＋2）×3×4×5×6－78=678

0.1×（2＋3）×4×5×67＋8=678

238.《组得100算式》答案

（1）113－3－5－5=100
1－1＋3×35－5=100
1×1×3×35－5=100
1÷1×3×35－5=100
11×3×3＋5÷5=100

（2）2×24＋46＋6=100
2＋2×4×4＋66=100
2×2×4×4＋6×6=100

（3）44－5－5＋66=100
44＋55＋6÷6=100

（4）6＋6＋7－7＋88=100
6＋6＋7÷7×88=100
6＋6－7＋7＋88=100
6＋6×7÷7＋88=100
6＋6÷7×7＋88=100
6×6＋7－7＋8×8=100
6×6＋7÷7×8×8=100
6×6－7＋7＋8×8=100
6×6×7÷7＋8×8=100
6×6÷7×7＋8×8=100

（5）7－7＋8÷8＋99=100

7÷7＋8－8＋99＝100

7÷7＋8÷8×99＝100

7÷7－8＋8＋99＝100

7÷7×8÷8＋99＝100

7÷7÷8×8＋99＝100

十三、环环相连

239.《每环为 22》答案

环交接的那个数不能小于 5，因为如果想凑成这个圆环上三个数之和为 22 的话，最大的数是 16，小于 5 就没有办法凑成这个圆环了，故该环可以填 5。

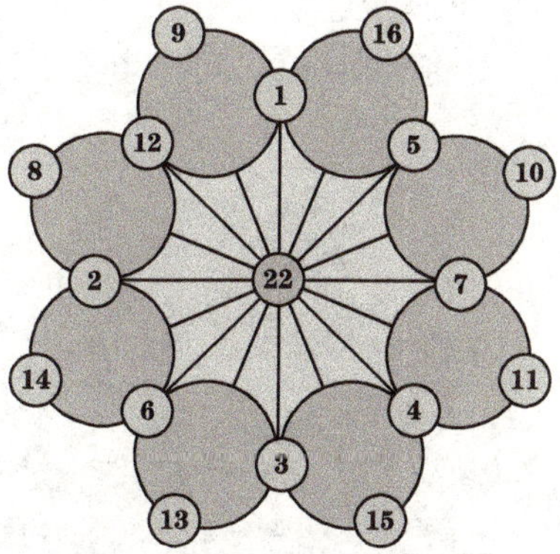

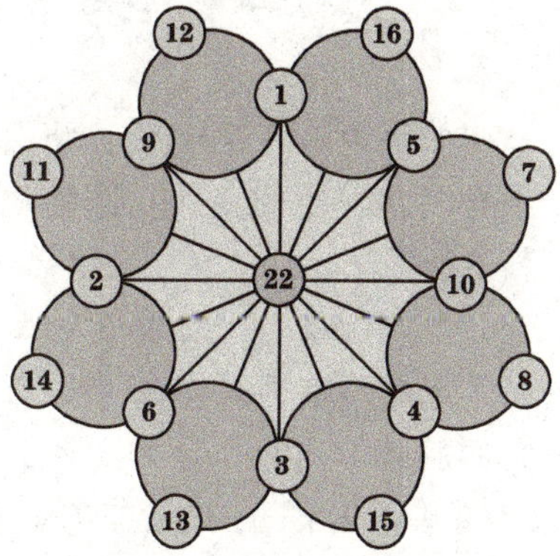

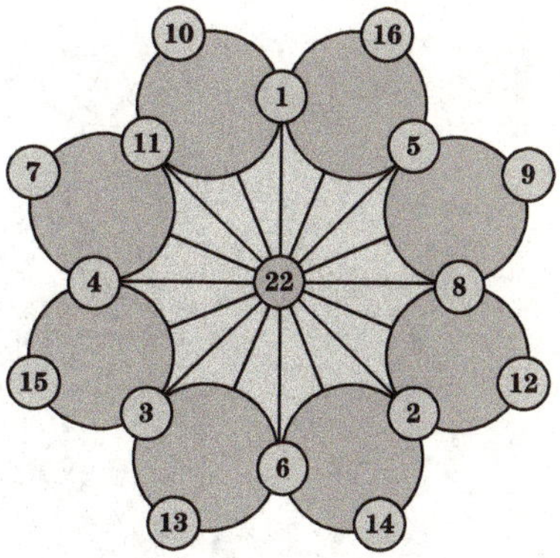

如果将 5 换作 6，它还会有另外的答案：

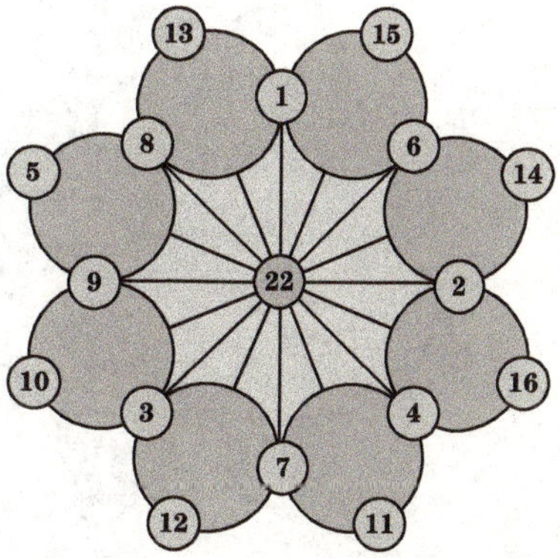

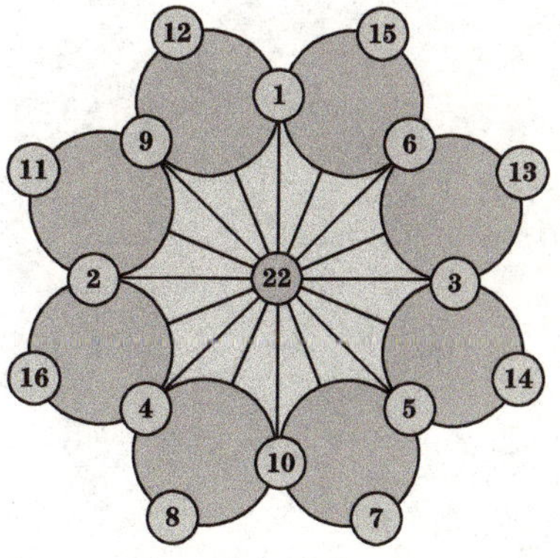

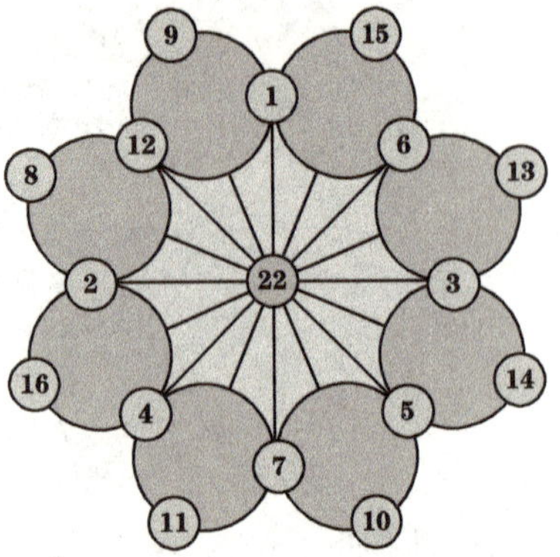

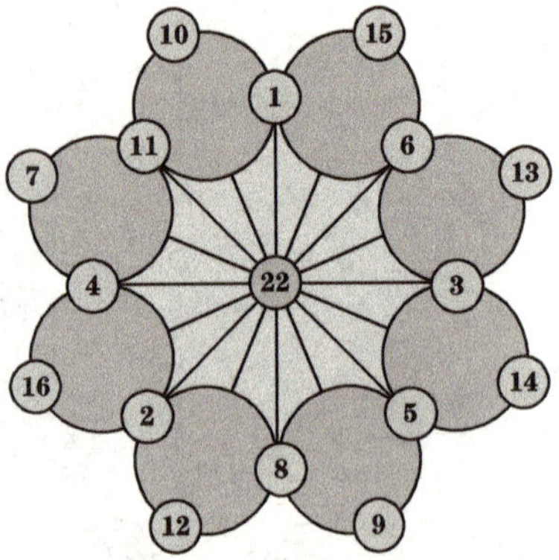

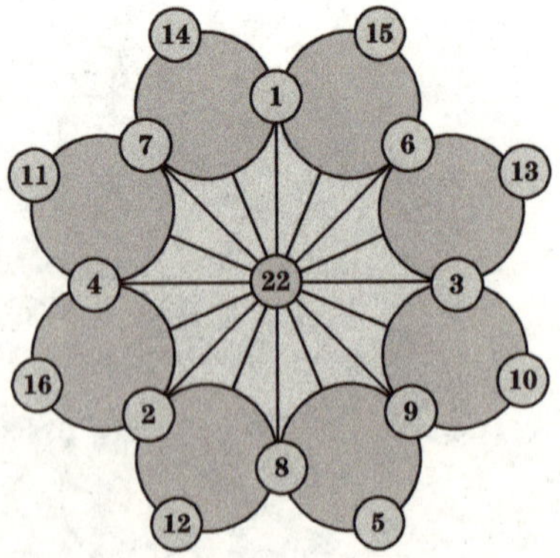

我们继续尝试，将 6 换作 7，可以找到一种答案：

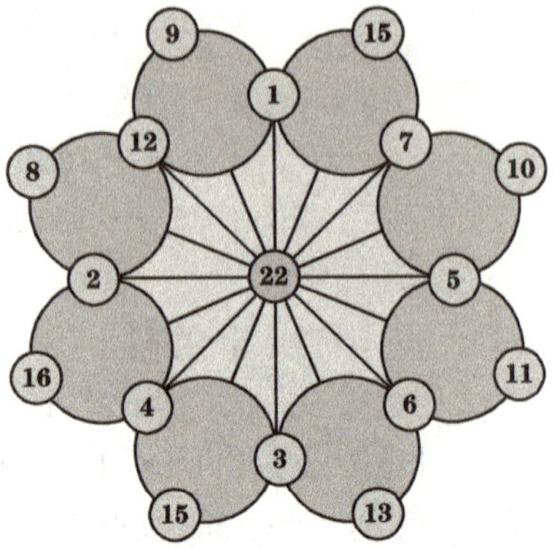

将 7 换作 8，通过试填会发现没有办法让全部圆环上的三个数之和都得 22，故无解。

将 7 换作 9，可以填出一种答案：

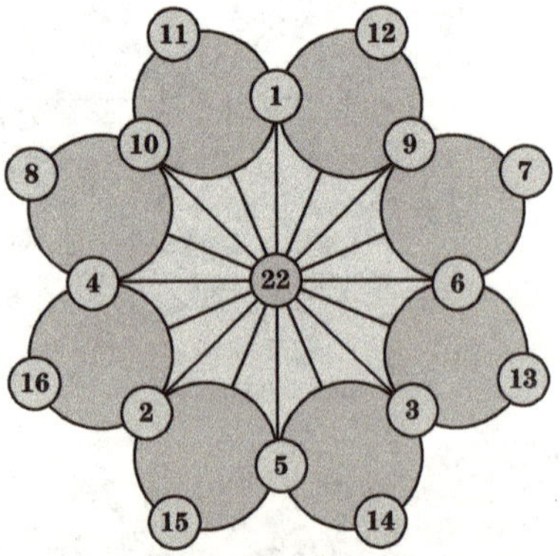

如果说将 9 换作 10，将会出现它本身左右交换的变式，这里就不算作新的答案了。

至此，我们找到了和为 22 的所有不重复的基本答案共 10 种。如果说将它们旋转、对称、镜像，还会有其他的变式，但都是由这些答案转化而来的。

你看明白了吗？

240.《每环为 23》答案

例如，1 与下一个圆环交接的那个数不能小于 6，因为如果想凑成这个圆环上三个数之和为 23 的话，最大的数是 16，小于 6 就没有办法凑成这个圆环了，故该环可以填 6。

下面的 10 种答案都是符合要求的。

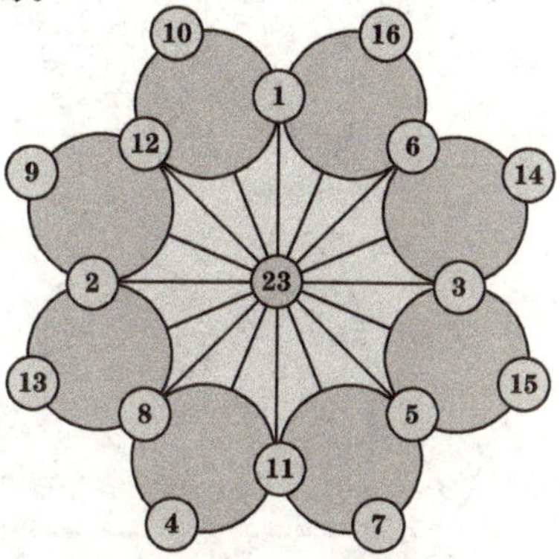

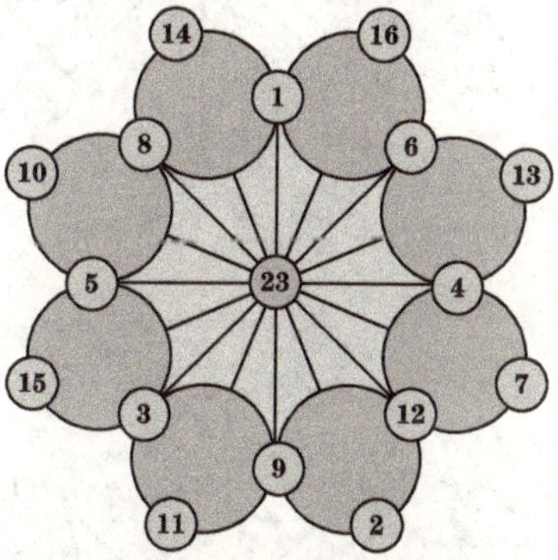

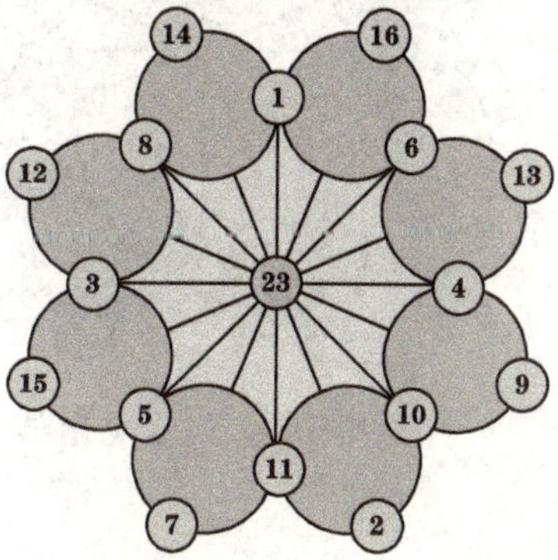

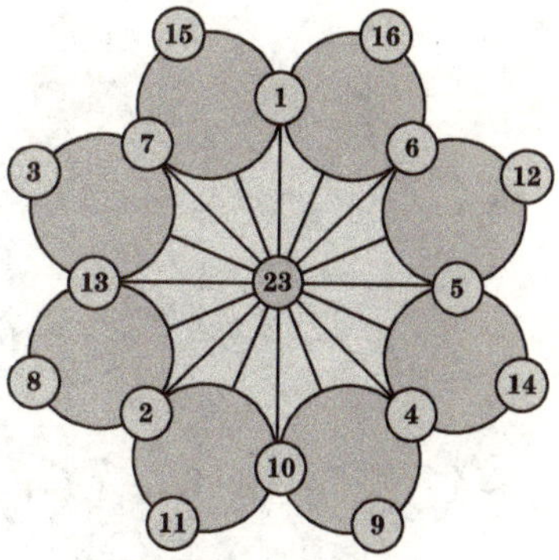

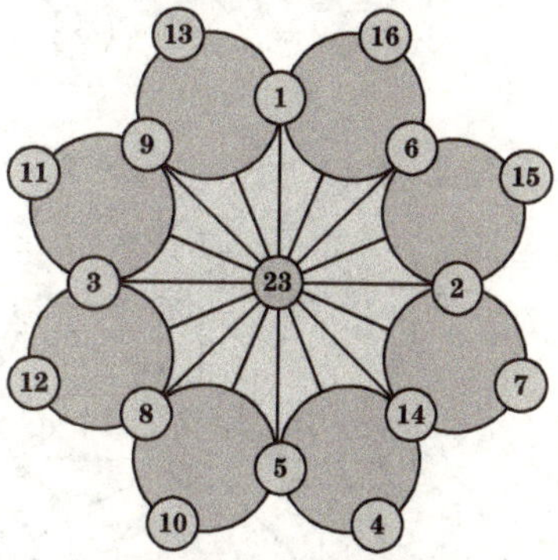

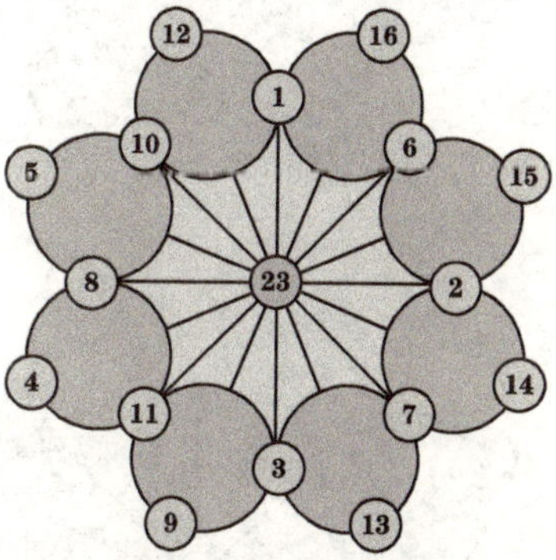

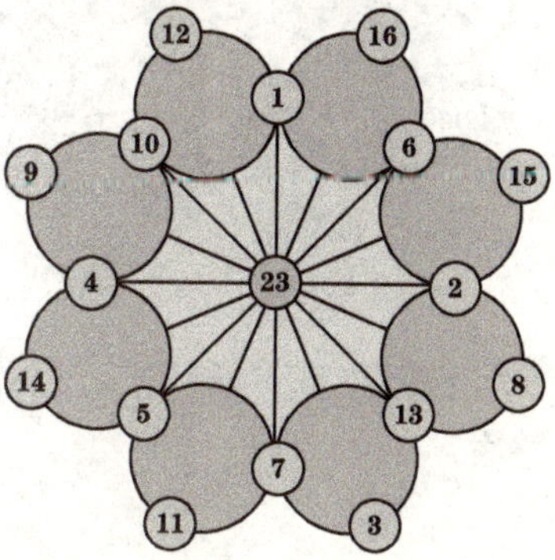

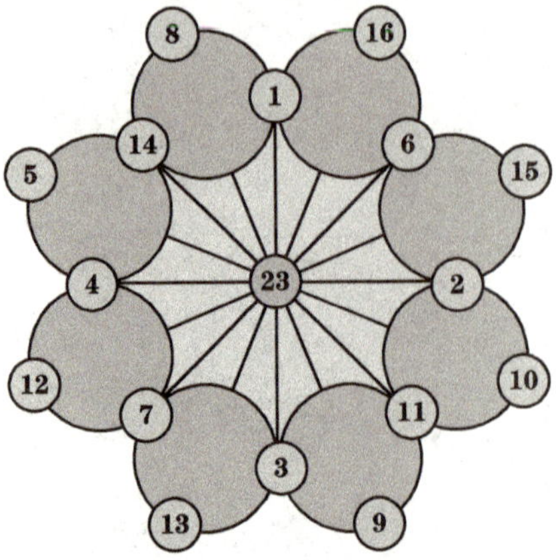

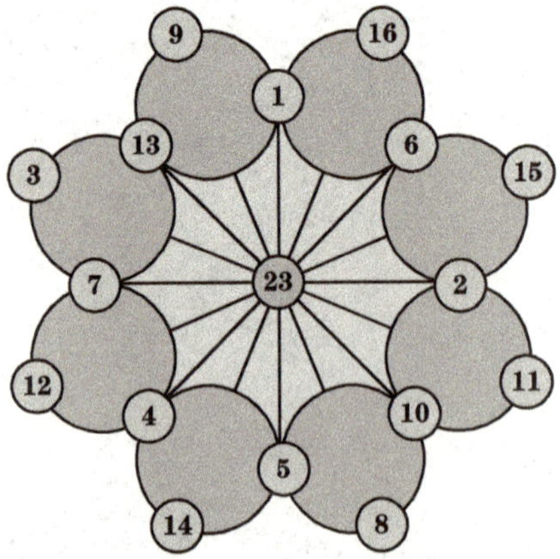

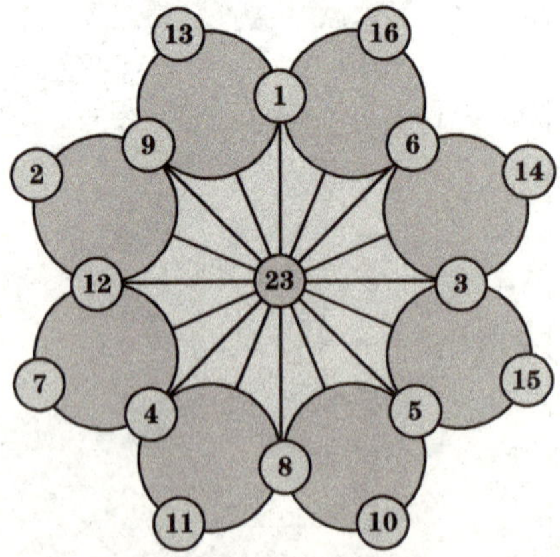

我们将 6 换作 7，可以找到 3 种答案：

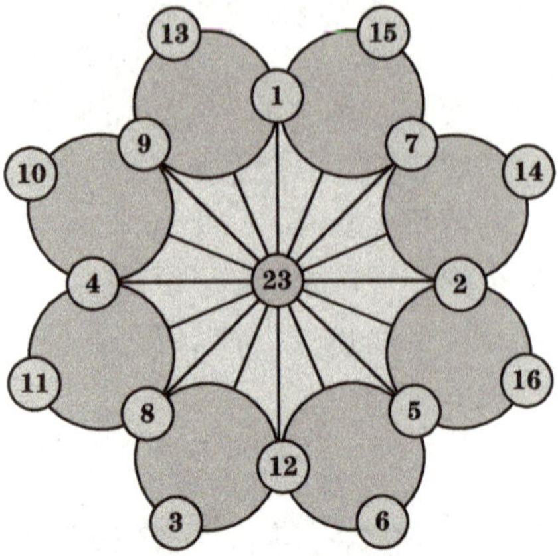

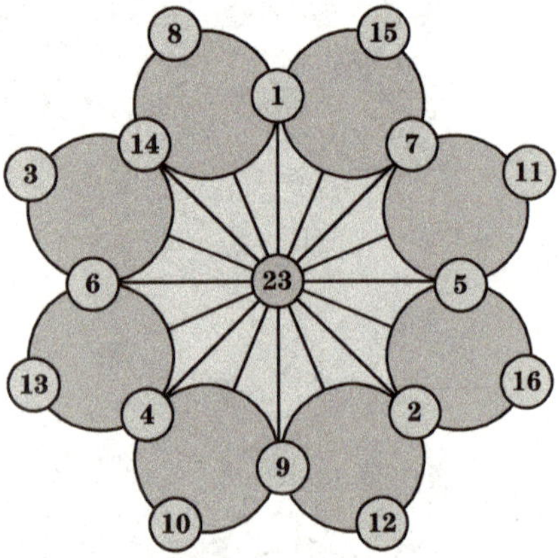

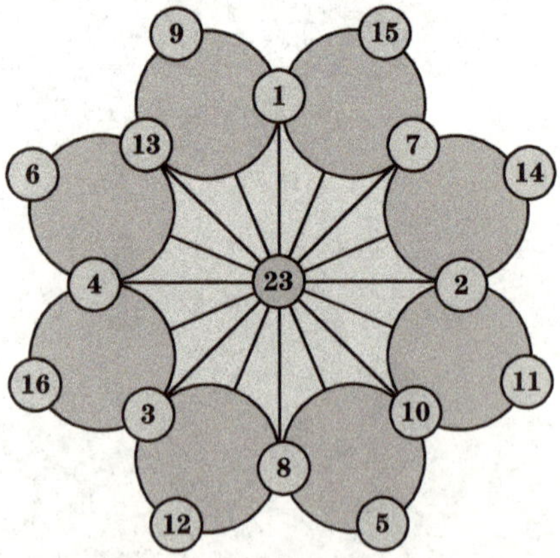

将 7 换作 8，可以填出如下答案：

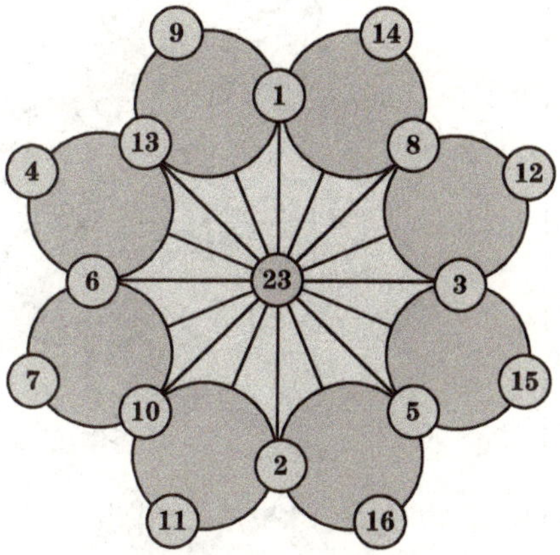

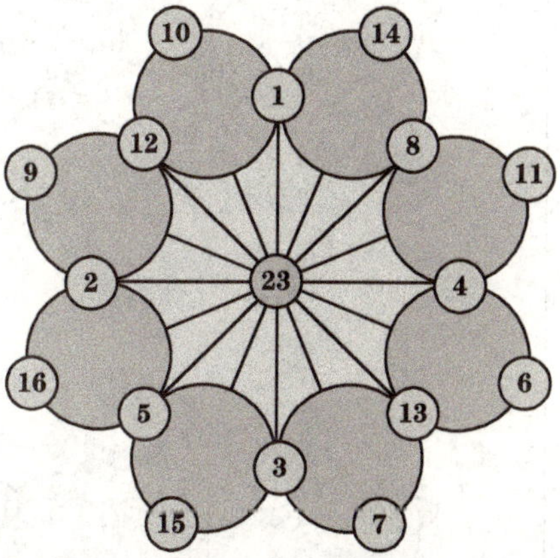

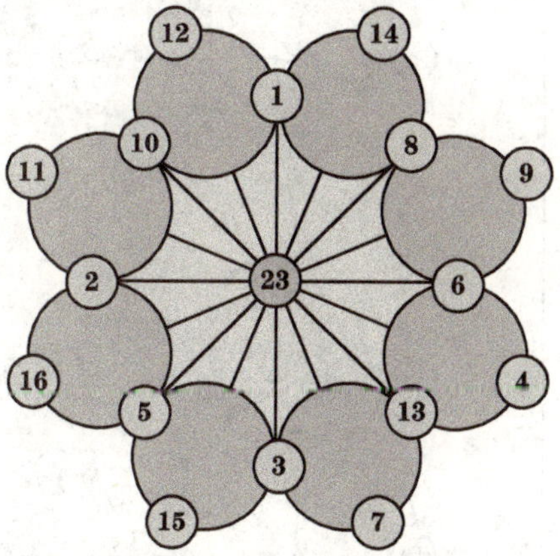

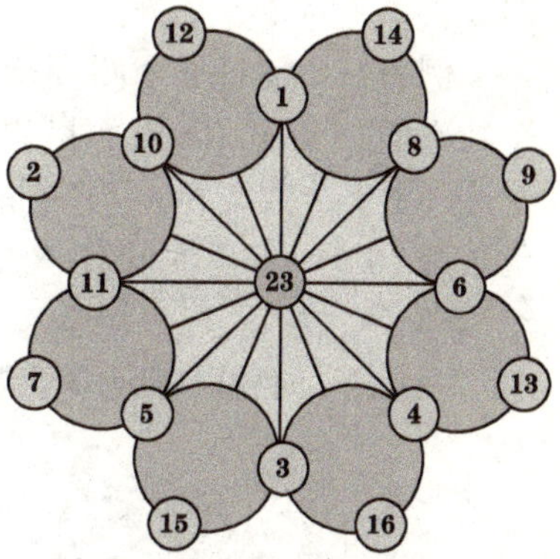

将 8 换作 9，可以填出 2 种答案：

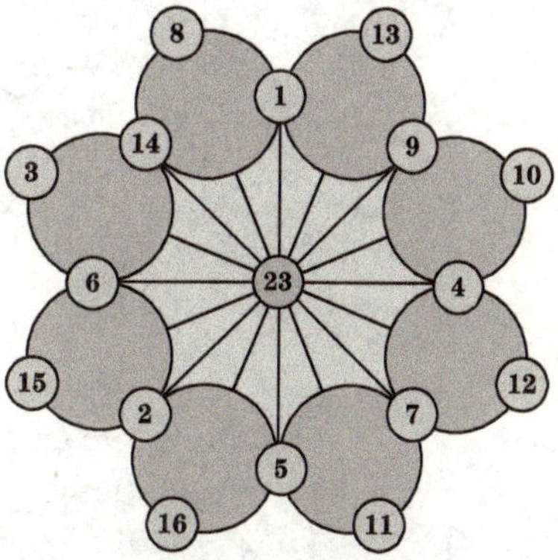

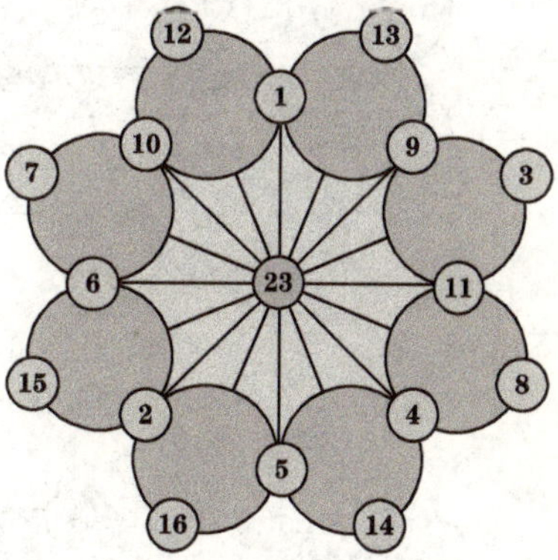

至此，我们找到了和为 23 的所有不重复的基本答案共 19 种。如果说将它们旋转、对称、镜像，还会有其他的变式，但都是由这些答案转化而来的。

对于这样的题目，相信你已经不陌生了吧。

241.《每环为 24》答案

例如，1 与下一个圆环交接的那个数不能小于 7，因为如果想凑成这个圆环上三个数之和为 24 的话，最大的数是 16，小于 7 就没有办法凑成这个圆环了，故该环可以填 7。

下面的 17 种答案都是符合要求的。

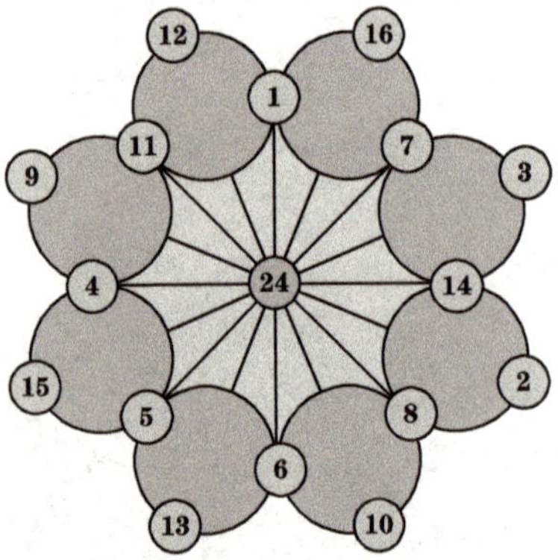

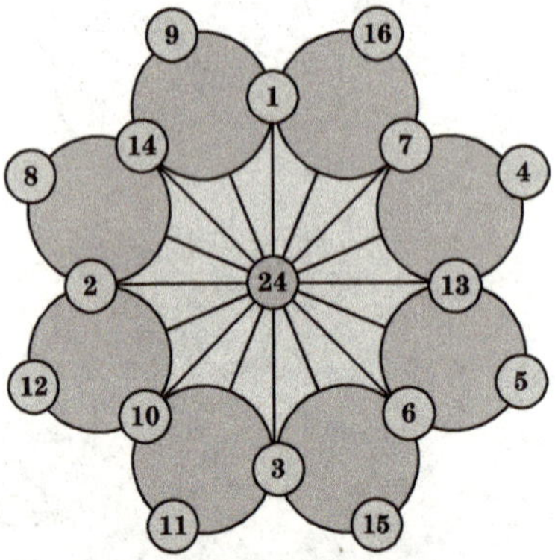

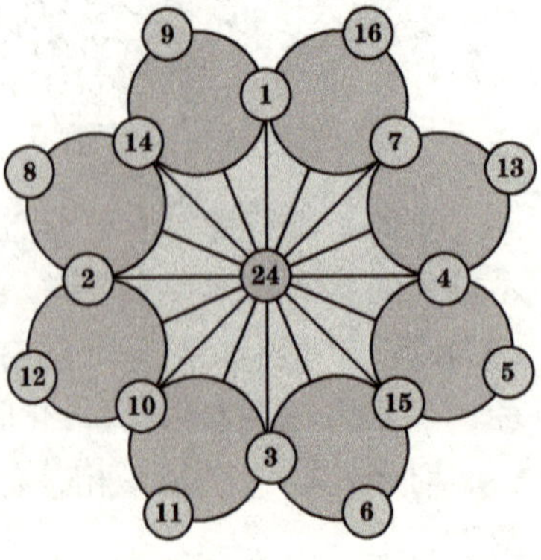

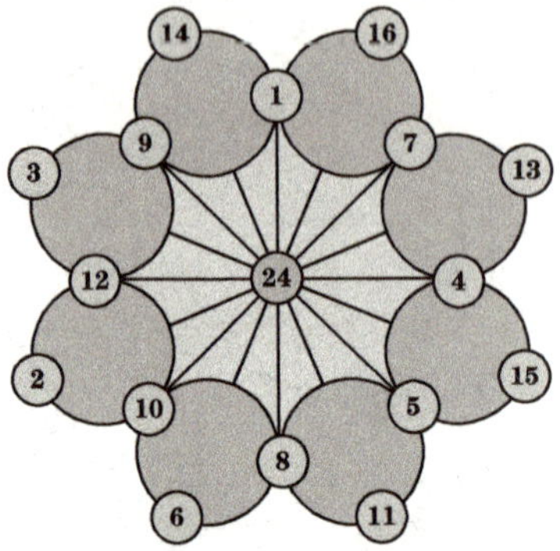

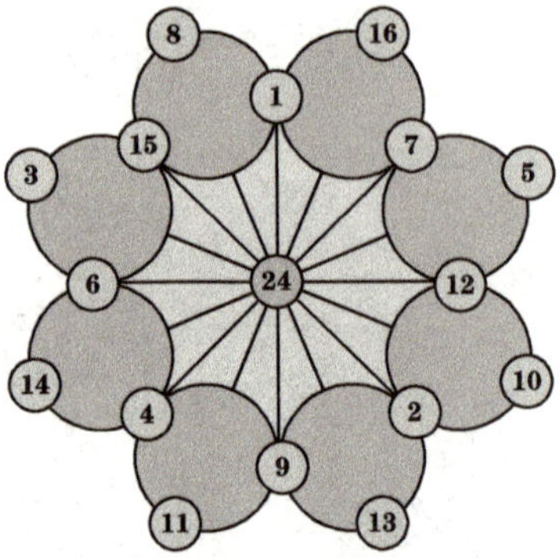

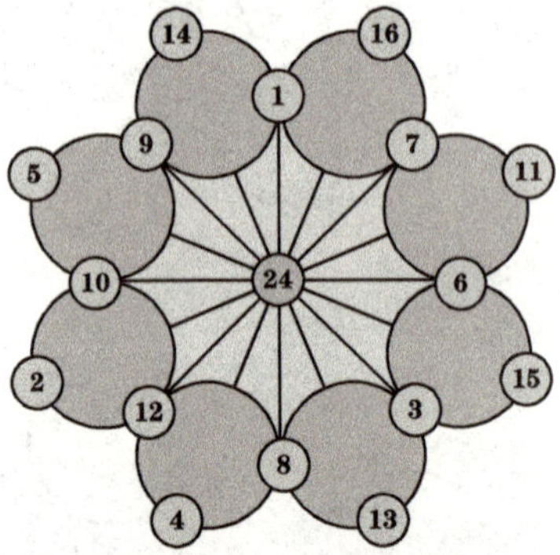

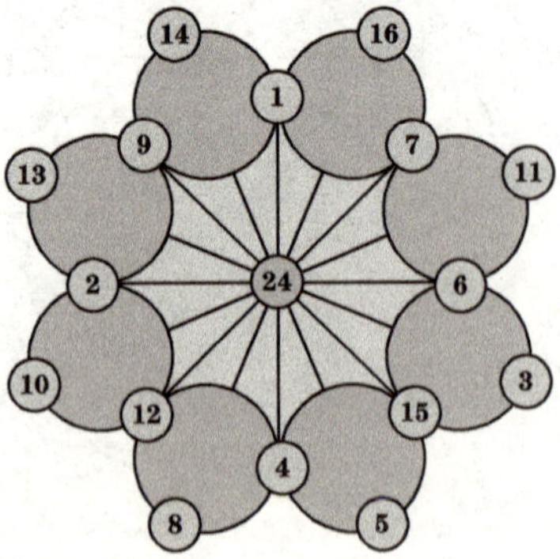

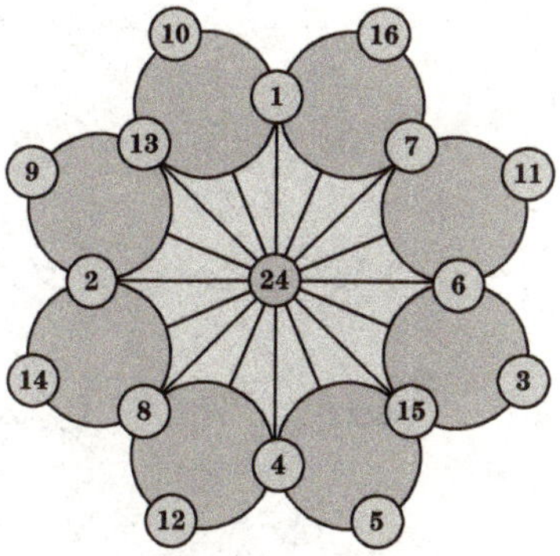
10 16
1
13 7
9 11
2 24 6
14 3
8 15
4
12 5

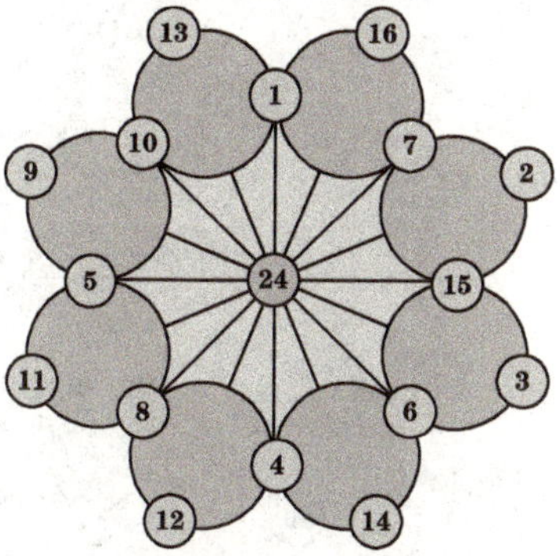
13 16
1
10 7
9 2
5 24 15
11 3
8 6
4
12 14

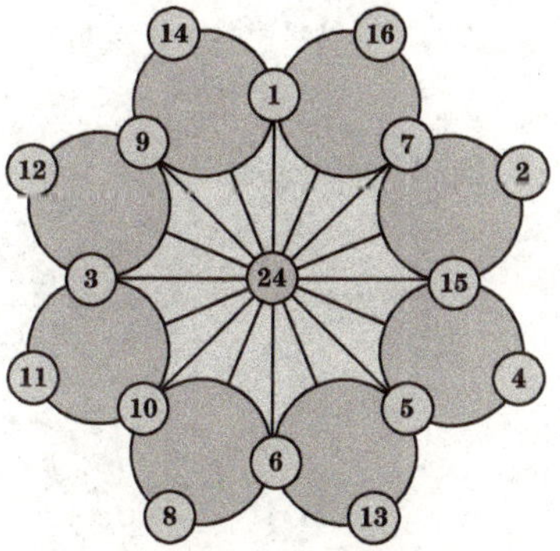
14 16
1
9 7
12 2
3 24 15
11 4
10 5
6
8 13

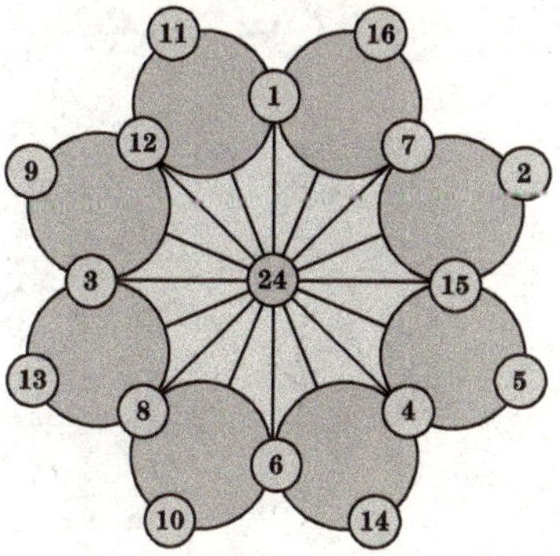
11 16
1
12 7
9 2
3 24 15
13 5
8 4
6
10 14

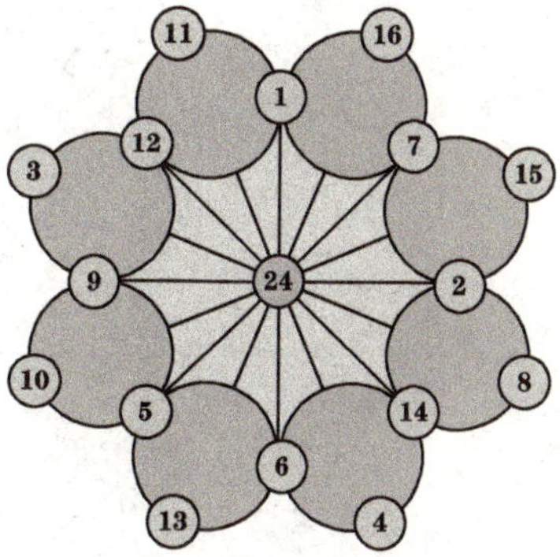
11 16
1
12 7
3 15
9 24 2
10 8
5 14
6
13 4

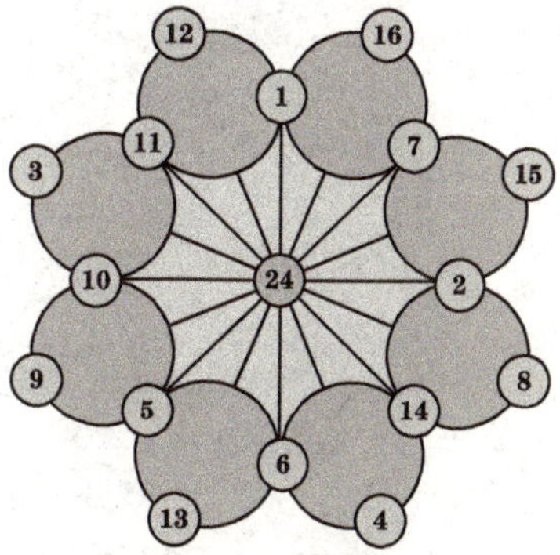
12 16
1
11 7
3 15
10 24 2
9 8
5 14
6
13 4

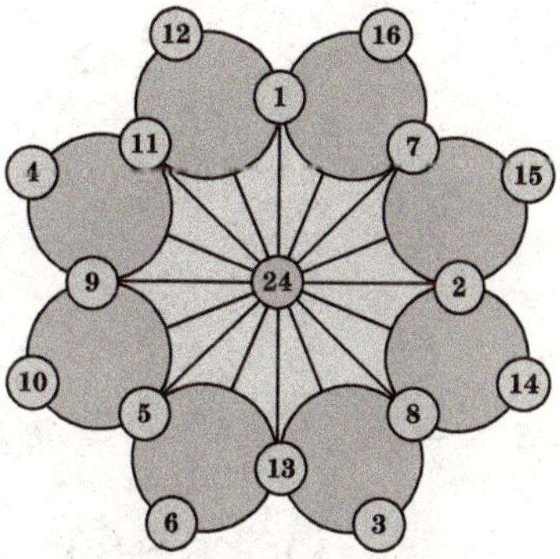
12 16
1
11 7
4 15
9 24 2
10 14
5 8
13
6 3

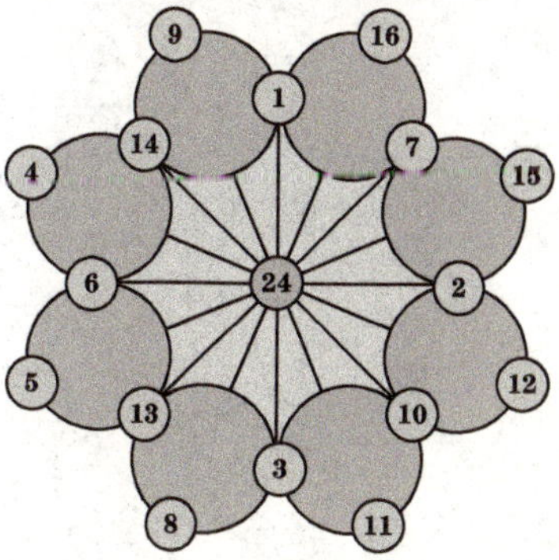
9 16
1
14 7
4 15
6 24 2
5 12
13 10
3
8 11

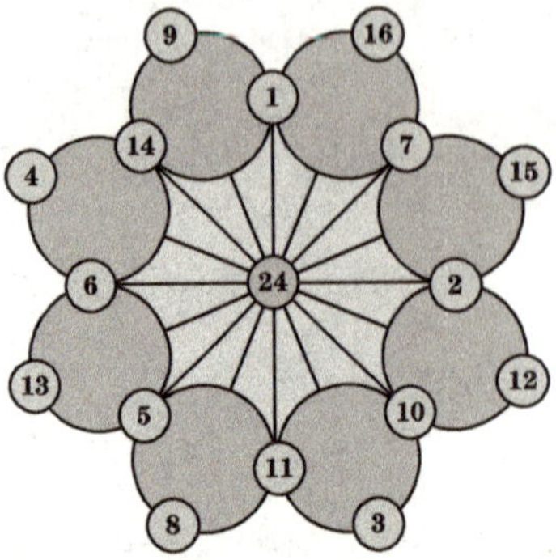

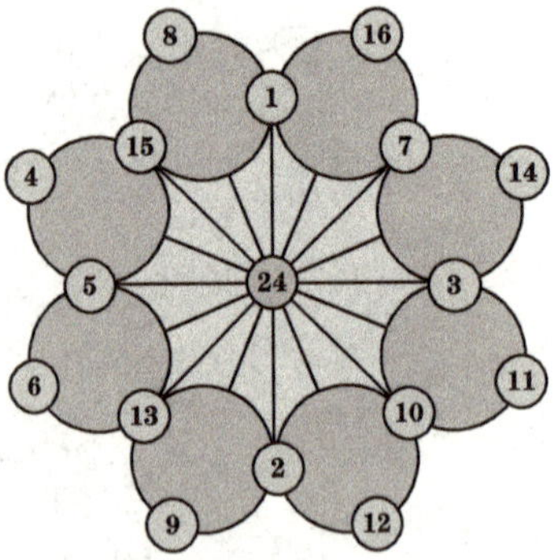

将7换作8，可以填出如下答案：

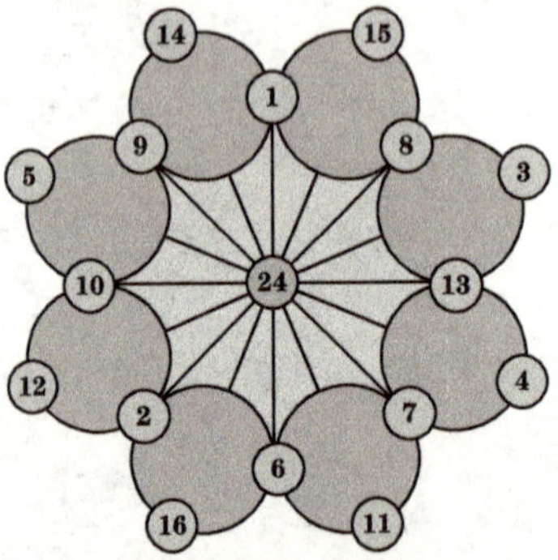

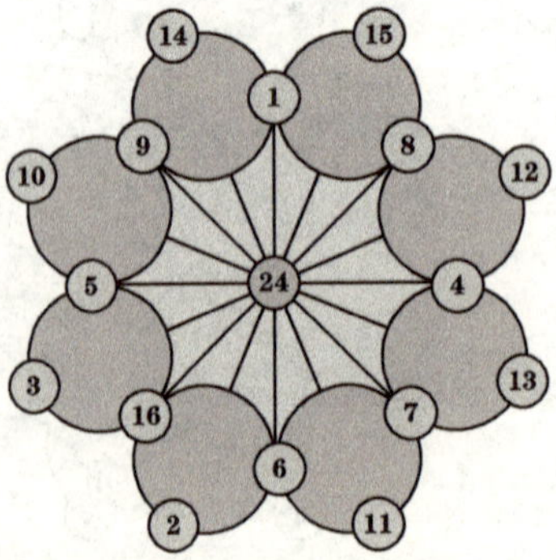

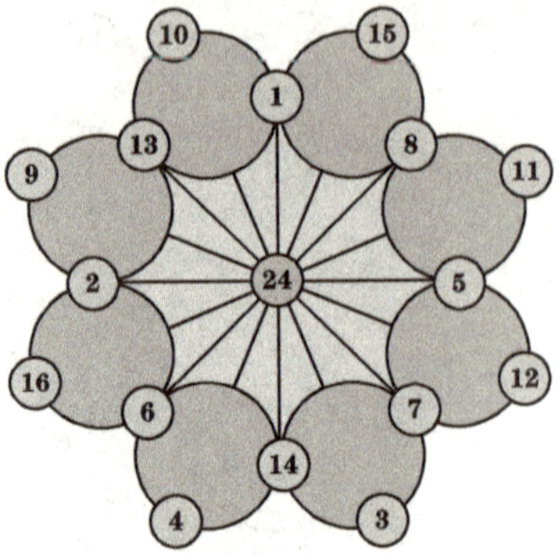

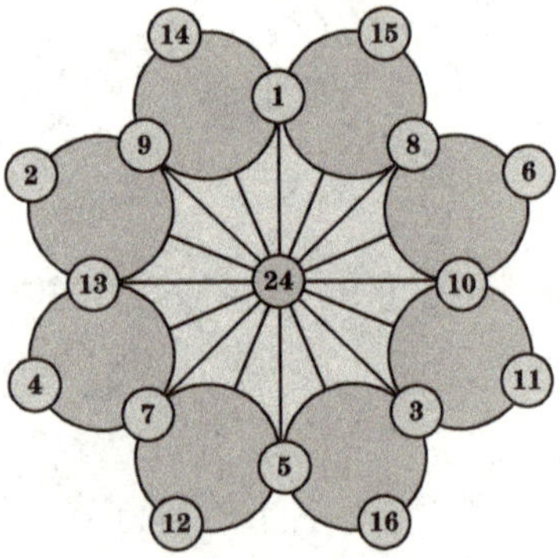

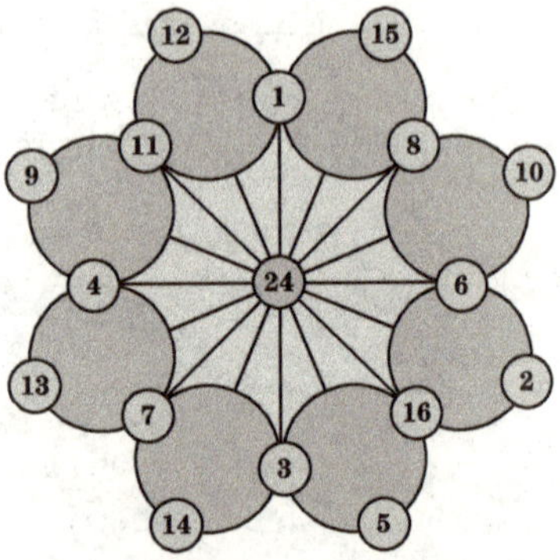

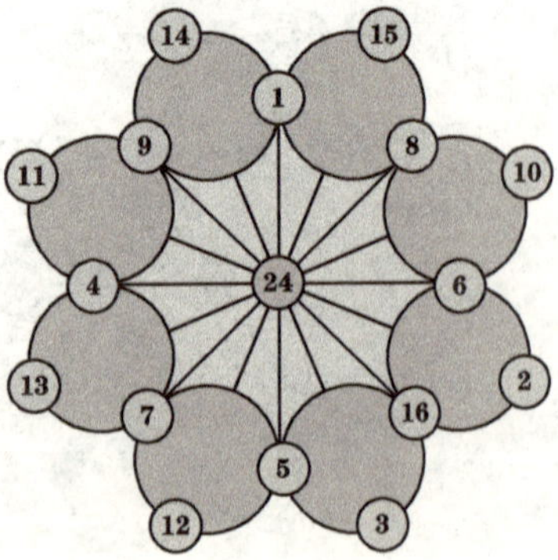

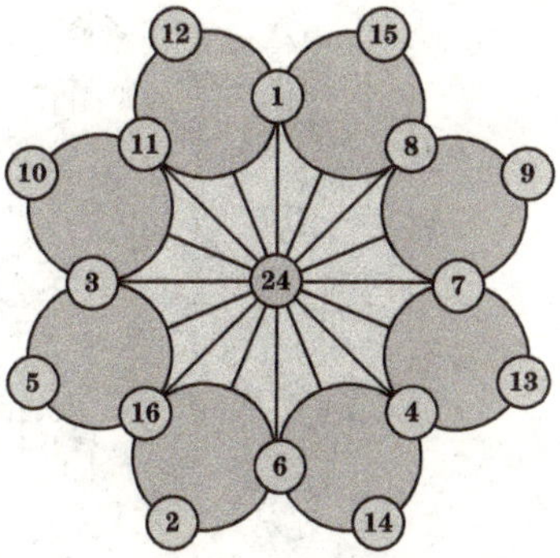

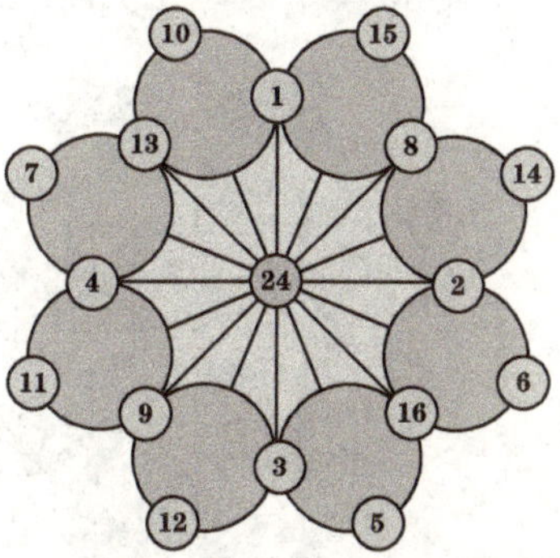

将 8 换作 9，可以填出 7 种答案：

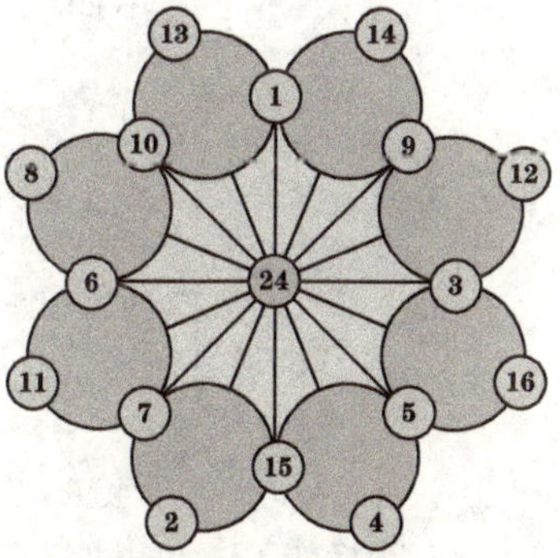

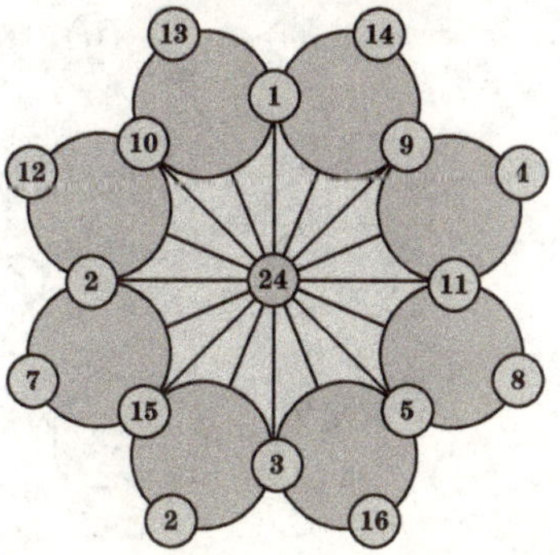

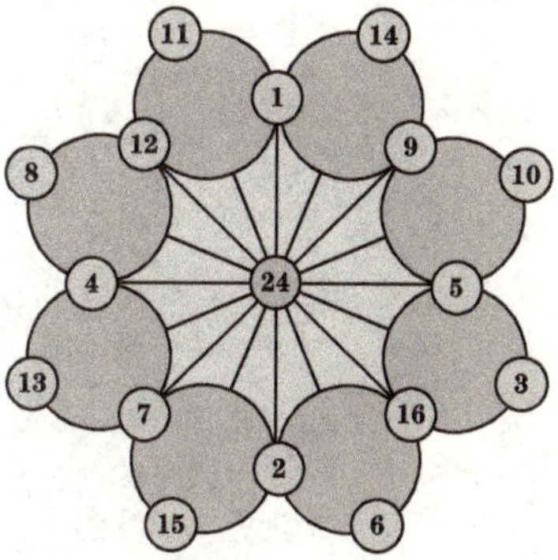

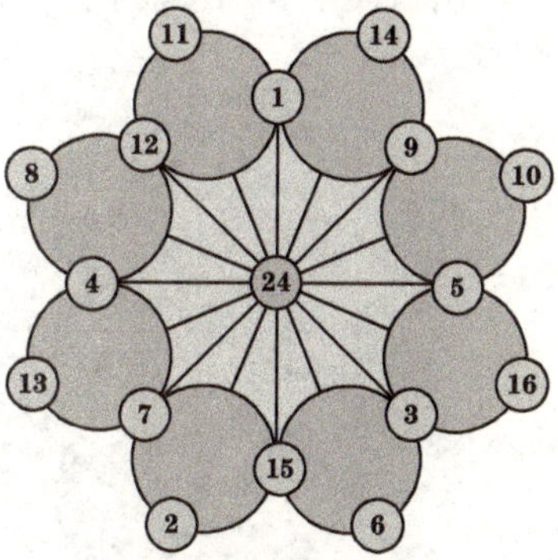

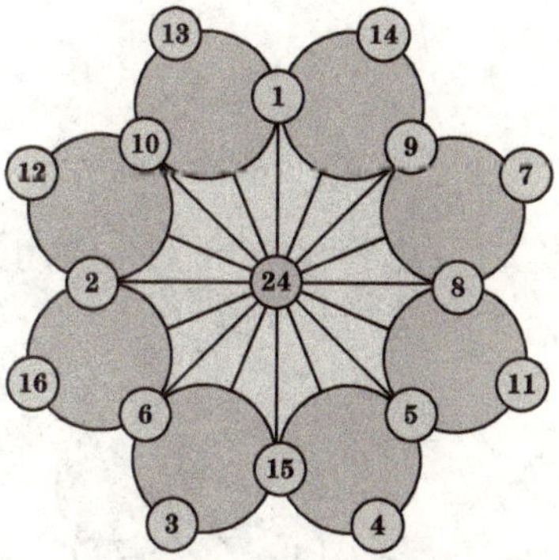

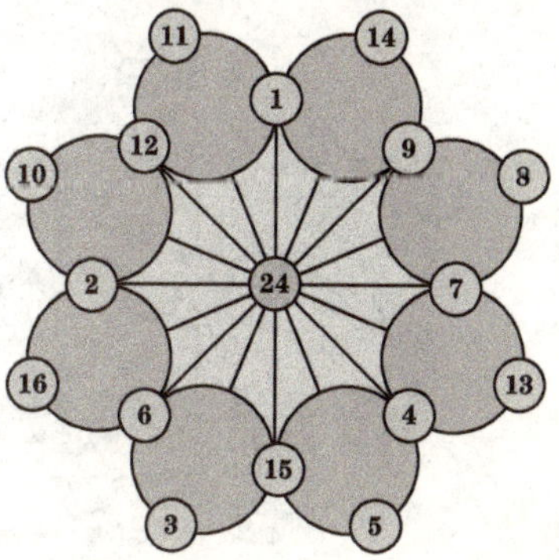

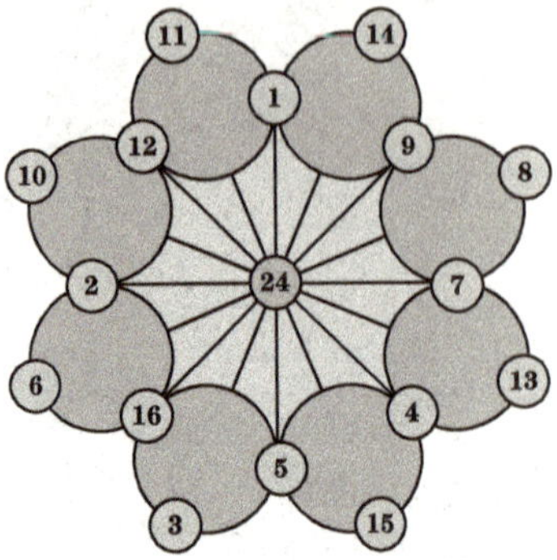

将 9 换作 10，可以填出 4 种答案：

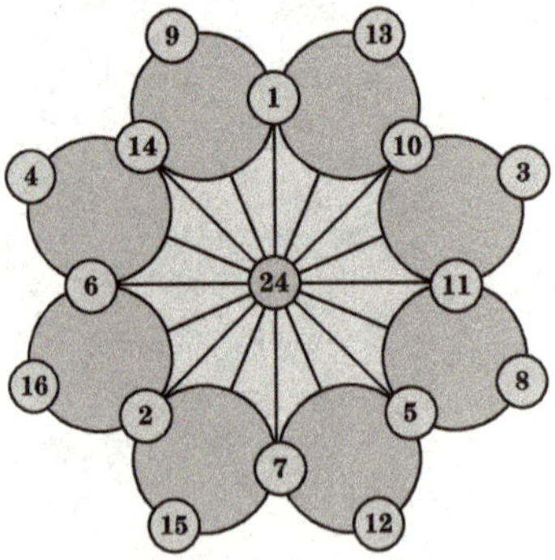

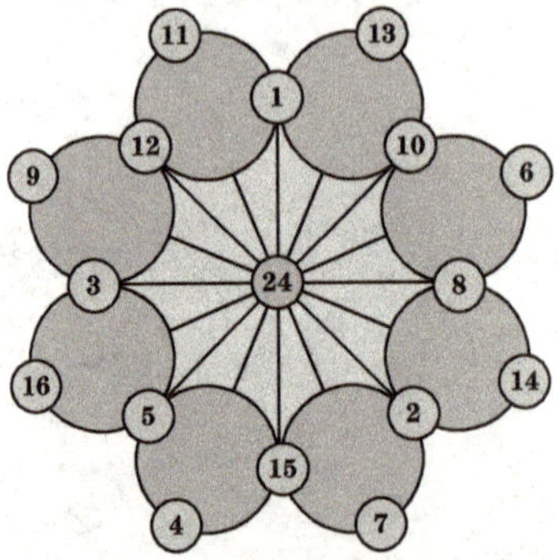

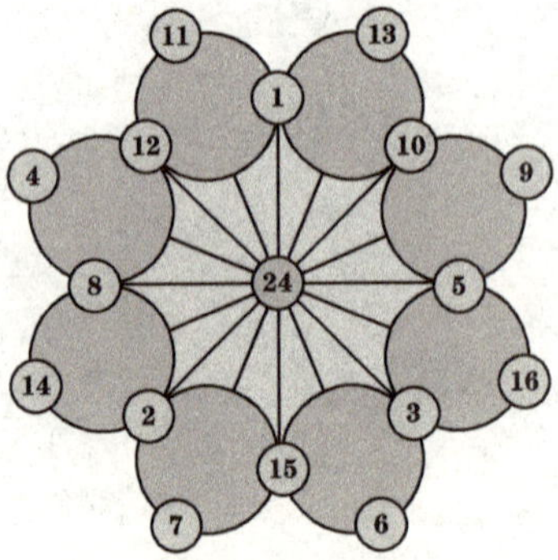

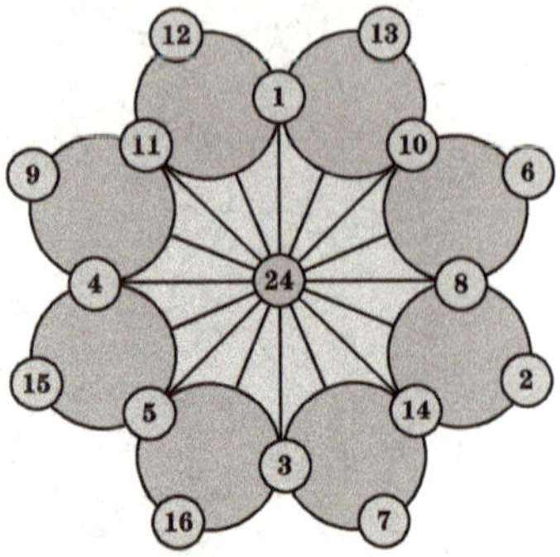

将 10 换作 11，可以填出 2 种答案：

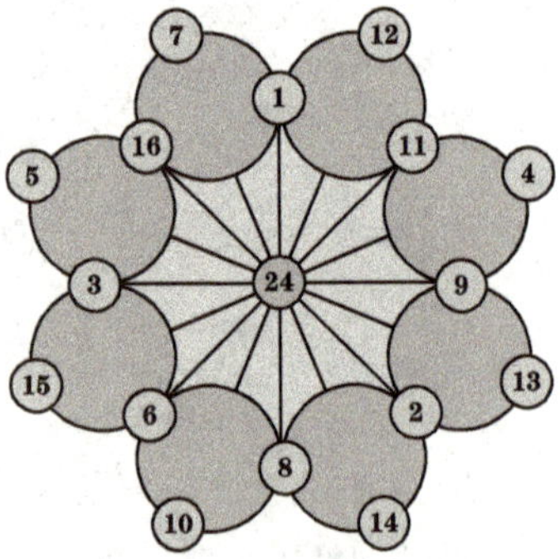

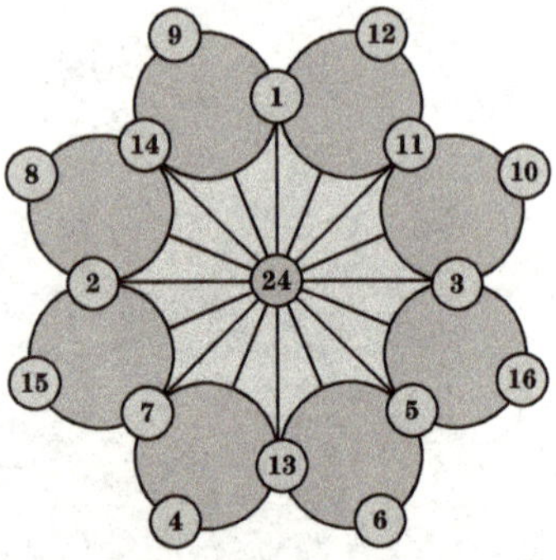

将 11 换作 12，可以填出 1 种答案：

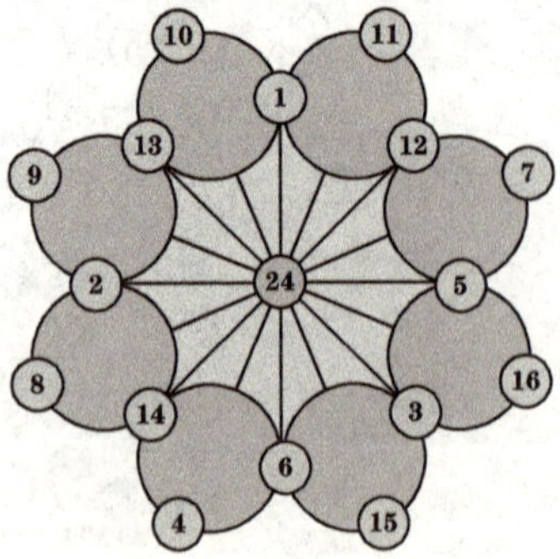

将 12 换作 13，可以填出 1 种答案：

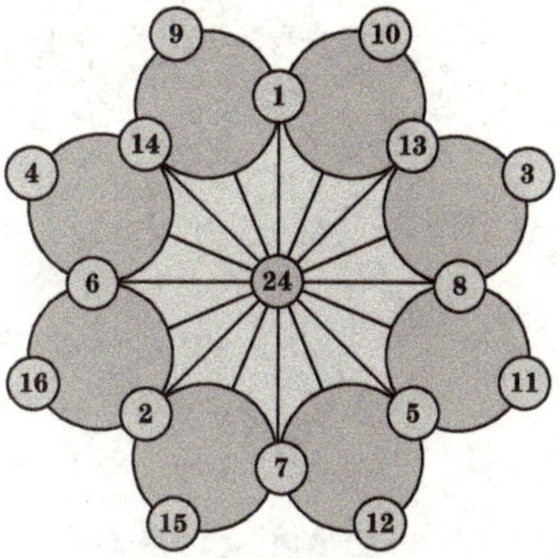

将 13 换作 14，可以填出 2 种答案：

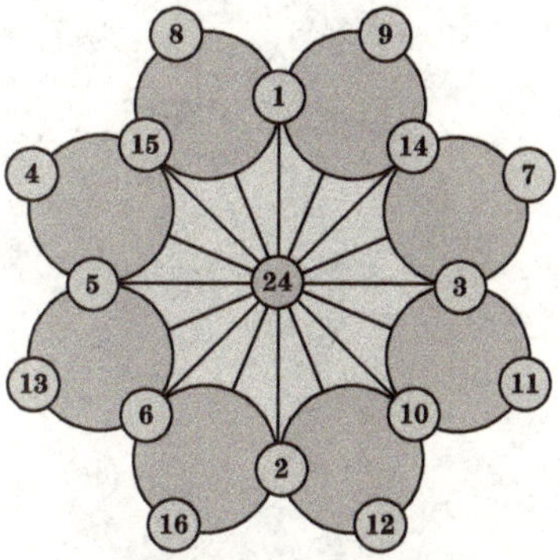

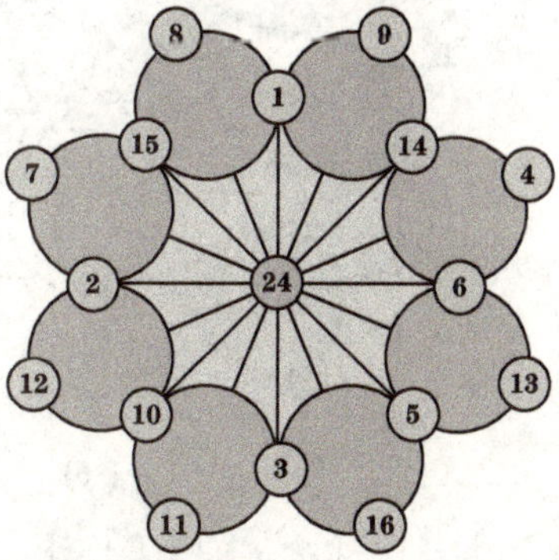

至此，我们找到了固定 1 后和为 24 的所有不重复的基本答案共 42 种。如果说将它们旋转、对称、镜像，还会有其他的变式，但都是由这些个答案转化而来的。

对于这样的题目，相信你已经不陌生了吧。

又如，2 与下一个圆环交接的那个数不能小于 6，因为如果想凑成这个圆环上三个数之和为 24 的话，最大的数是 16，小于 6 就没有办法凑成这个圆环了，故该环可以填 6。

下面的 11 种答案都是符合要求的。

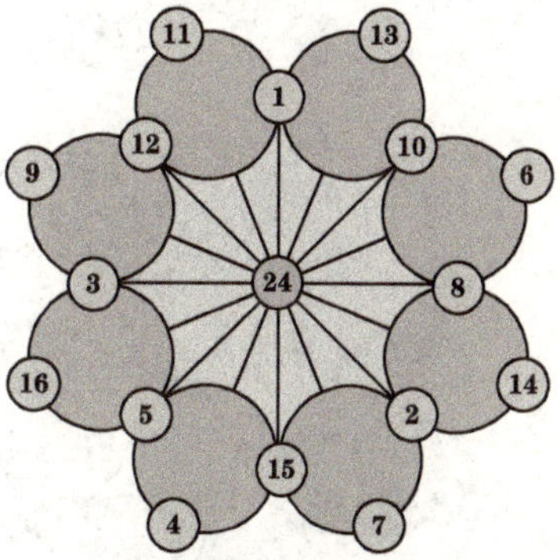

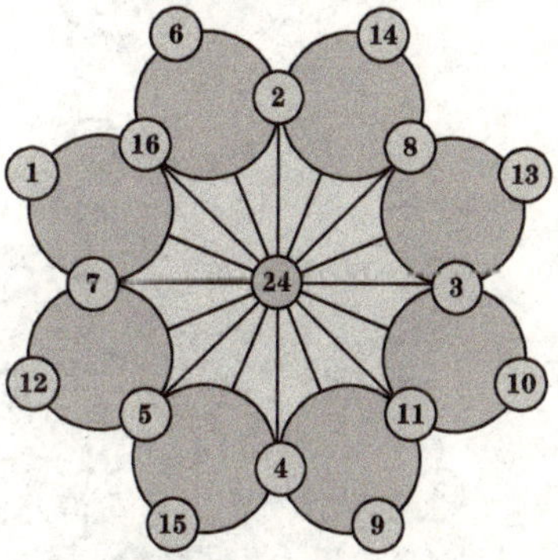

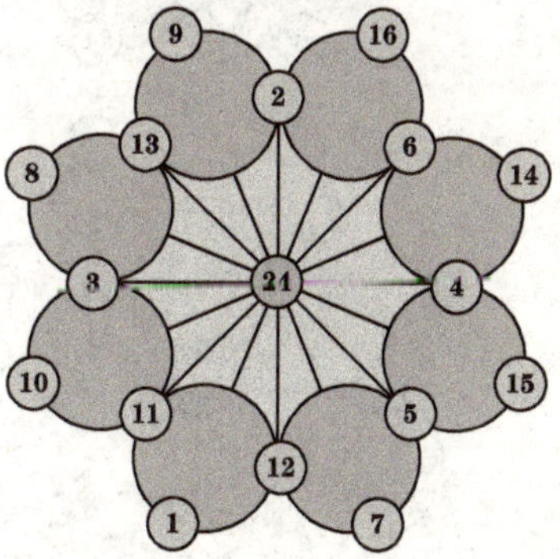

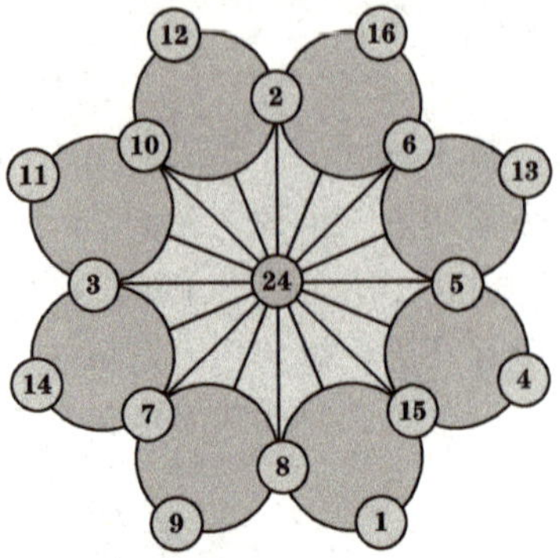
12
16
2
10
6
11
13
3
24
5
14
4
7
15
8
9
1

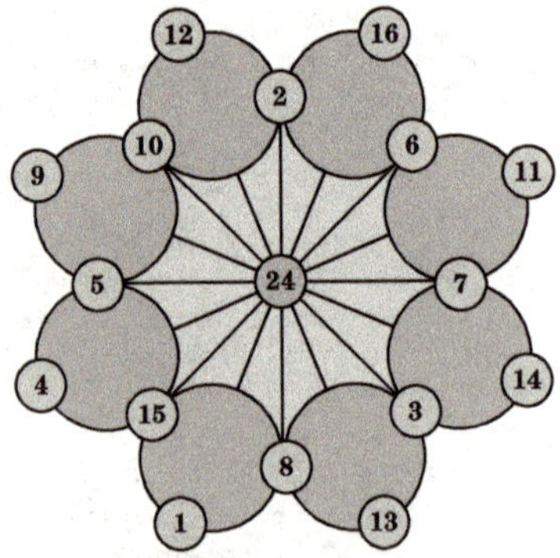
12
16
2
10
6
9
11
5
24
7
4
14
15
3
8
1
13

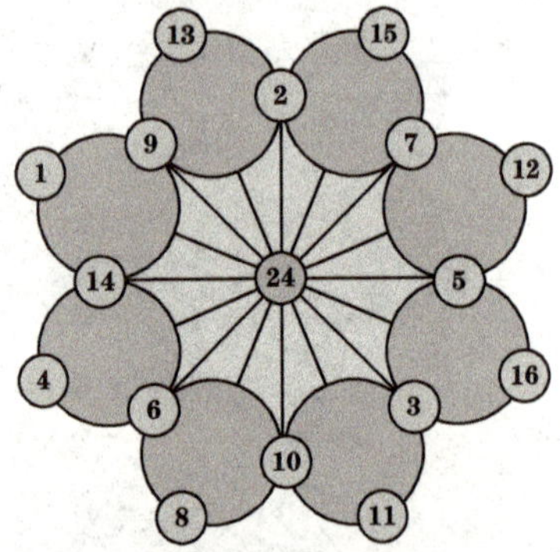
13
15
2
9
7
1
12
14
24
5
4
16
6
3
10
8
11

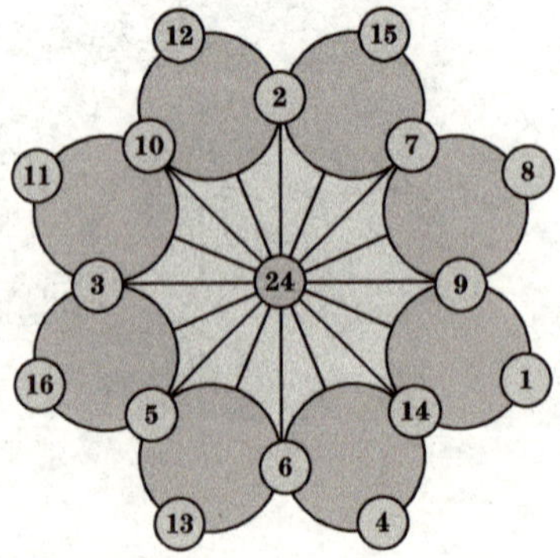
12
15
2
10
7
11
8
3
24
9
16
1
5
14
6
13
4

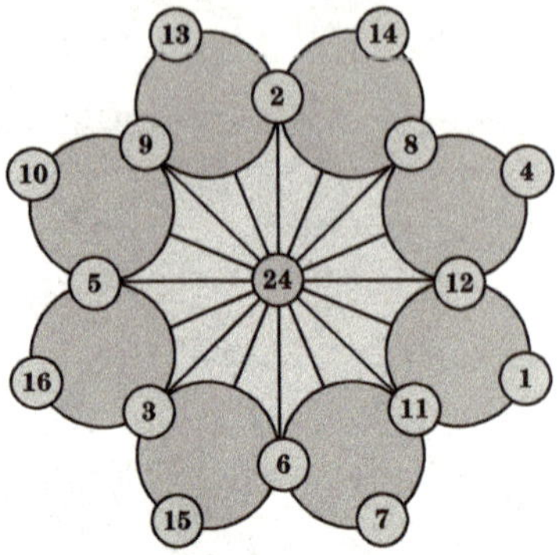
13
14
2
9
8
10
4
5
24
12
16
1
3
11
6
15
7

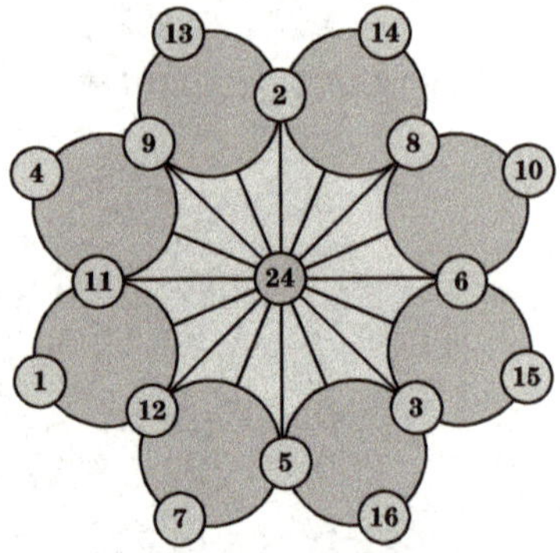
13
14
2
9
8
4
10
11
24
6
1
15
12
3
5
7
16

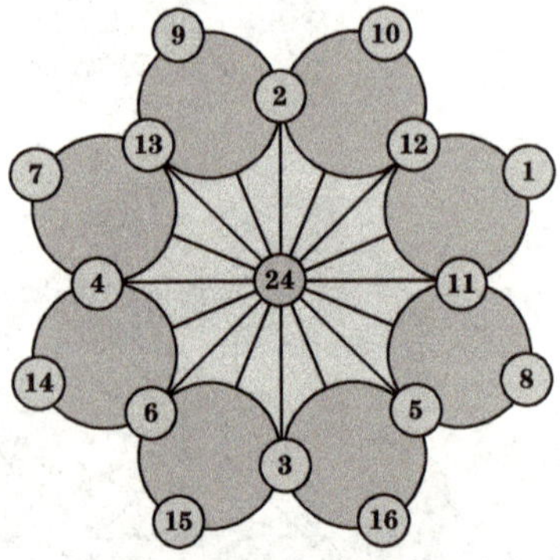
9
10
2
13
12
7
1
4
24
11
14
8
6
5
3
15
16

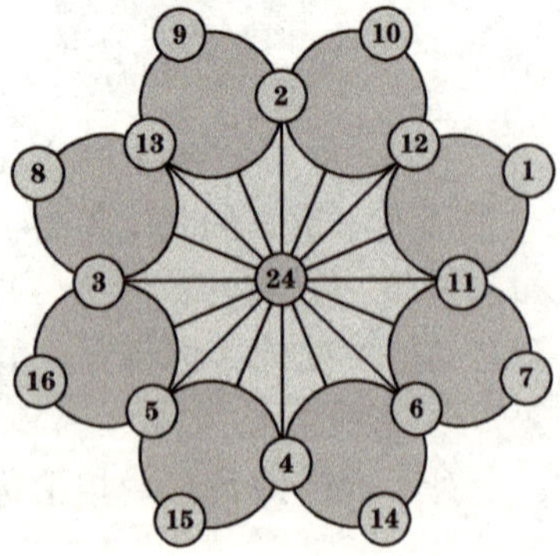
9
10
2
13
12
8
1
3
24
11
16
7
5
6
4
15
14

再如，圆环内填入 3 时可以填出如下答案：

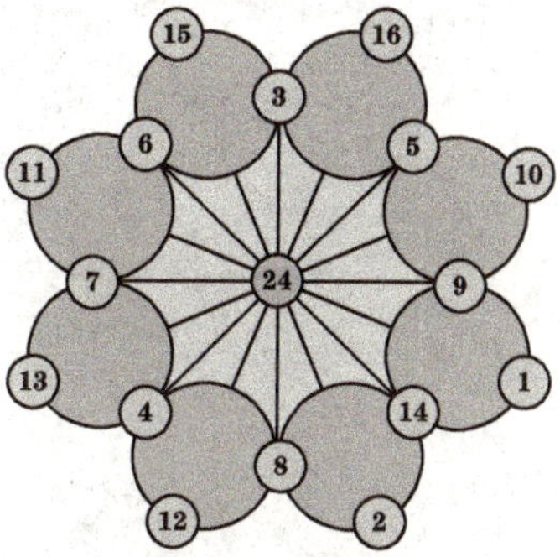

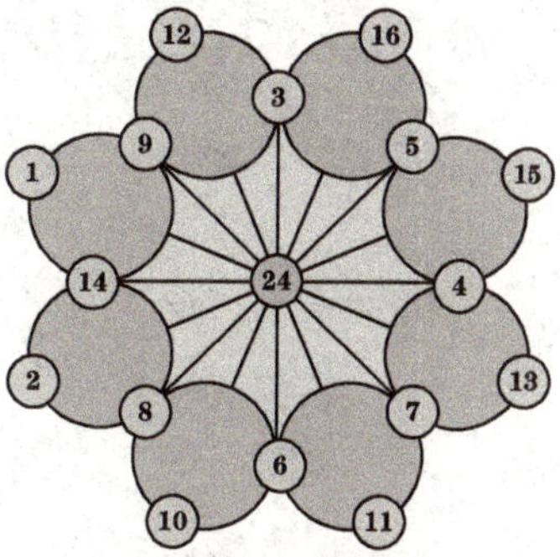

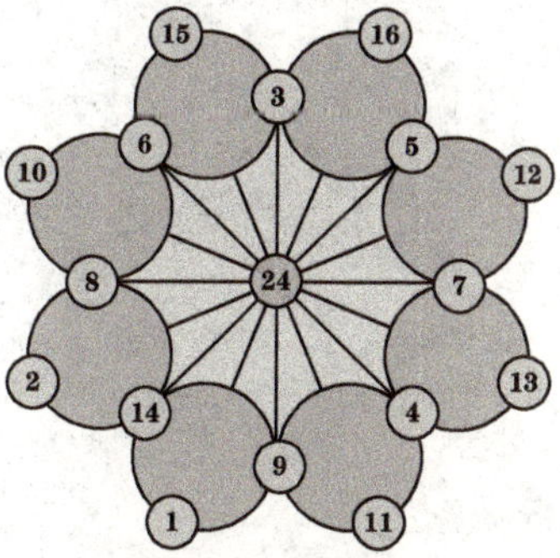

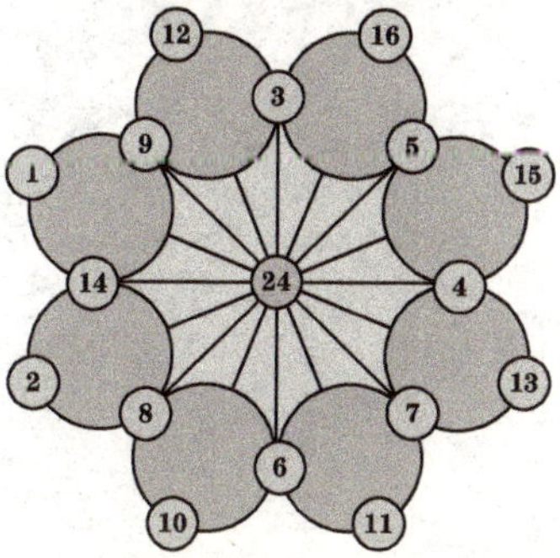

至此，我们又找到了和为 24 的不重复的基本答案共 15 种。如果说将它们旋转、对称、镜像，还会有其他的变式，但都是由这些答案转化而来的。

这样的题目，你认为好玩吗？

242.《每环为 25》答案

例如，1 与下一个圆环交接的那个数不能小于 8，因为如果想凑成这个圆环上三个数之和为 25 的话，最大的数是 16，小于 8 就没有办法凑成这个圆环了，故该环可以填 8。

下面的 10 种答案都是符合要求的。

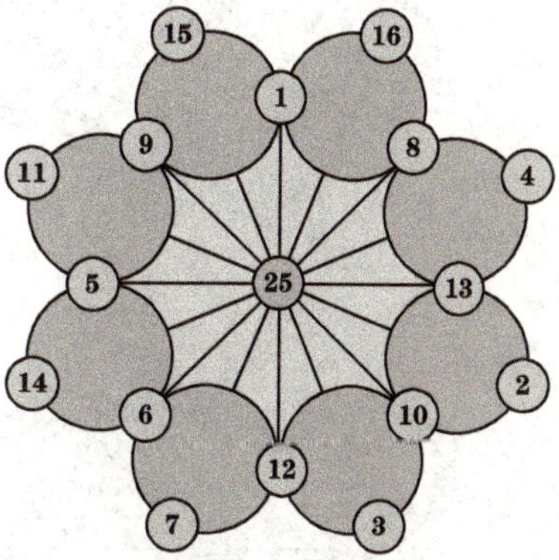

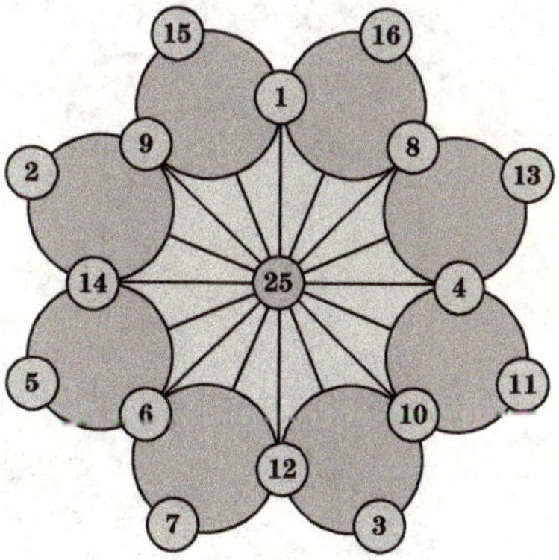

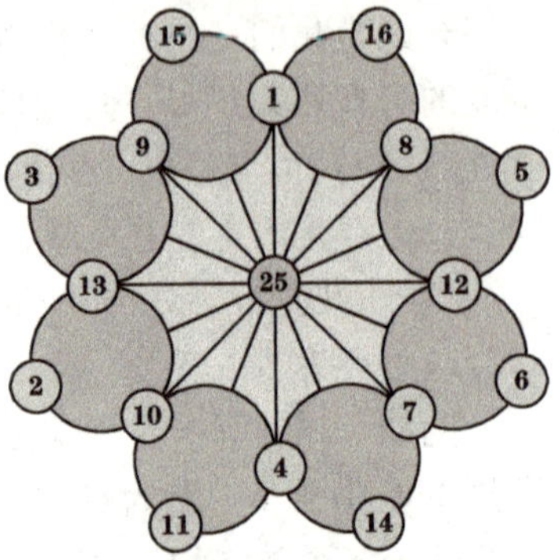
15 16
1
3 9 8 5
13 25 12
2 10 7 6
4
11 14

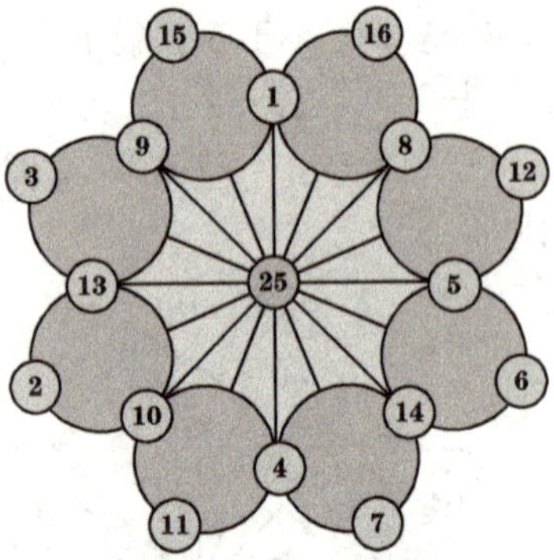
15 16
1
3 9 8 12
13 25 5
2 10 14 6
4
11 7

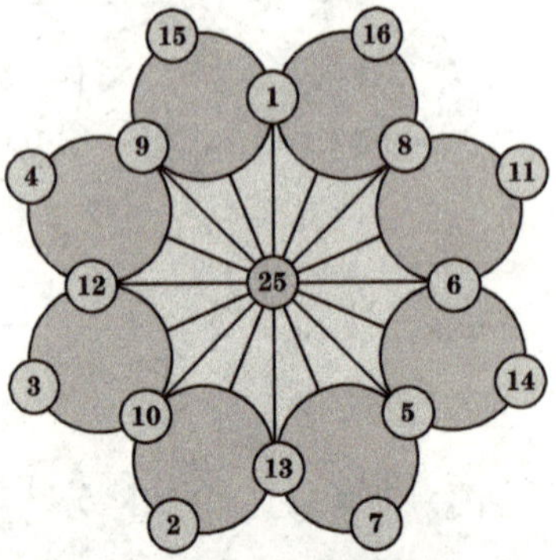
15 16
1
4 9 8 11
12 25 6
3 10 5 14
13
2 7

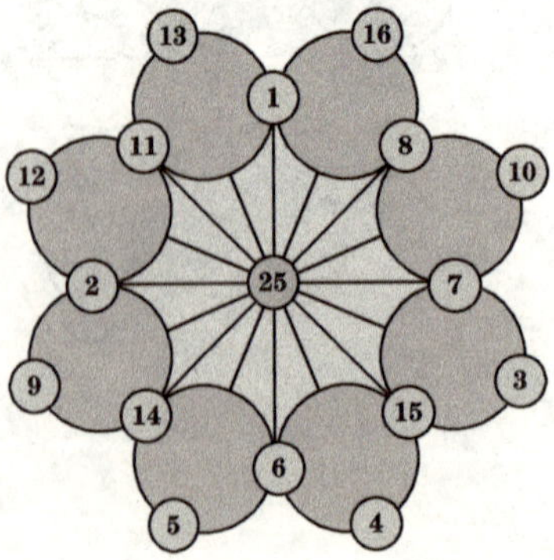
13 16
1
12 11 8 10
2 25 7
9 14 15 3
6
5 4

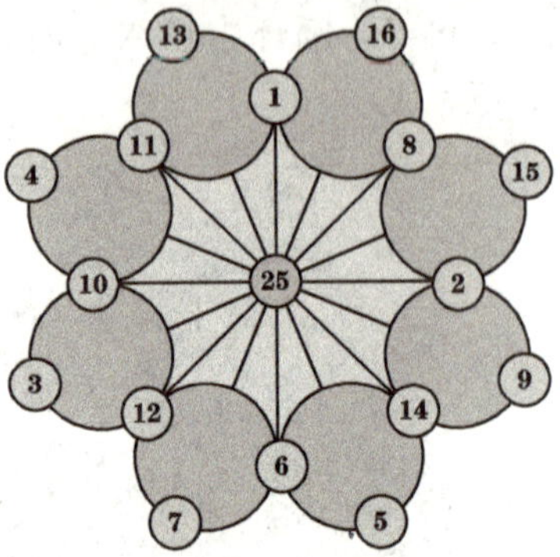
13 16
1
4 11 8 15
10 25 2
3 12 14 9
6
7 5

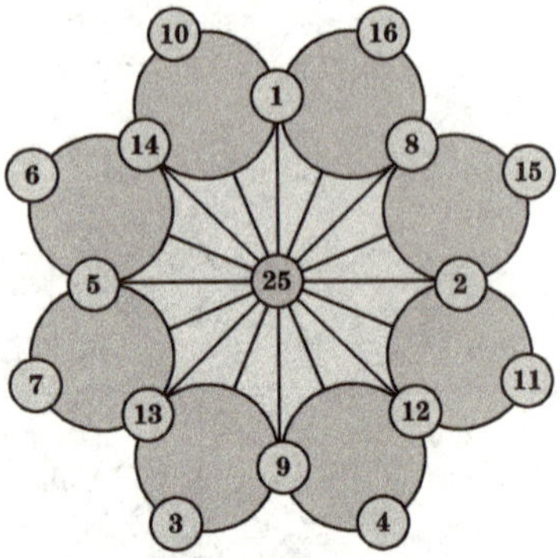
10 16
1
6 14 8 15
5 25 2
7 13 12 11
9
3 4

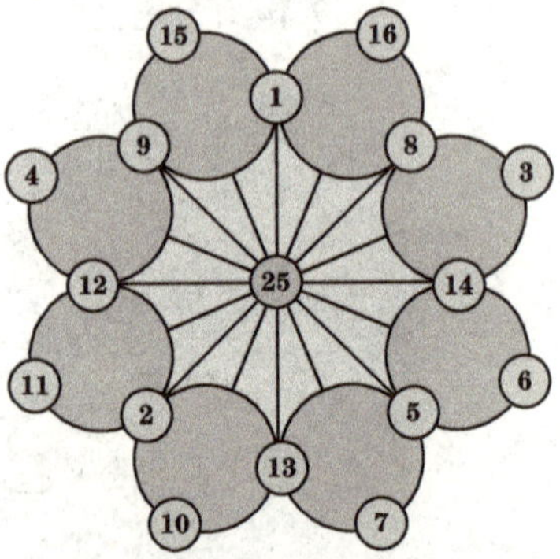
15 16
1
4 9 8 3
12 25 14
11 2 5 6
13
10 7

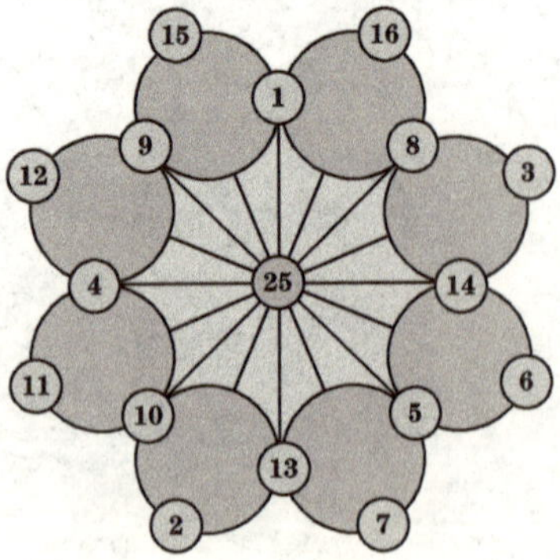
15 16
1
12 9 8 3
4 25 14
11 10 5 6
13
2 7

如果说将 8 换作 9，它也可以填成：

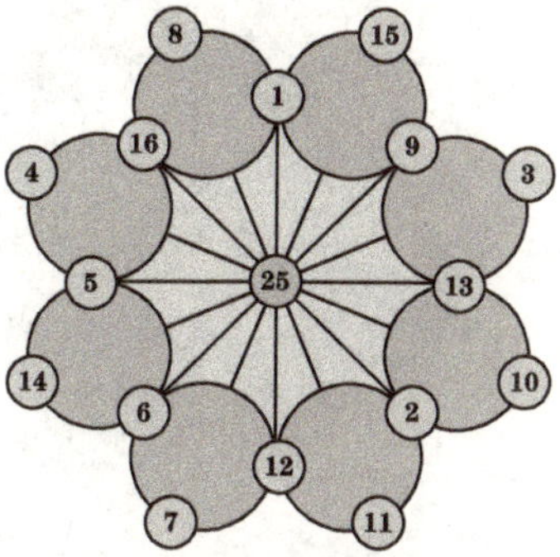

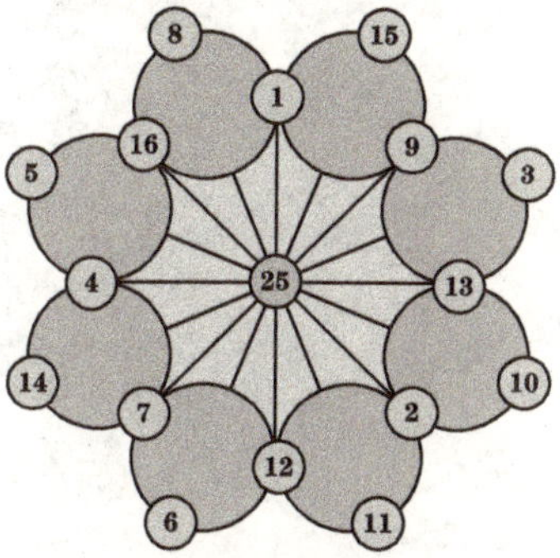

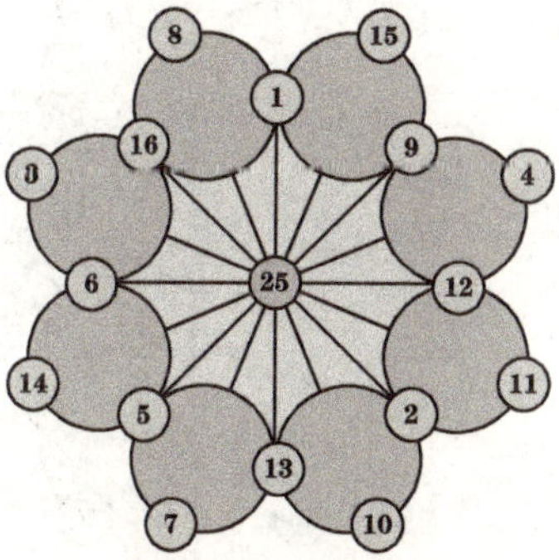

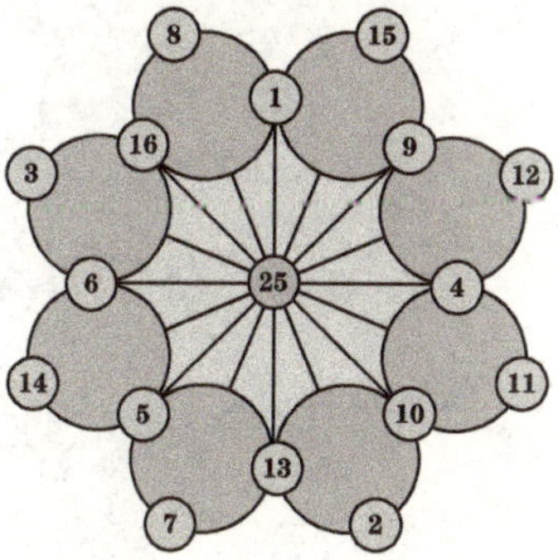

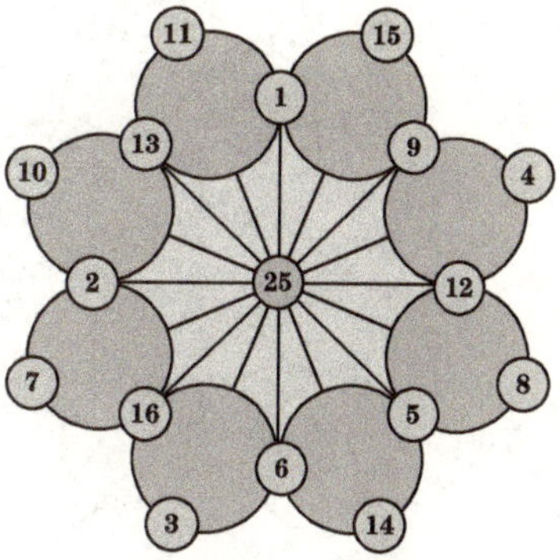

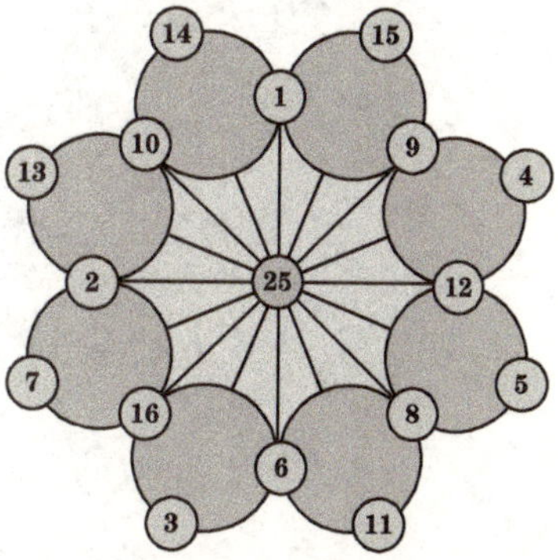

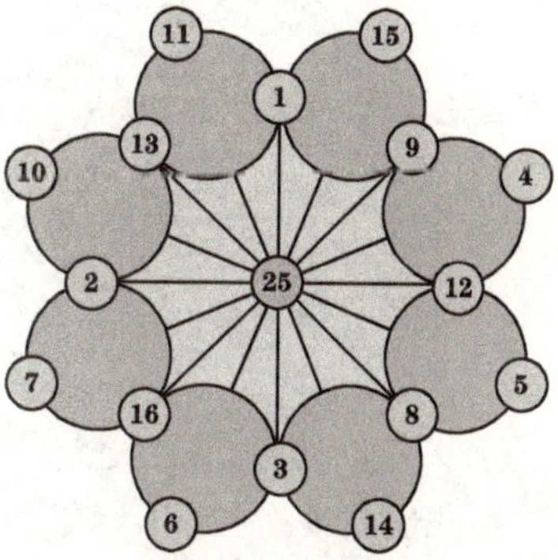

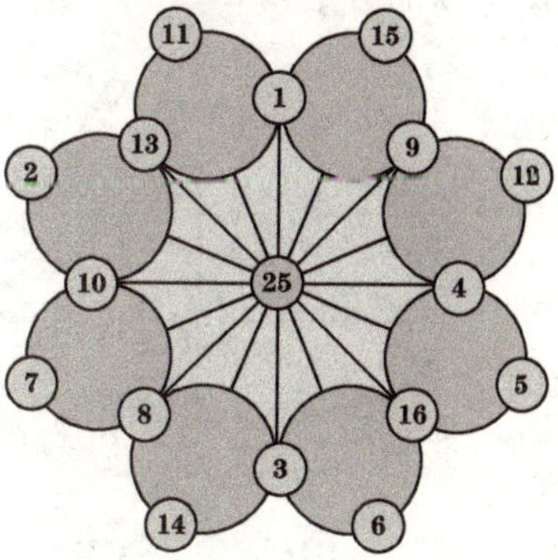

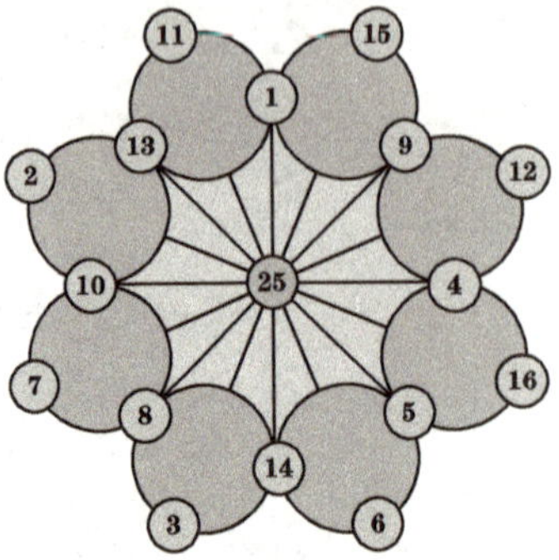

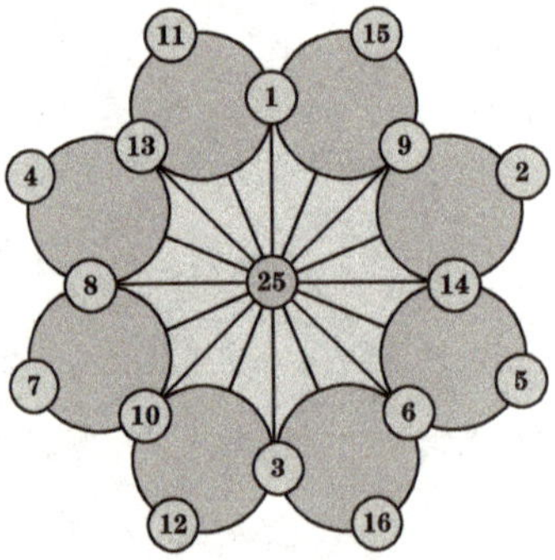

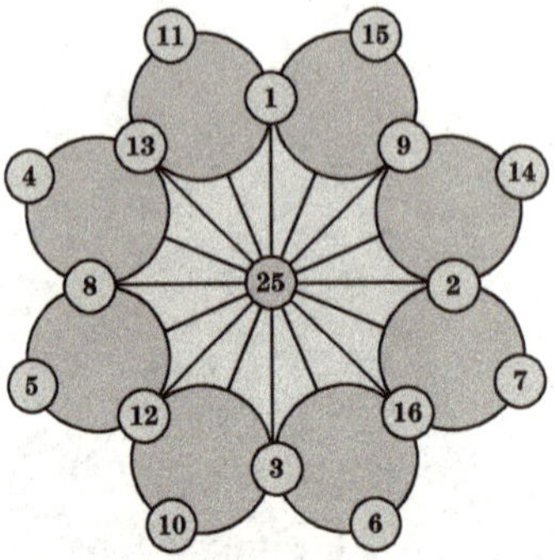

我们将 9 换作 10，试着可以填写出下面的答案：

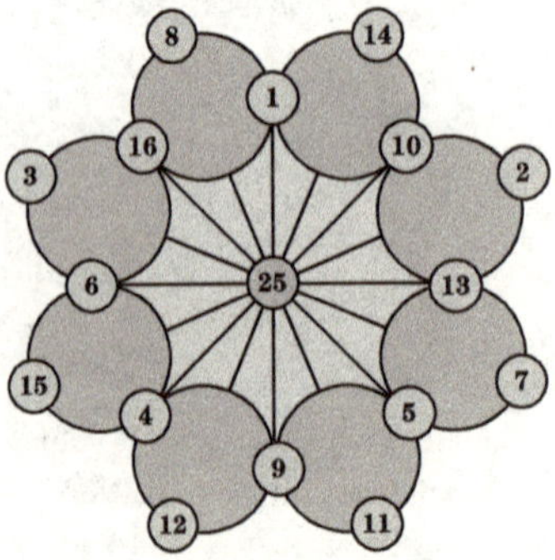

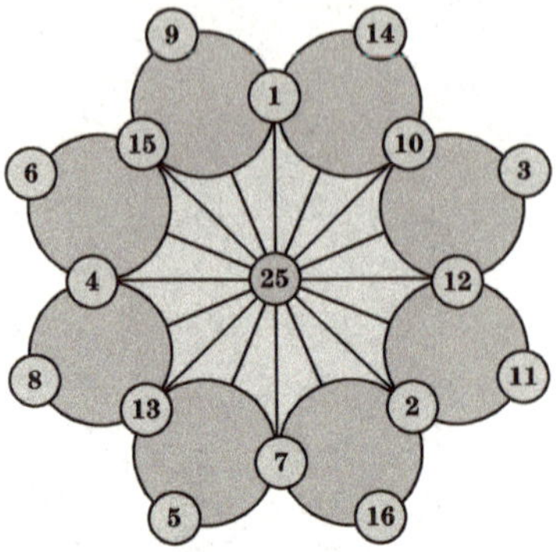

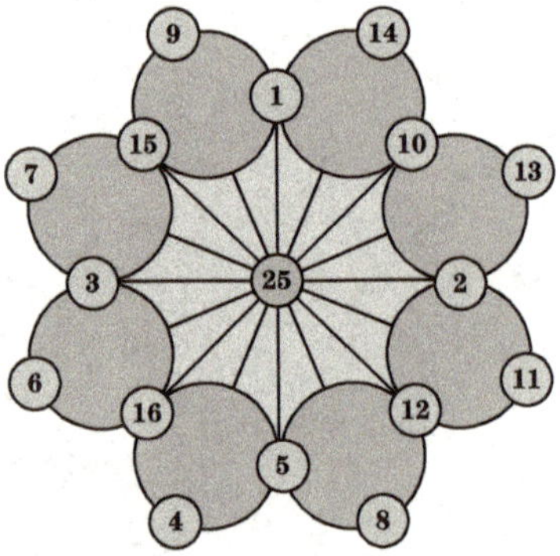

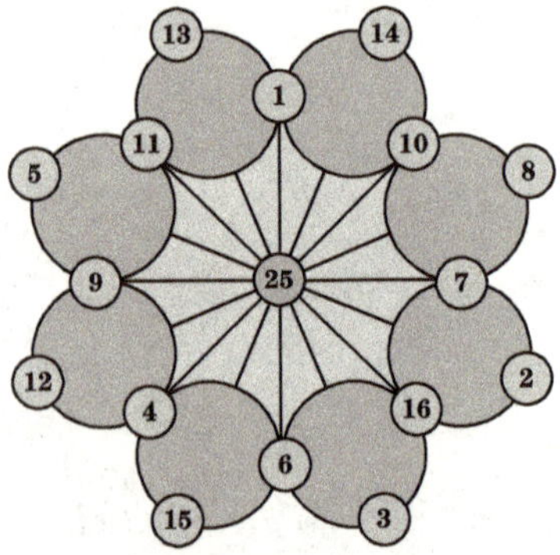

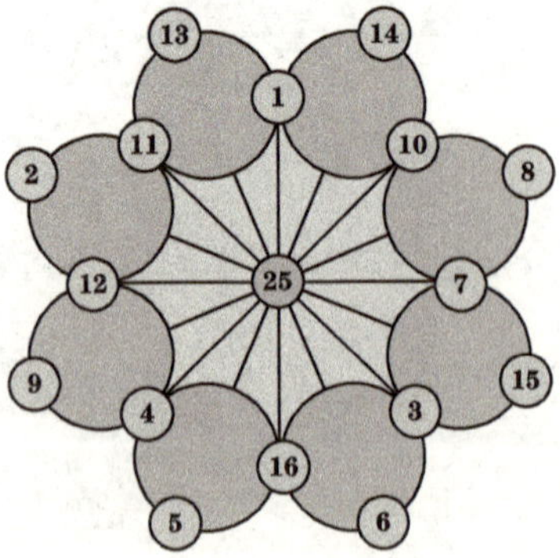

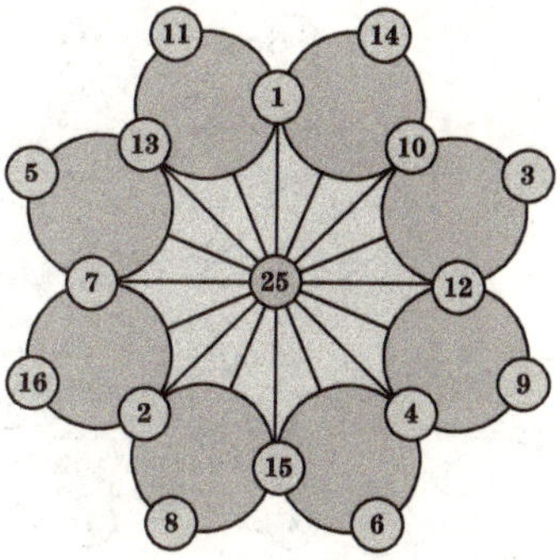

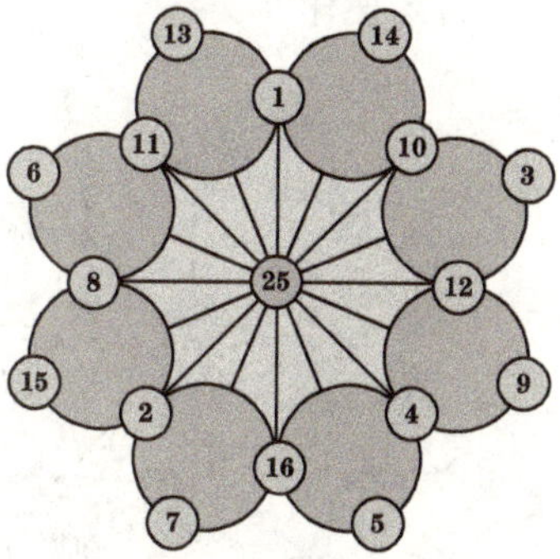

将 10 换作 11，可以找到下面 2 种答案：

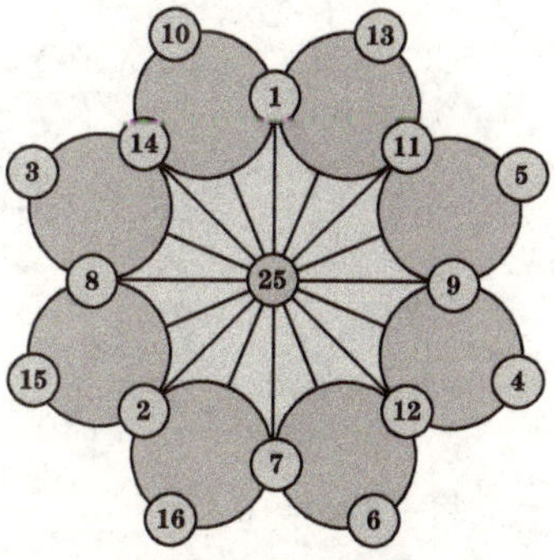

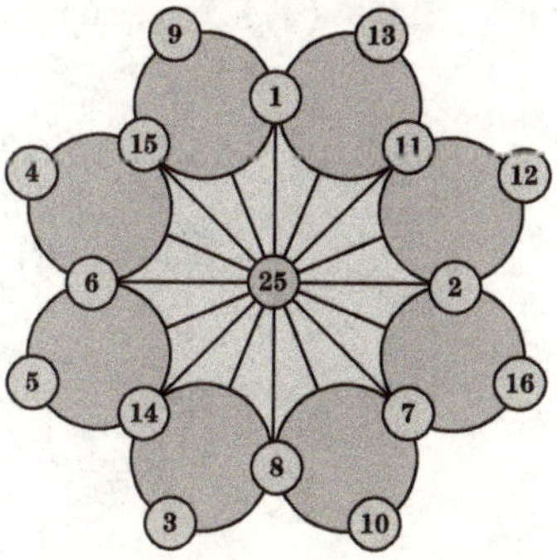

至此，我们找到了固定 1 后和为 25 的所有不重复的基本答案共 30 种。如果说将它们旋转、对称、镜像，还会有其他的变式，但都是由这些答案转化而来的。

我们准备坚持下来，将这道填数进行到底。好玩吗？

固定了 2 的位置后，下面的 3 种答案都是符合要求的。

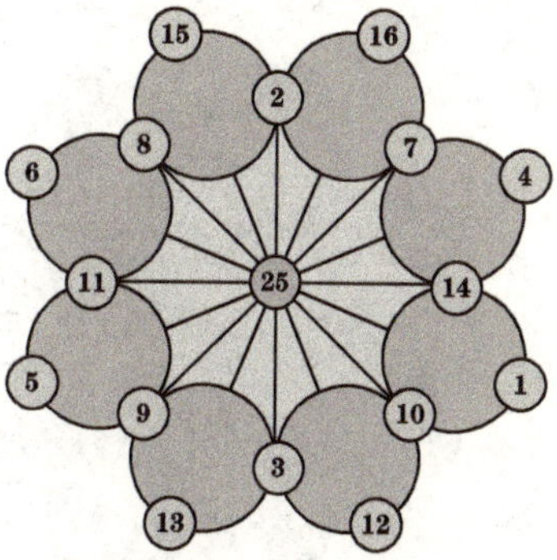

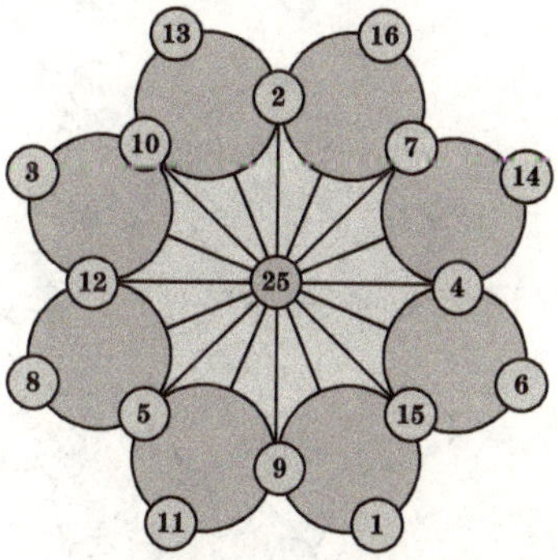

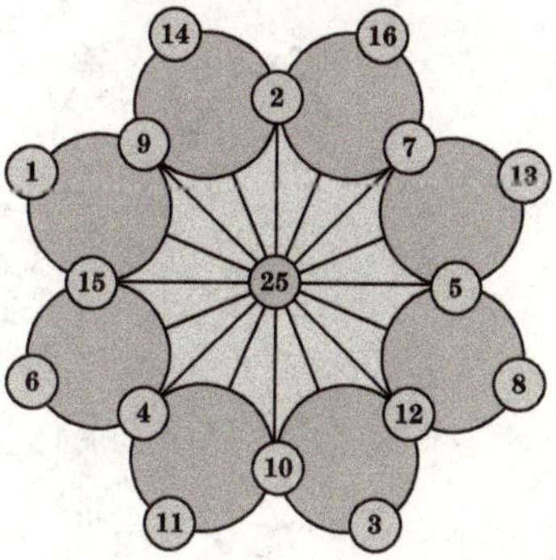

将 7 换作 8：

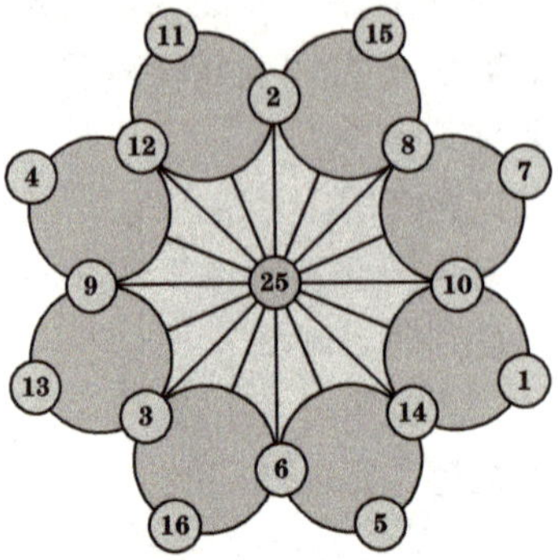

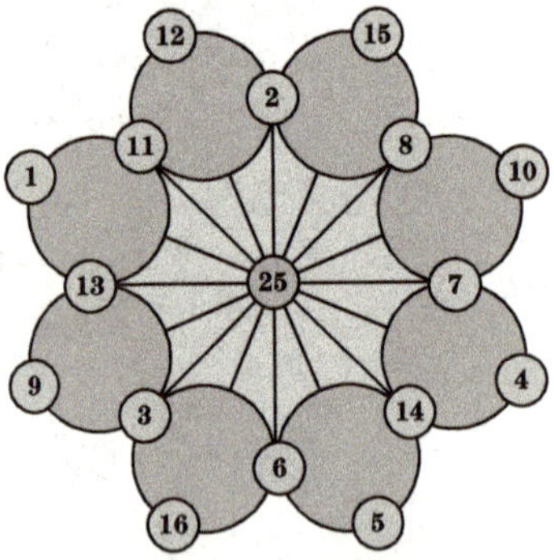

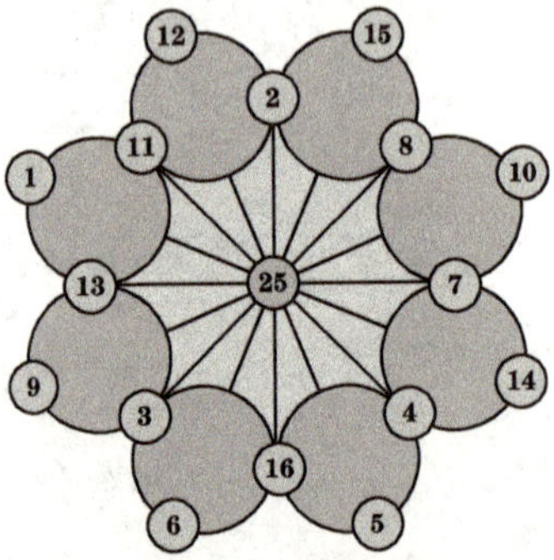

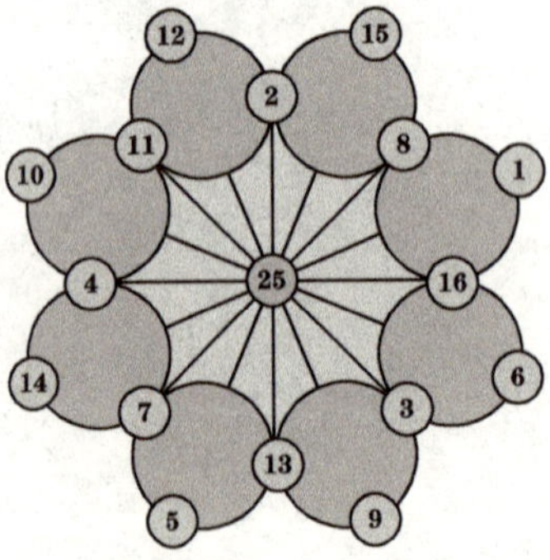

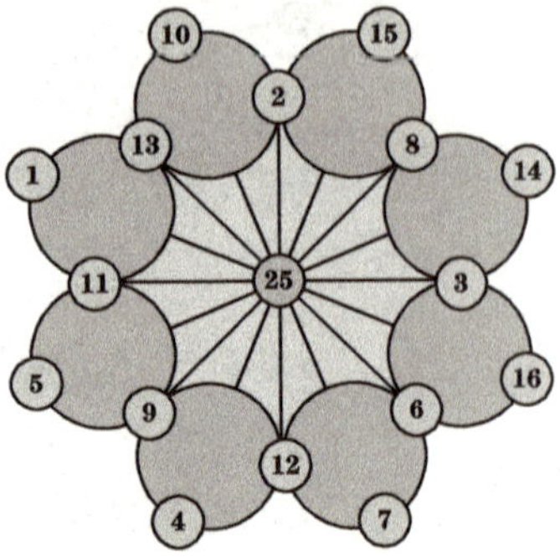

将 8 换作 9：

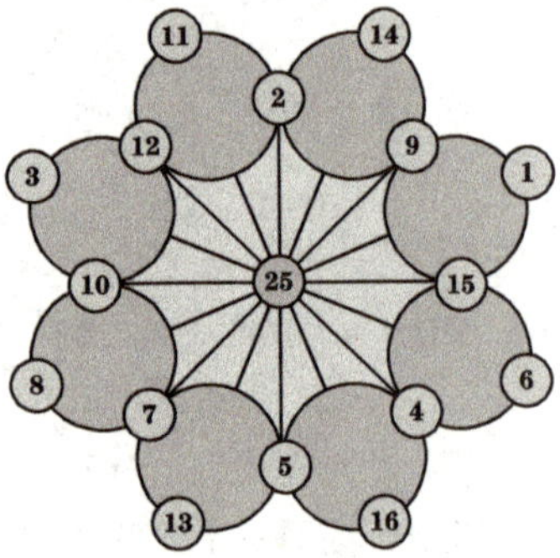

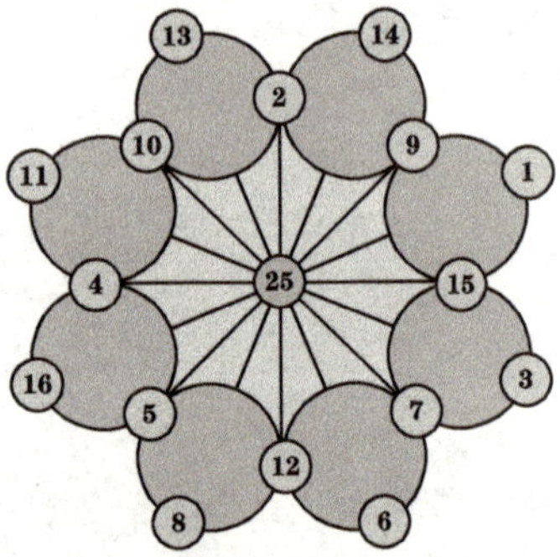

将 9 换作 10：

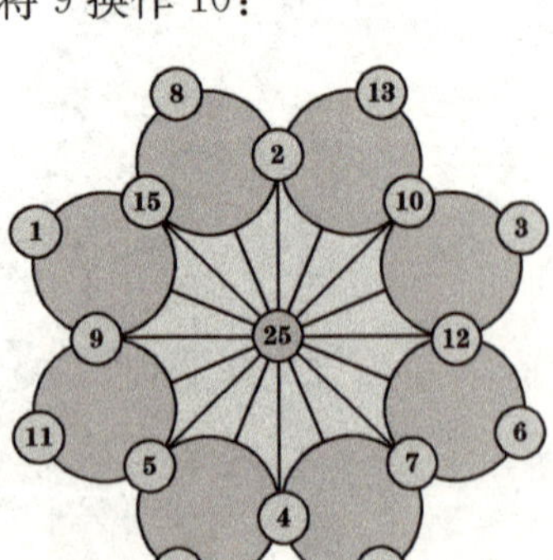

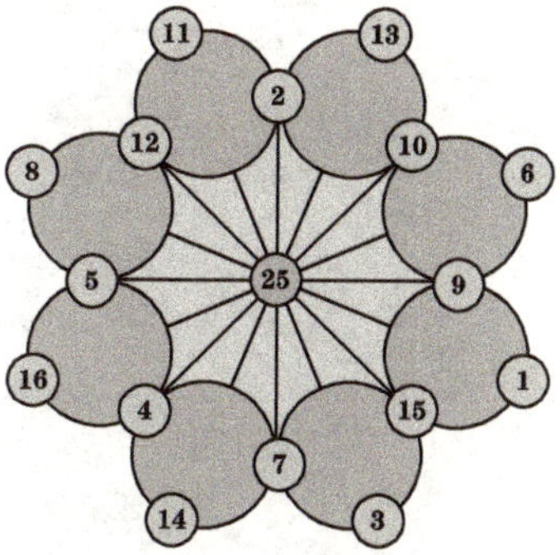

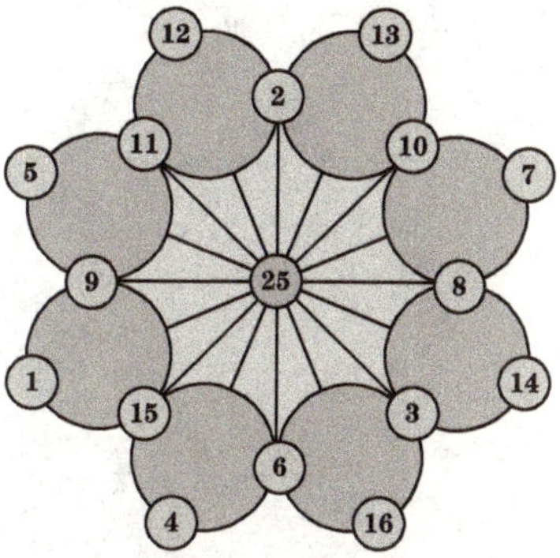

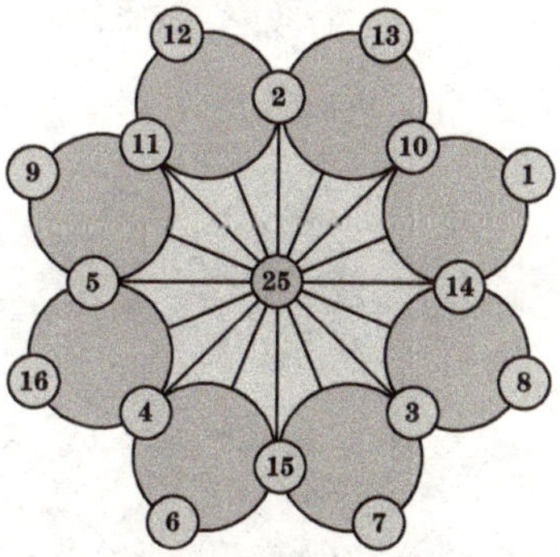

将 10 换作 11：

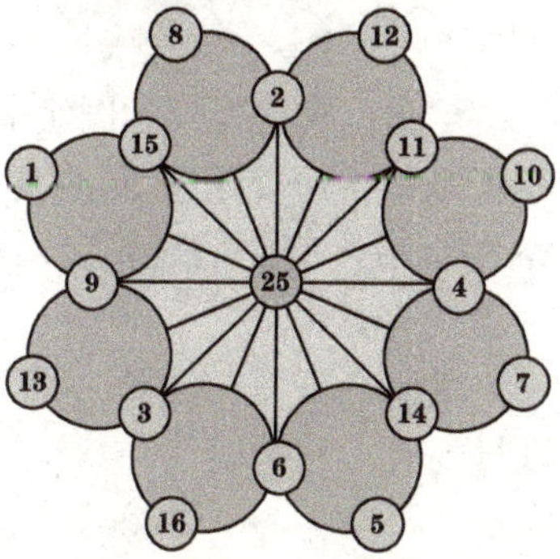

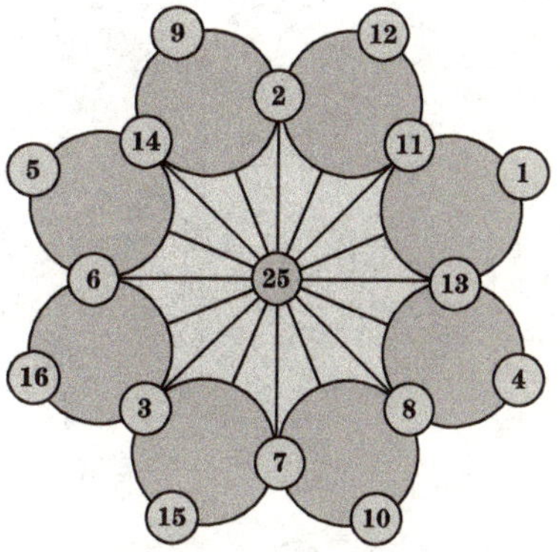

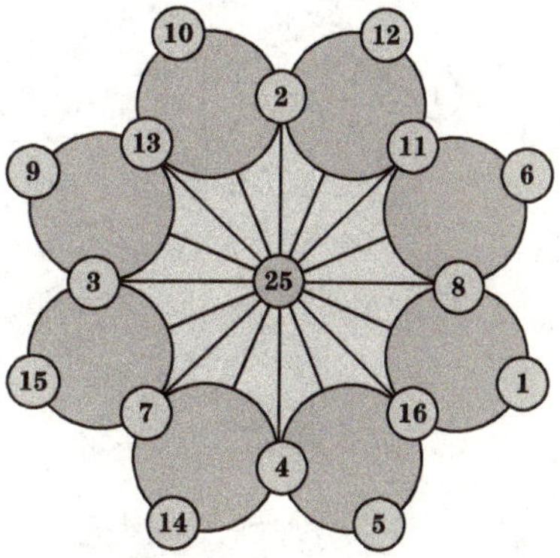

将 11 换作 12：

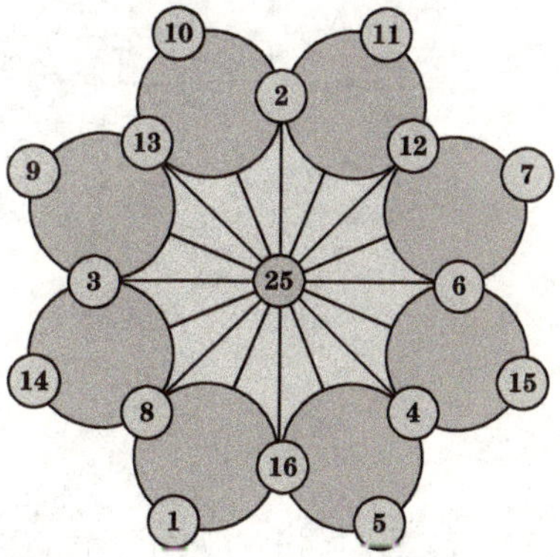

固定了 3 的位置，3 右边没有交接的圆圈内填最大数 16，那么它与下一个圆环交接的圆圈内只能填 6：

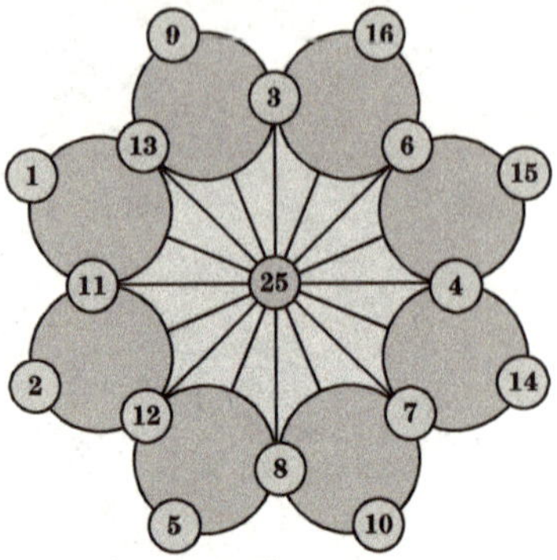

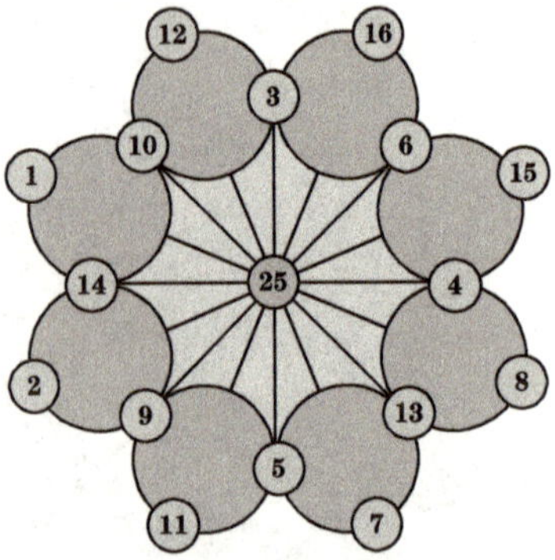

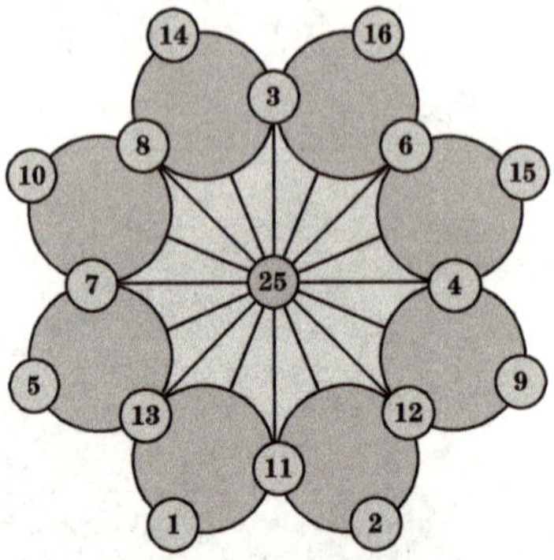

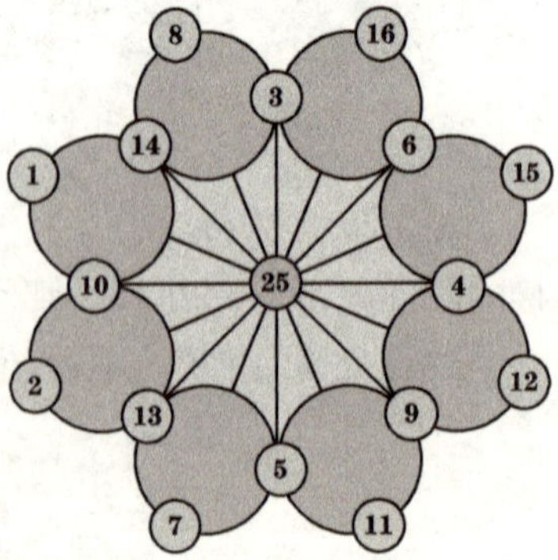

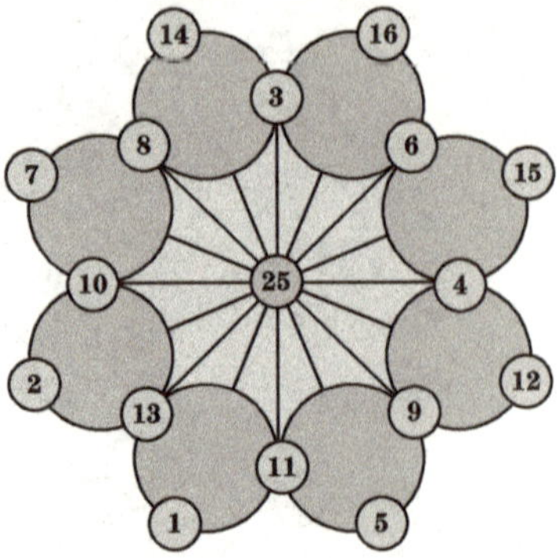

将交接的 6 换作 7：

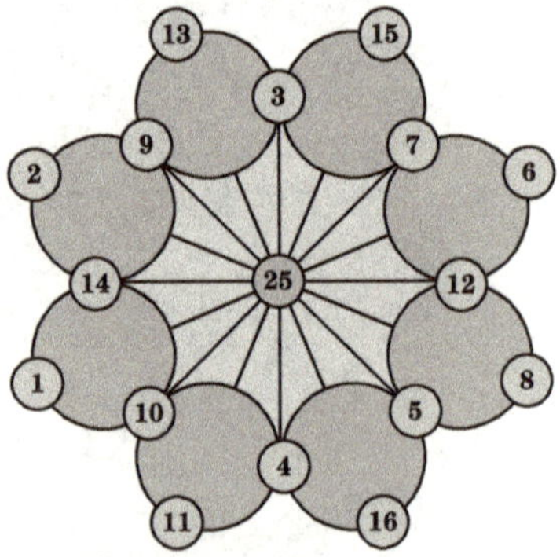

将交接的 7 换作 8：

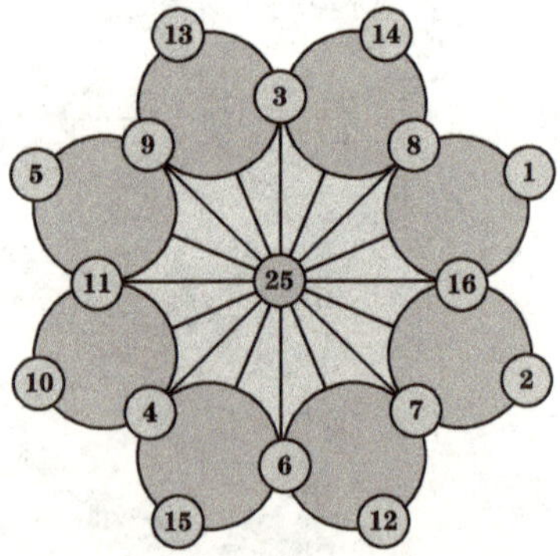

至此，我们找到了固定 2 或 3 后，其和为 25 的所有不重复的基本答案共 25 种。不含有它们旋转、对称、镜像后的其他变式。

我们准备坚持下来，将这道填数进行到底。好玩吗？

243.《每环为 26》答案

下面的 4 种答案都是符合要求的。

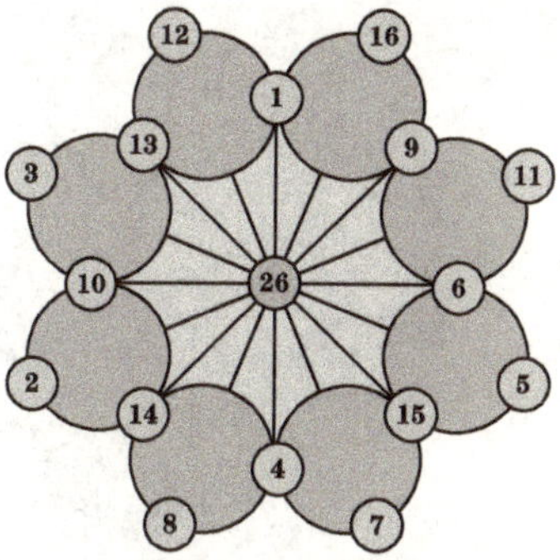

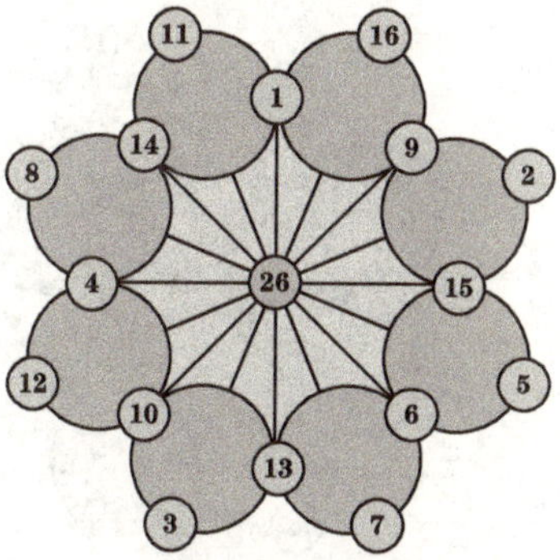

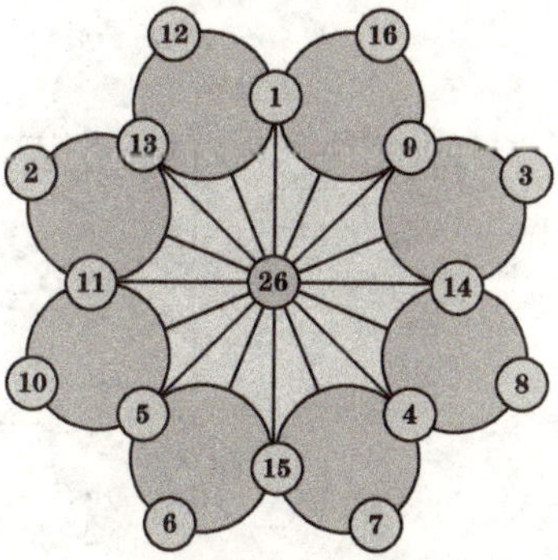

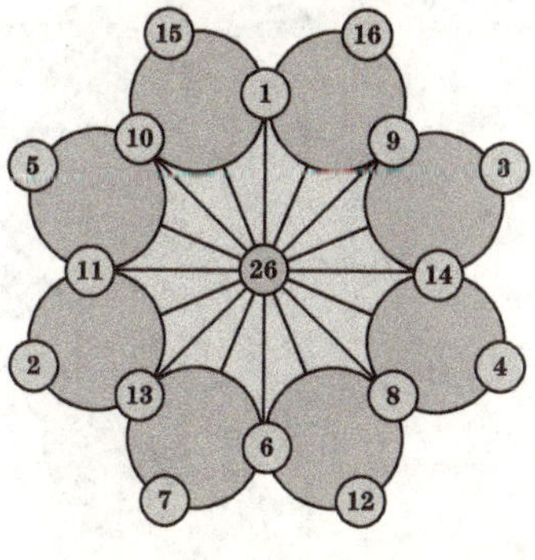

将 9 换作 10：

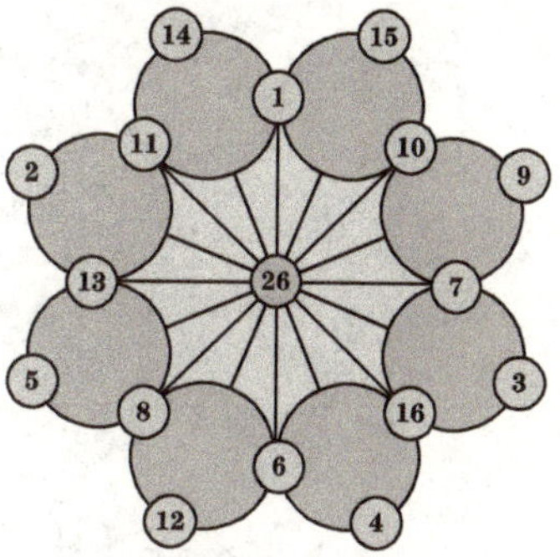

将 10 换作 11：

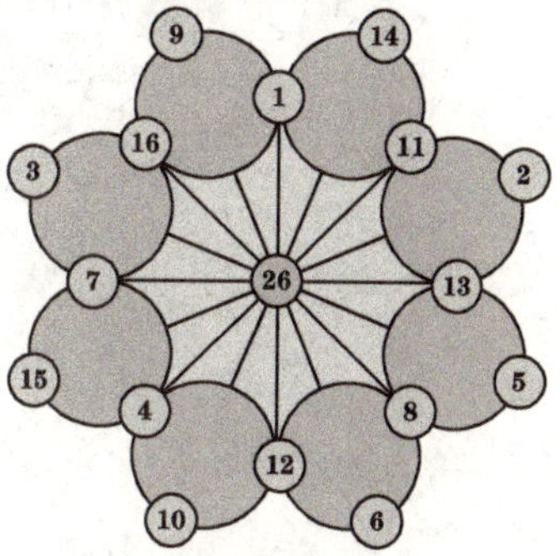

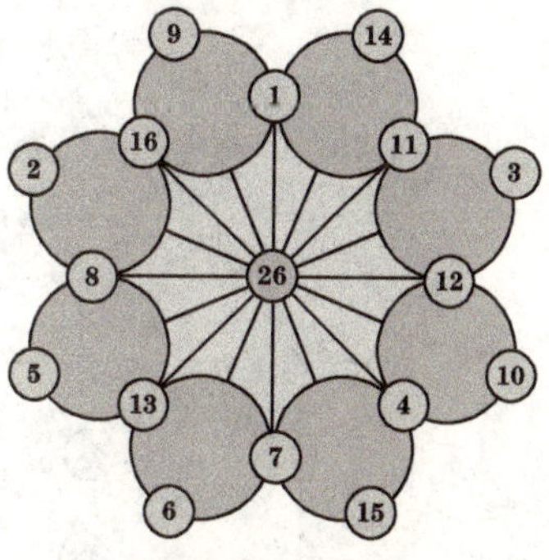

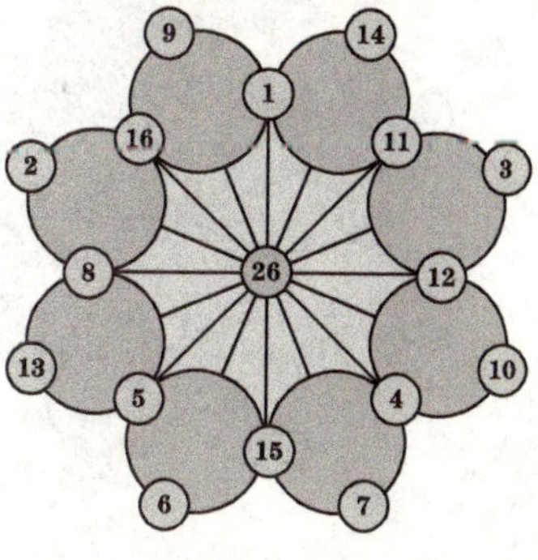

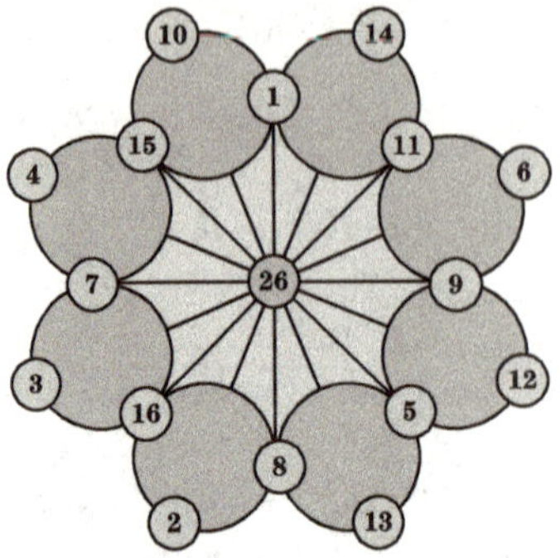

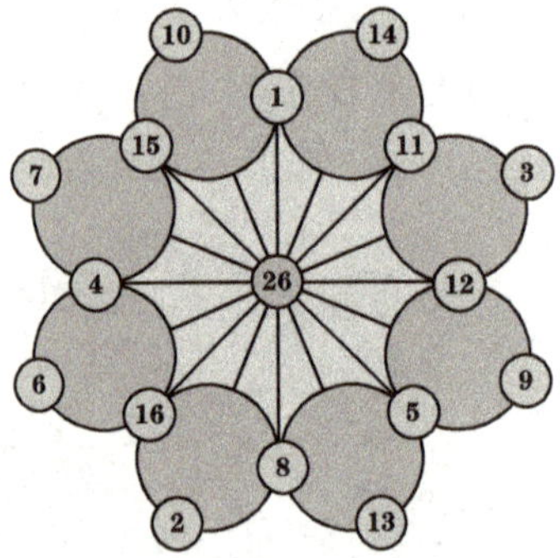

将 11 换作 12：

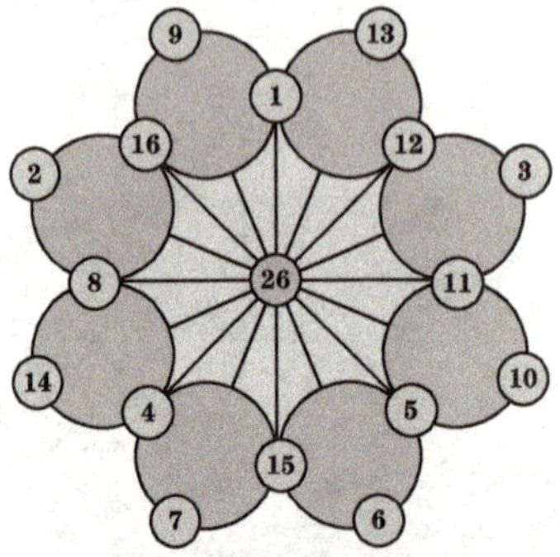

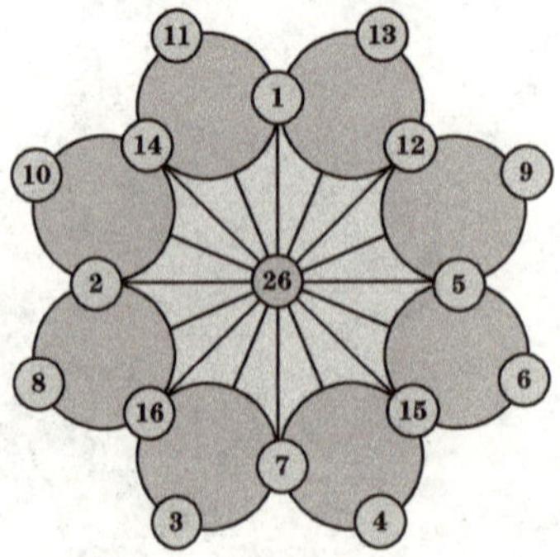

将 12 换作 13：

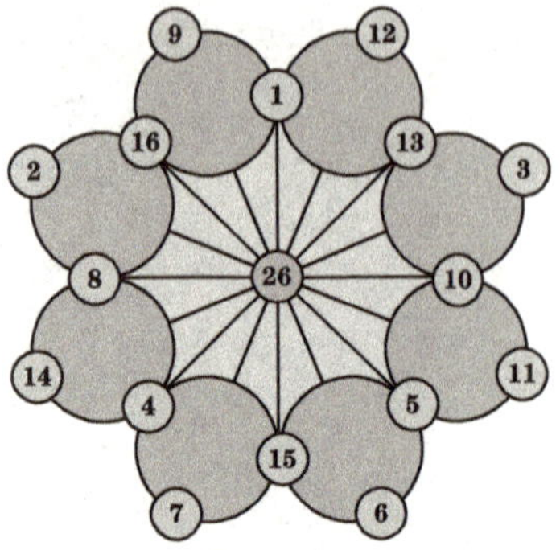

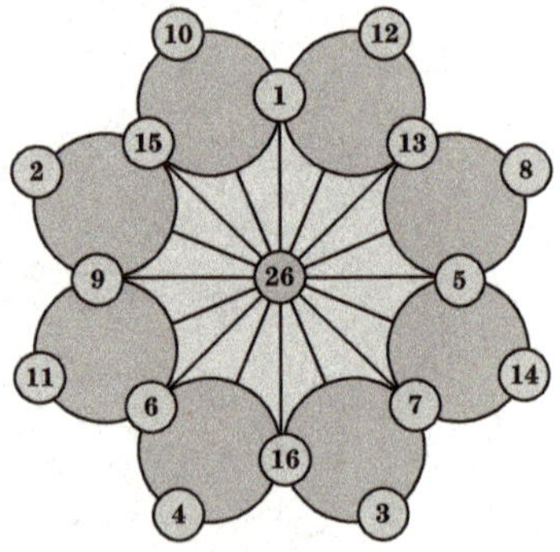

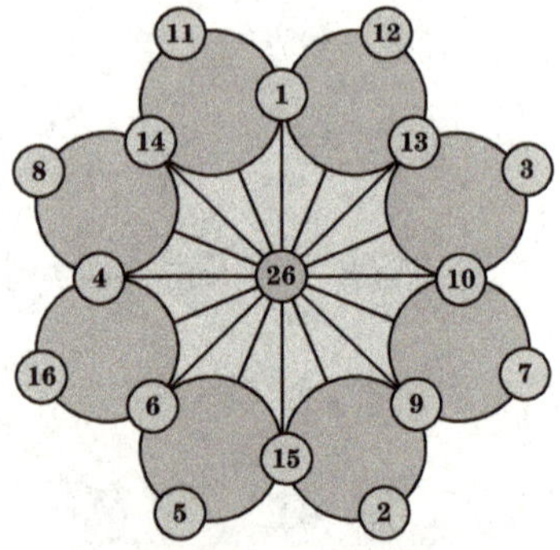

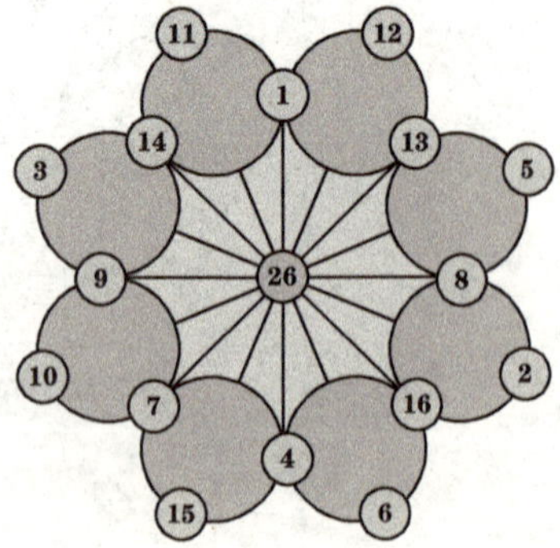

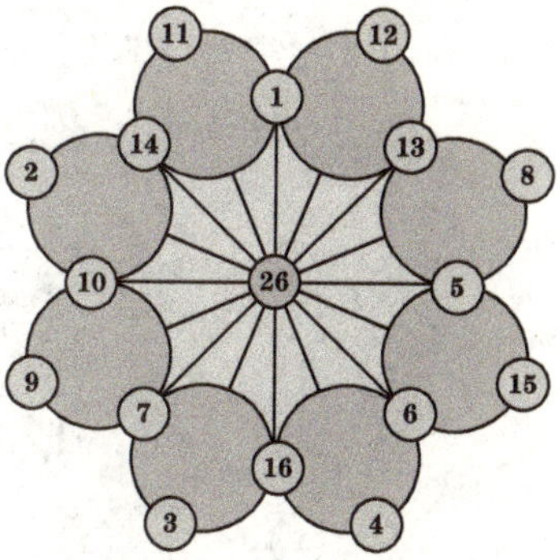
11
12
1
14
13
2
8
10
26
5
9
15
7
6
16
3
4

将 13 换作 14：

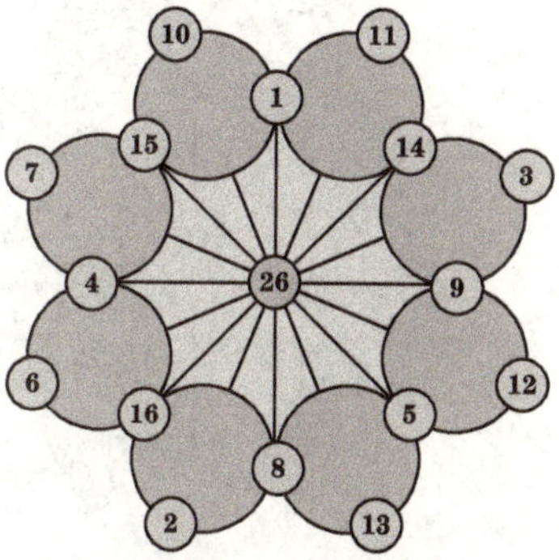
10
11
1
15
14
7
3
4
26
9
6
12
16
5
8
2
13

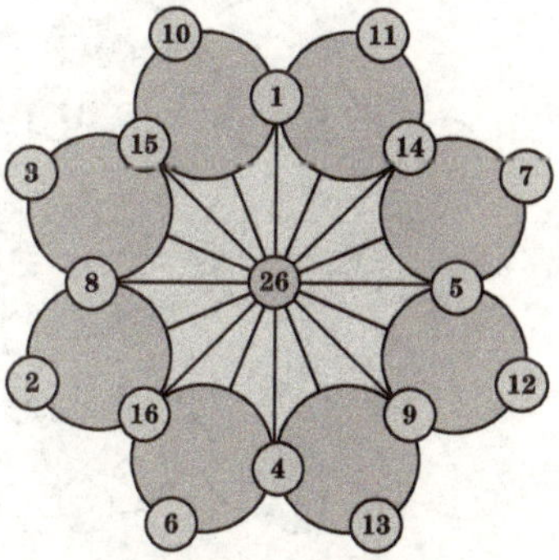
10
11
1
15
14
3
7
8
26
5
2
12
16
9
4
6
13

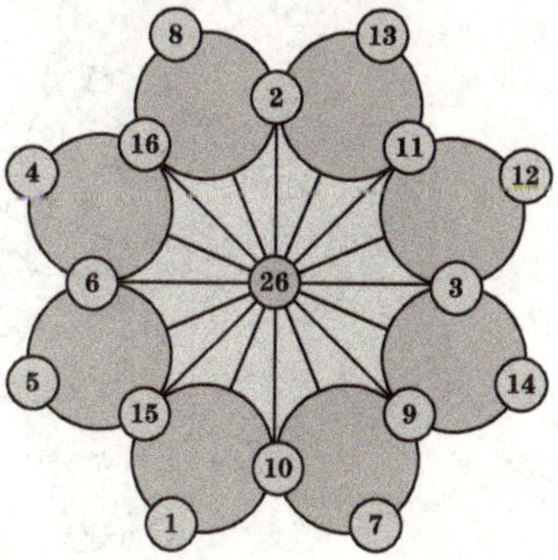
8
13
2
16
11
4
12
6
26
3
5
14
15
9
10
1
7

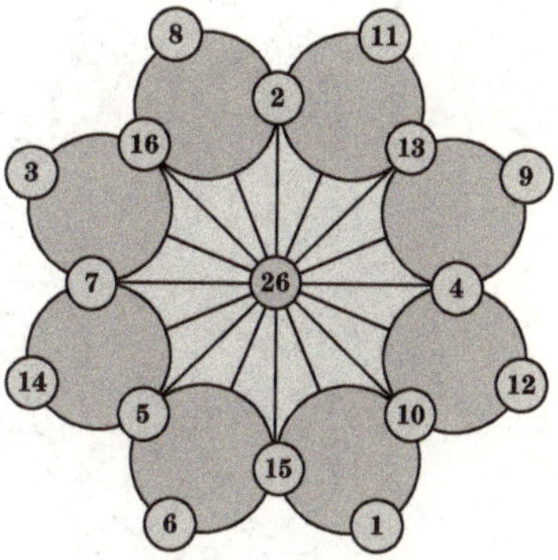
8
11
2
16
13
3
9
7
26
4
14
12
5
10
15
6
1

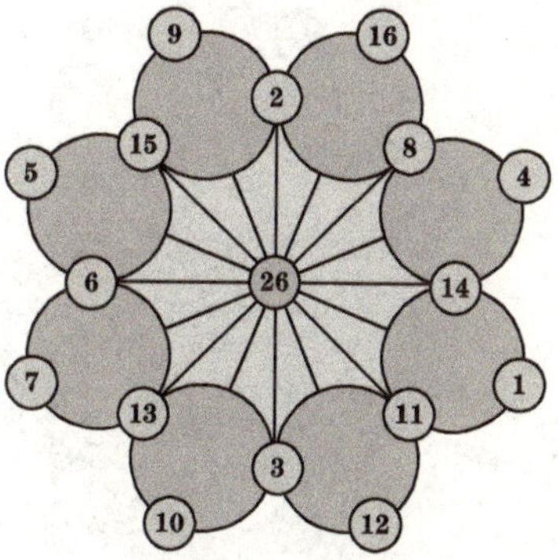
9
16
2
15
8
5
4
6
26
14
7
1
13
11
3
10
12

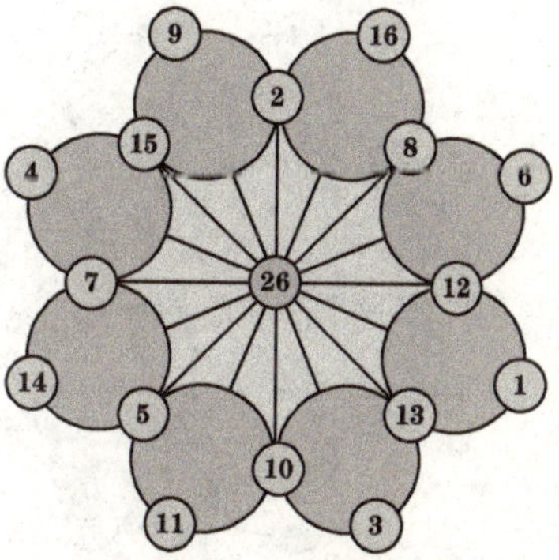
9
16
2
15
8
4
6
7
26
12
14
1
5
13
10
11
3

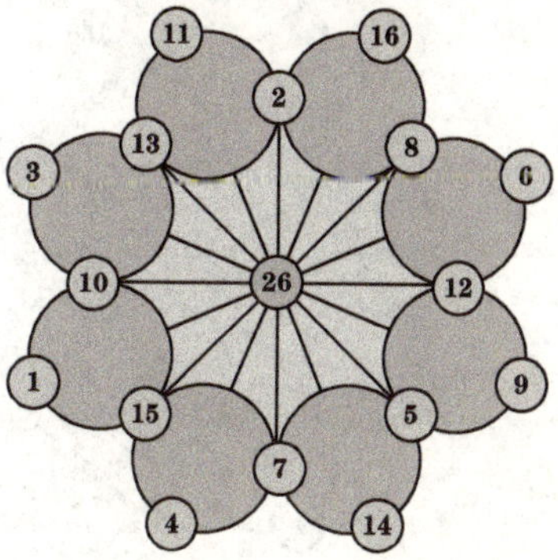
11
16
2
13
8
3
6
10
26
12
1
9
15
5
7
4
14

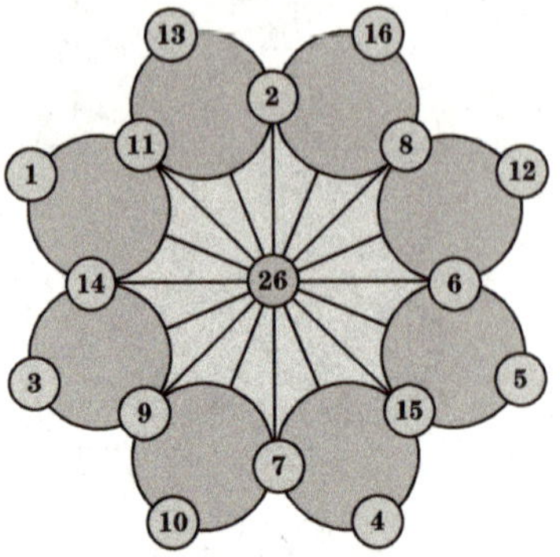
13
16
2
11
8
1
12
14
26
6
3
5
9
15
7
10
4

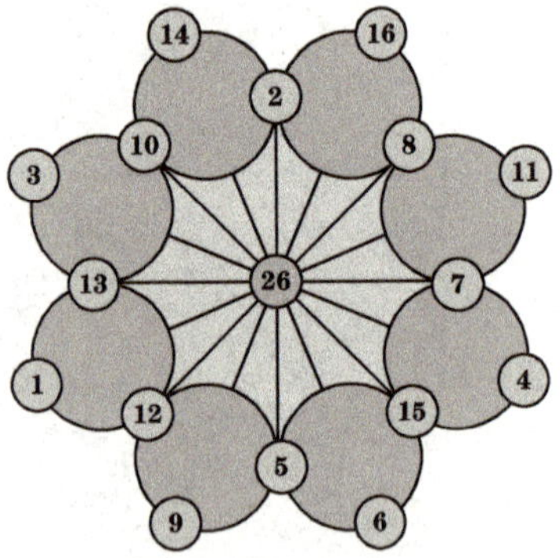
14
16
2
10
8
3
11
13
26
7
1
4
12
15
5
9
6

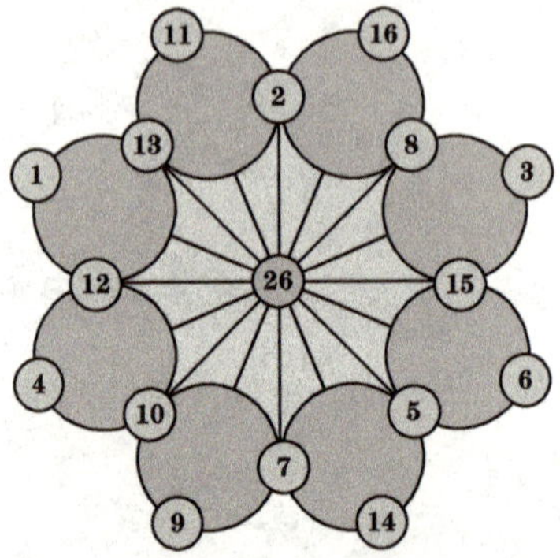
11
16
2
13
8
1
3
12
26
15
4
6
10
5
7
9
14

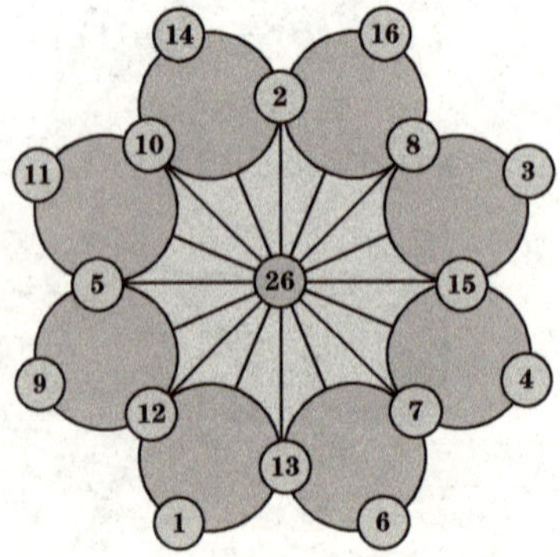
14
16
2
10
8
11
3
5
26
15
9
4
12
7
13
1
6

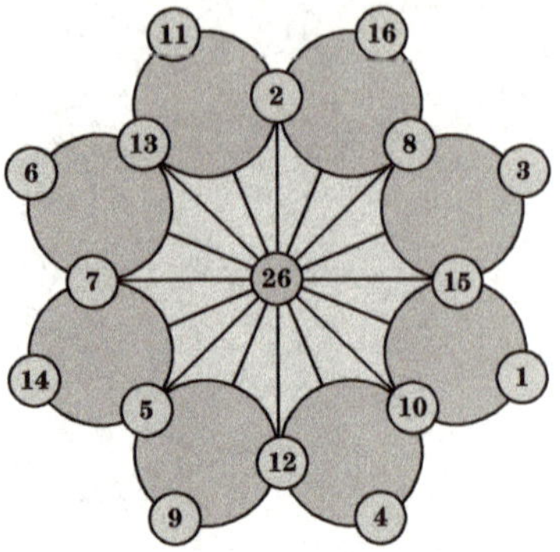
11
16
2
13
8
6
3
7
26
15
14
1
5
10
12
9
4

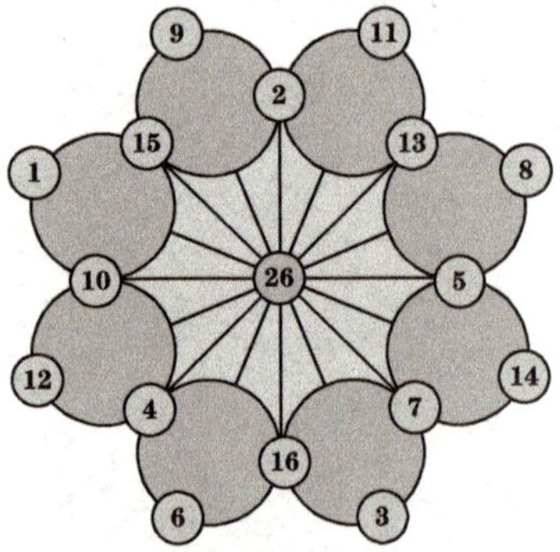
9
11
2
15
13
1
8
10
26
5
12
14
4
7
16
6
3

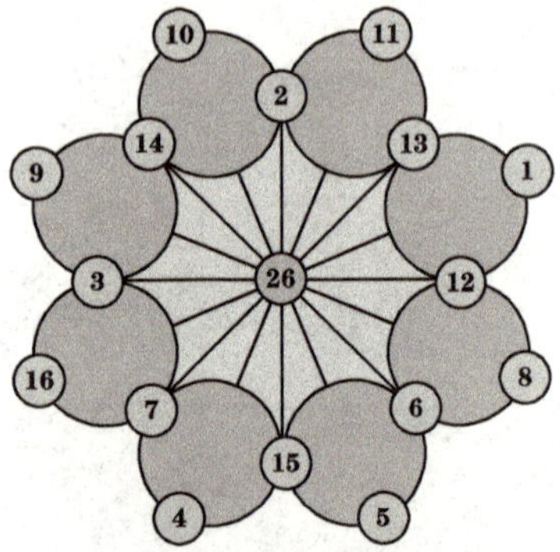
10
11
2
14
13
9
1
3
26
12
16
8
7
6
15
4
5

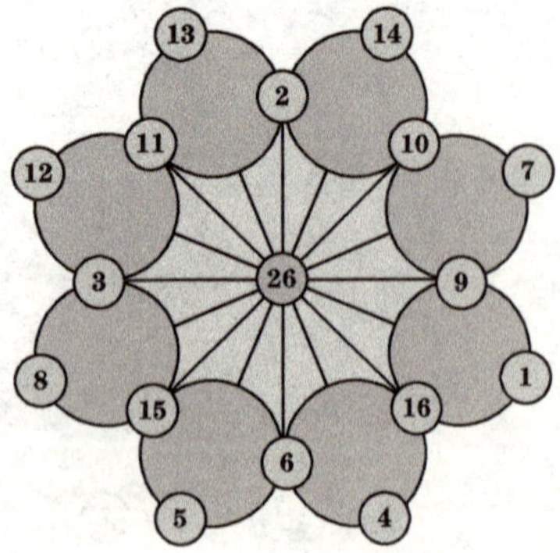
13
14
2
11
10
12
7
3
26
9
8
1
15
16
6
5
4

固定了 3 的位置以后，可以填出如下答案：

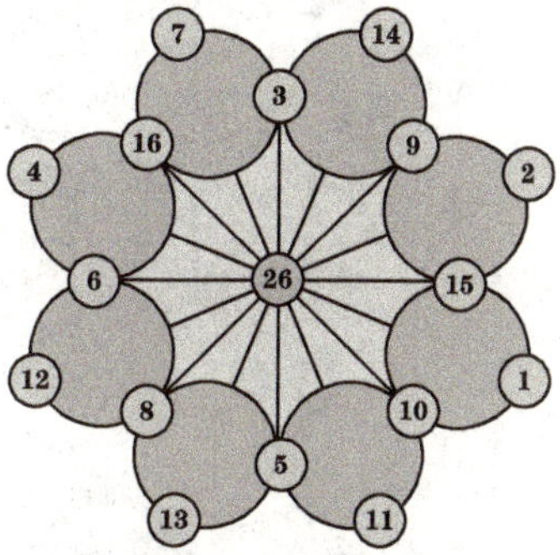

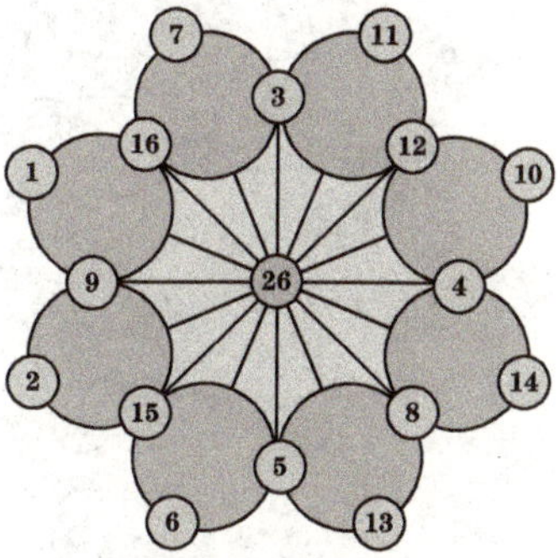

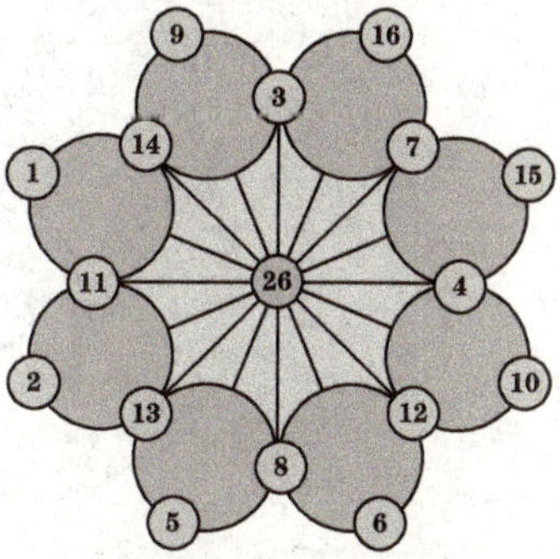

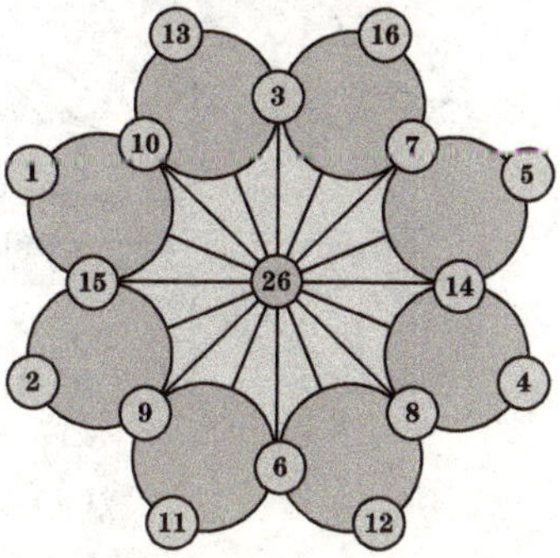

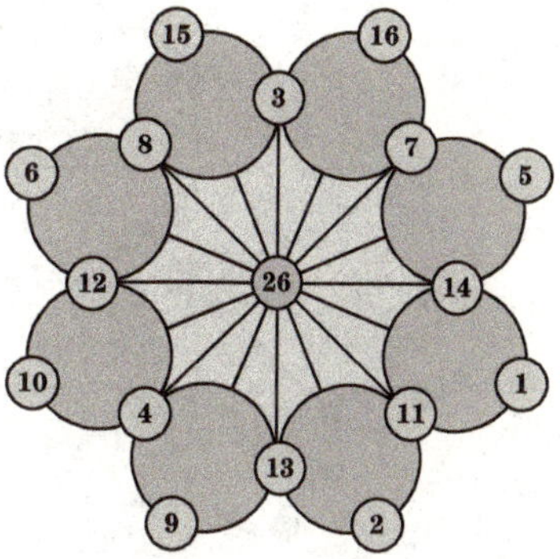

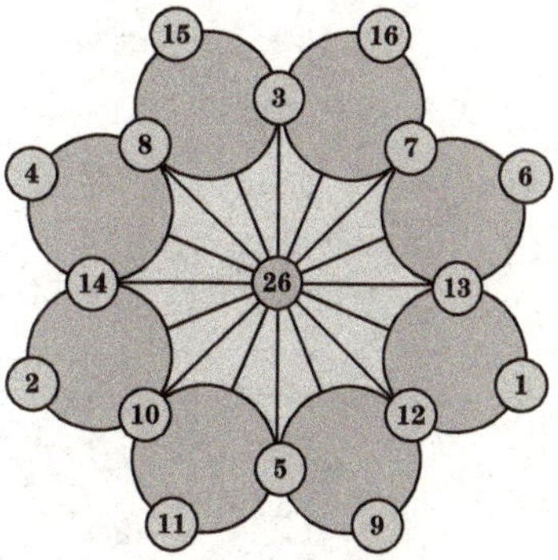

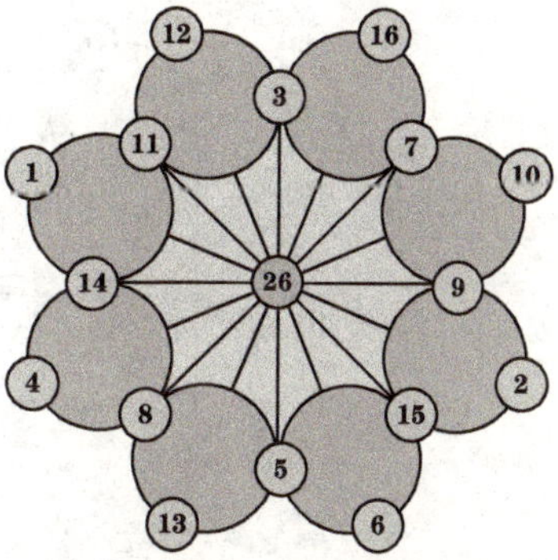

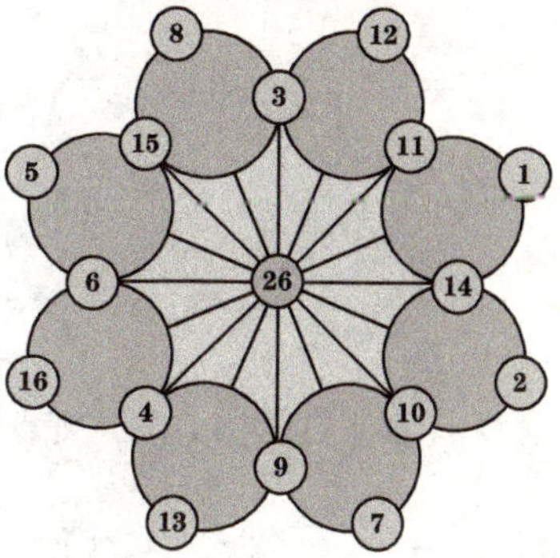

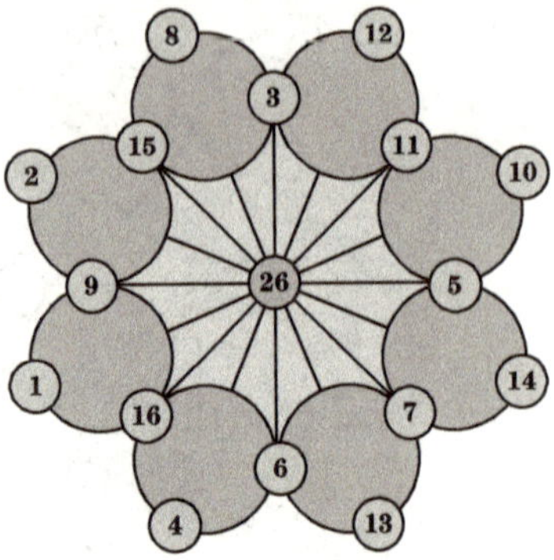
8
12
3
15
11
2
10
9
26
5
1
14
16
7
6
4
13

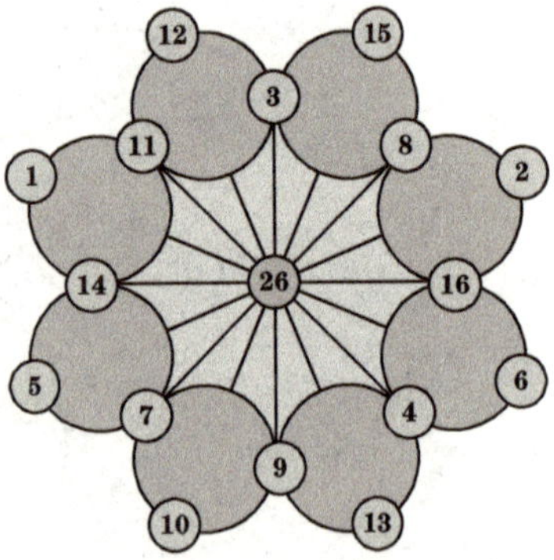
12
15
3
11
8
1
2
14
26
16
5
6
7
4
9
10
13

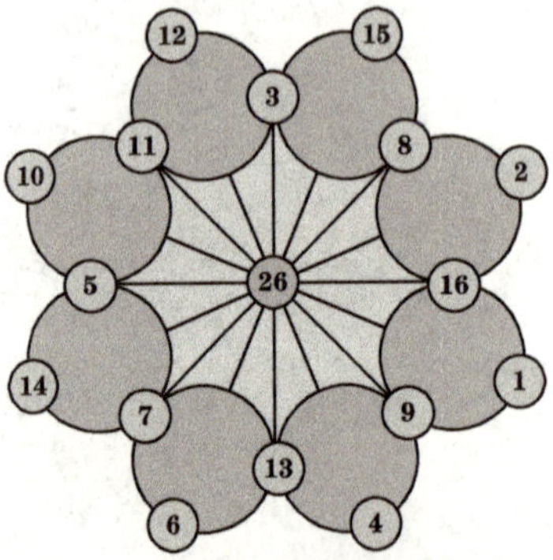
12
15
3
11
8
10
2
5
26
16
14
1
7
9
13
6
4

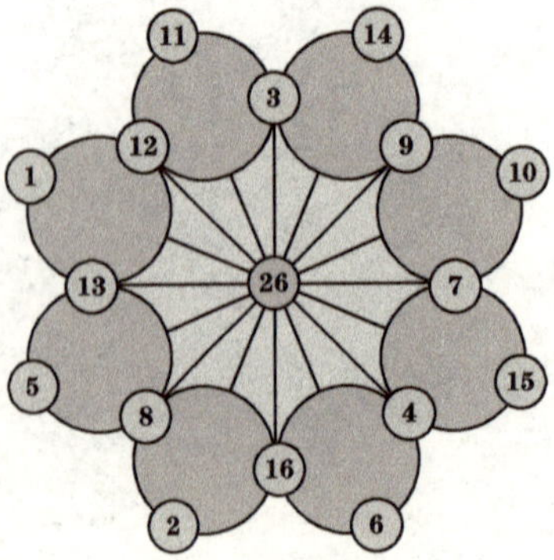
11
14
3
12
9
1
10
13
26
7
5
15
8
4
16
2
6

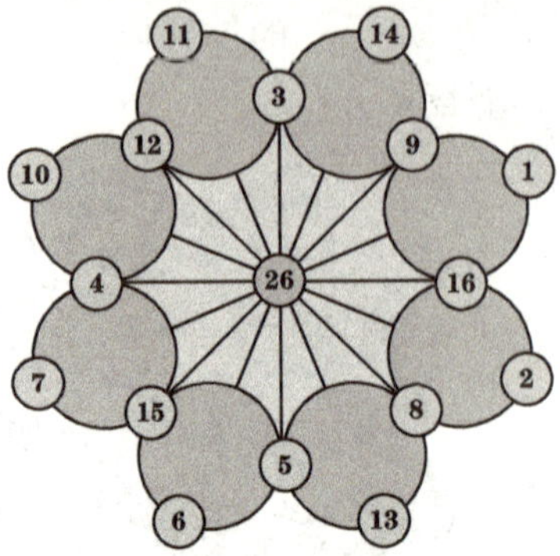
11
14
3
12
9
10
1
4
26
16
7
2
15
8
5
6
13

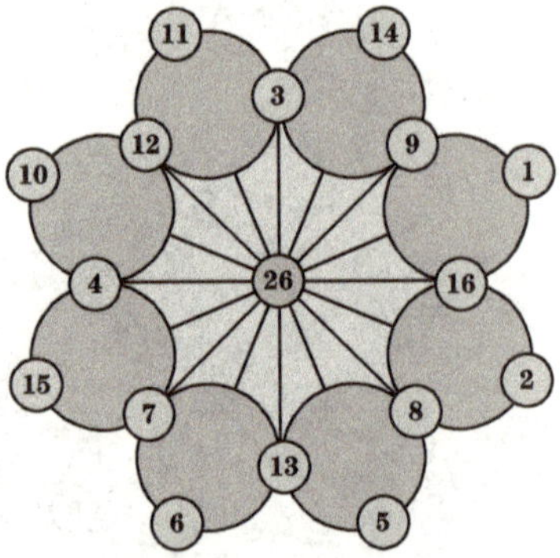
11
14
3
12
9
10
1
4
26
16
15
2
7
8
13
6
5

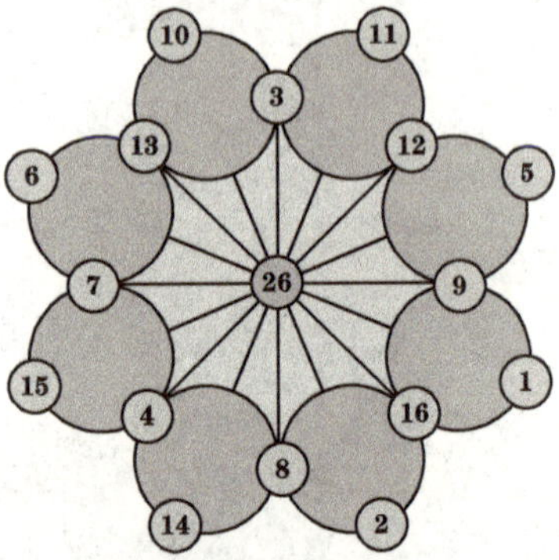
10
11
3
13
12
6
5
7
26
9
15
1
4
16
8
14
2

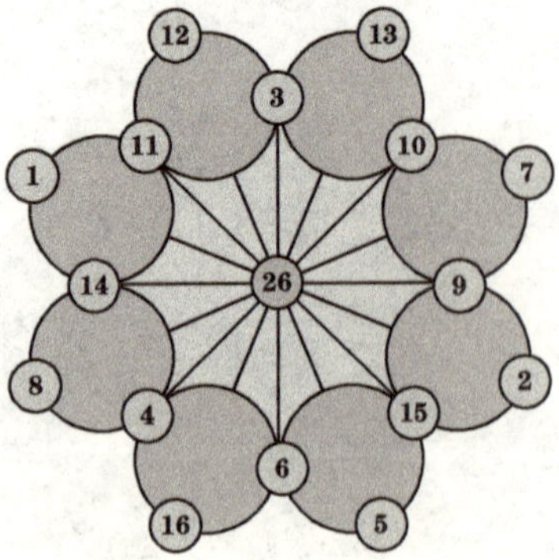
12
13
3
11
10
1
7
14
26
9
8
2
4
15
6
16
5

固定了 4 的位置以后，可以填出如下答案：

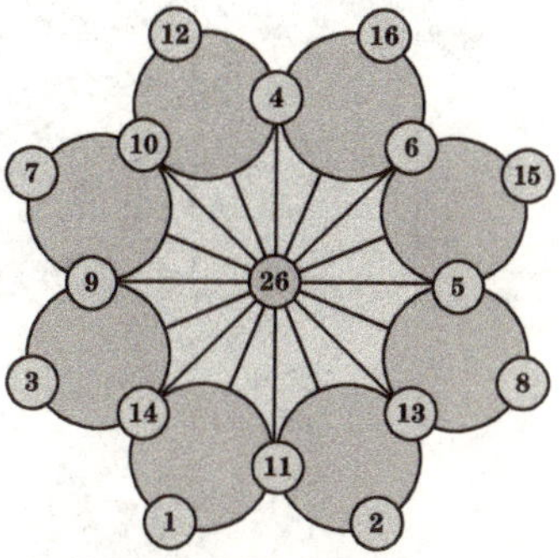

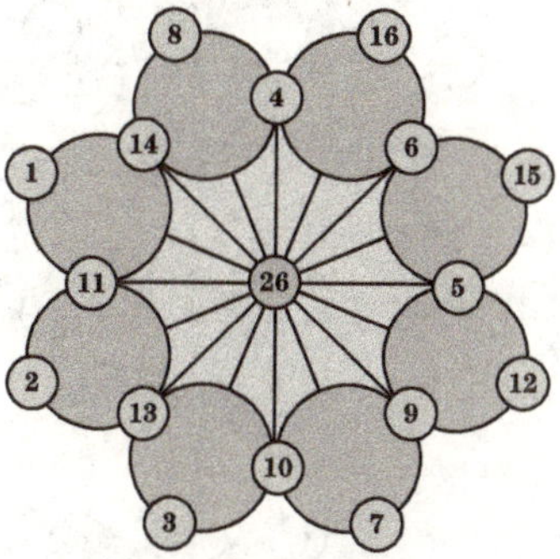

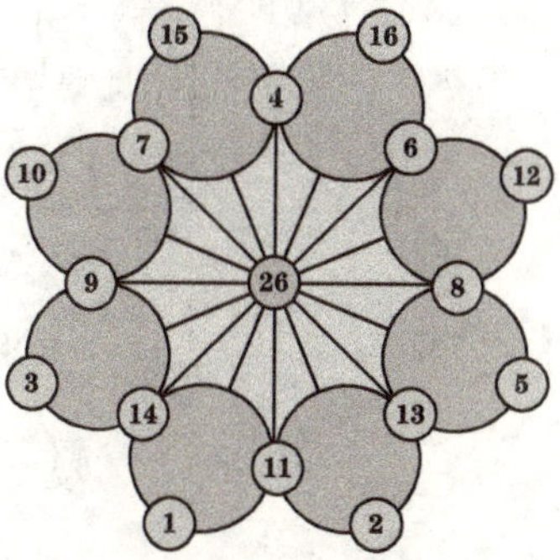

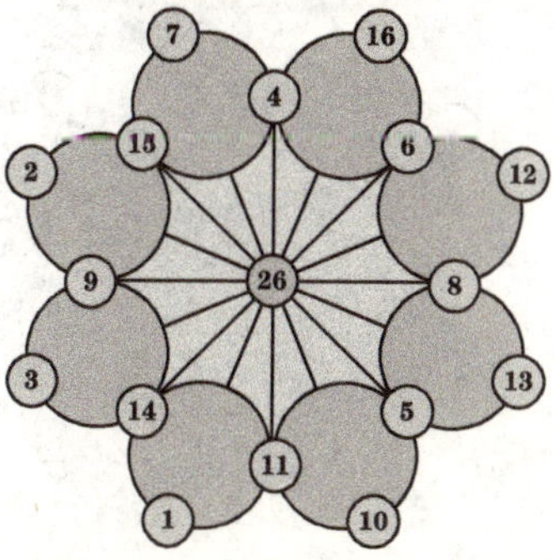

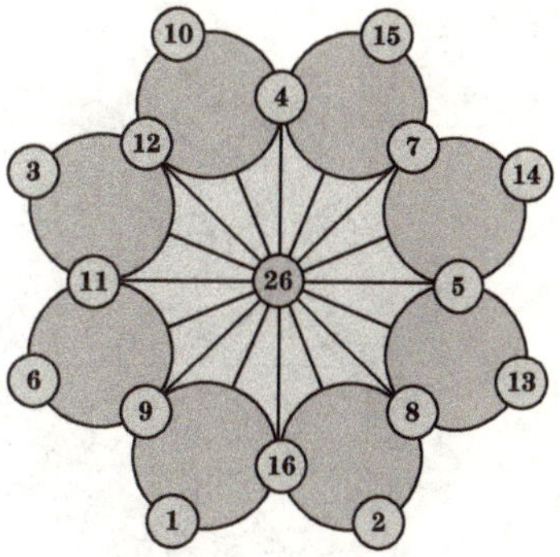

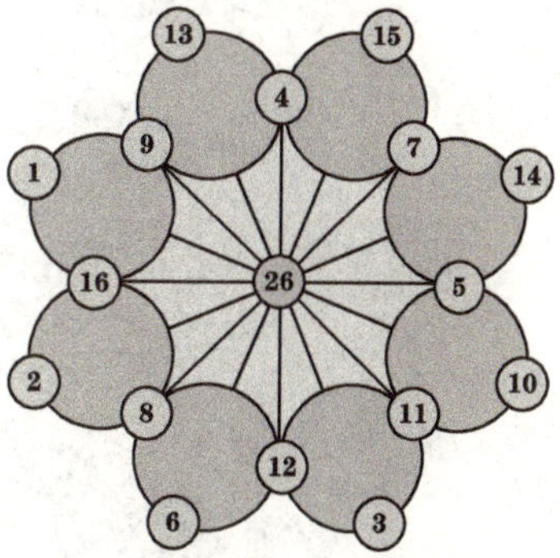

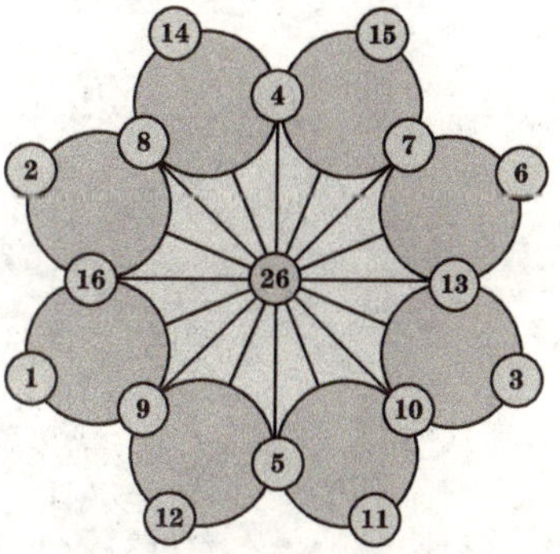

至此，我们找到了固定 1、2、3、4 后和为 26 的所有不重复的基本答案共 55 种。如果说将它们旋转、对称、镜像，还会有其他的变式，但都是由这些答案转化而来的。

我们准备坚持下来，有序思考，将这道填数答案“一网打尽”。好玩吗？

244.《每环为 27》答案

固定了 1 的位置以后，可以填出

如下答案：

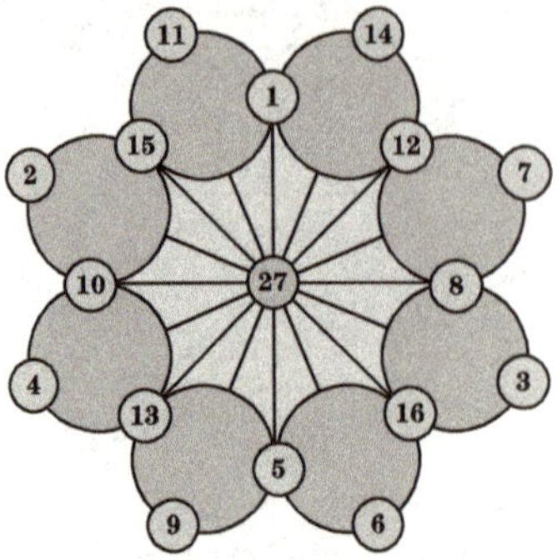
11 14
1
15 12
2 7
10 27 8
4 3
13 16
5
9 6

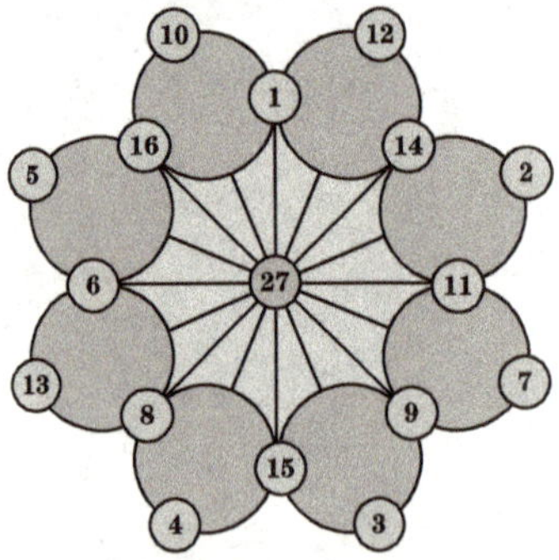
10 12
1
16 14
5 2
6 27 11
13 7
8 9
15
4 3

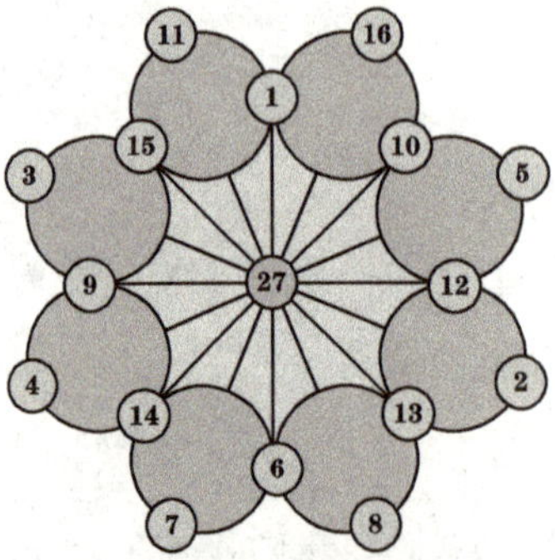
11 16
1
15 10
3 5
9 27 12
4 2
14 13
6
7 8

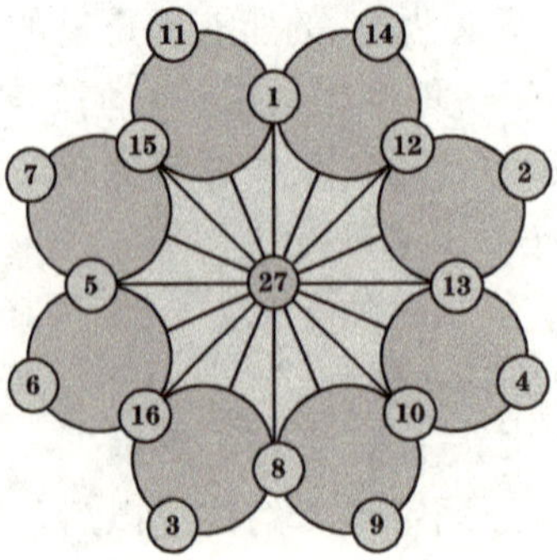
11 14
1
15 12
7 2
5 27 13
6 4
16 10
8
3 9

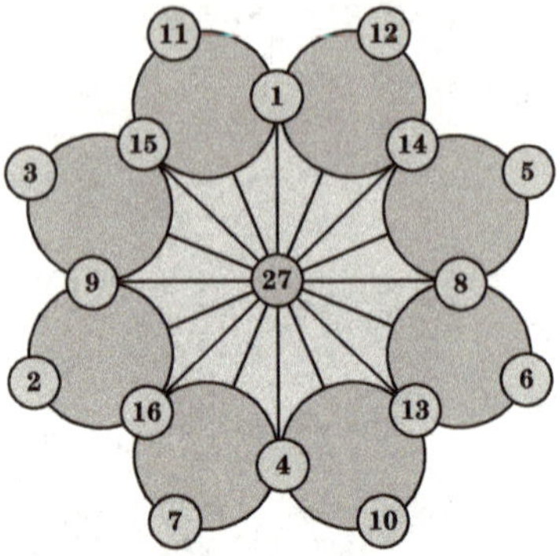
11 12
1
15 14
3 5
9 27 8
2 6
16 13
4
7 10

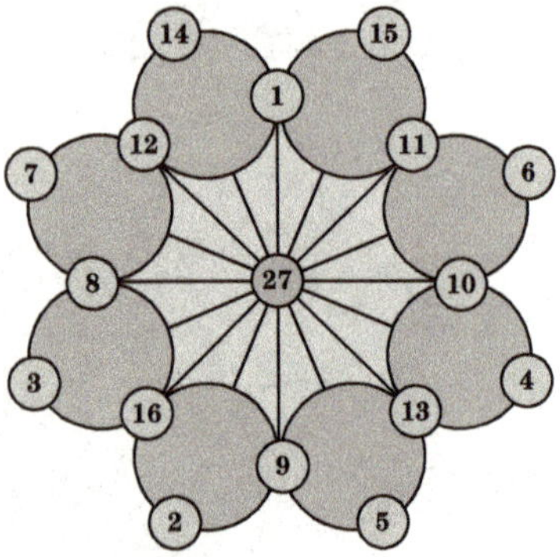
14 15
1
12 11
7 6
8 27 10
3 4
16 13
9
2 5

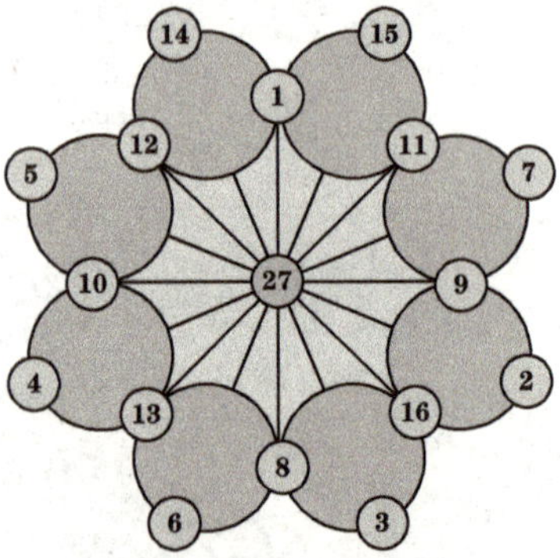
14 15
1
12 11
5 7
10 27 9
4 2
13 16
8
6 3

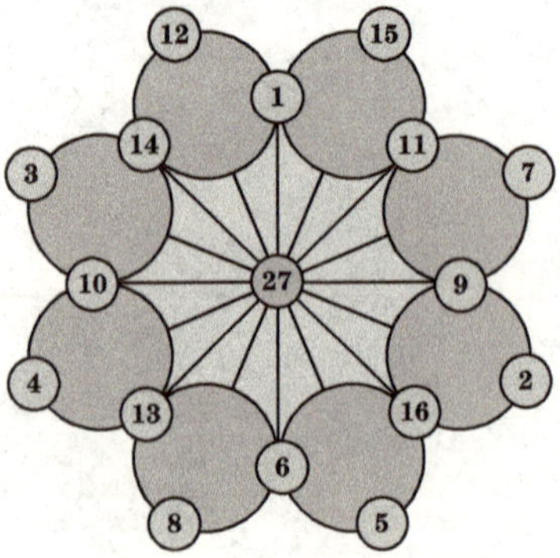
12 15
1
14 11
3 7
10 27 9
4 2
13 16
6
8 5

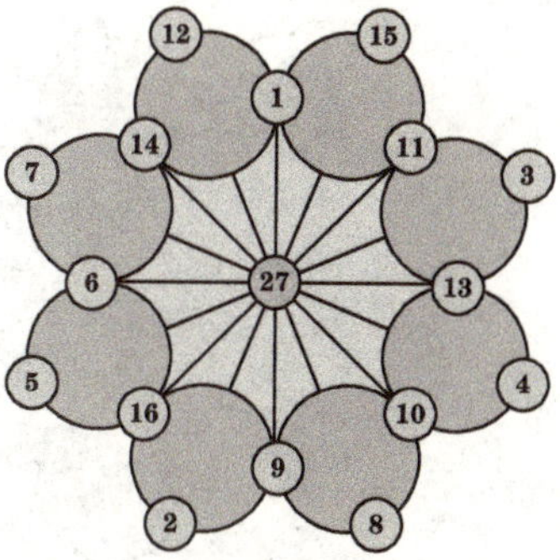

固定了 2 的位置以后，可以填出如下答案：

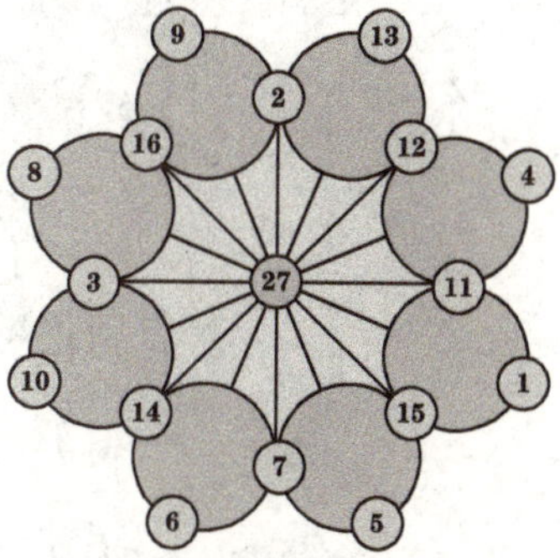

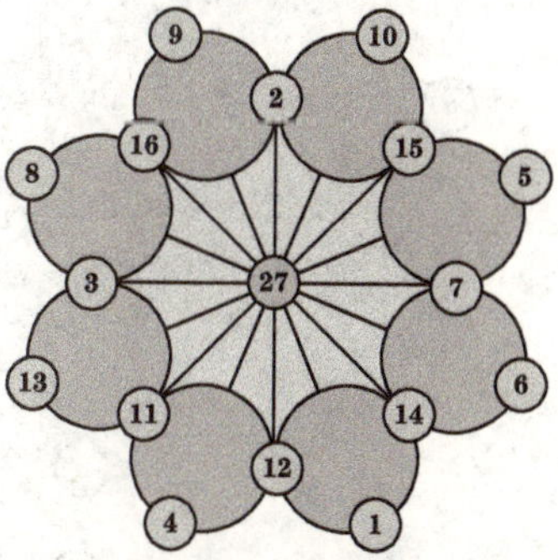

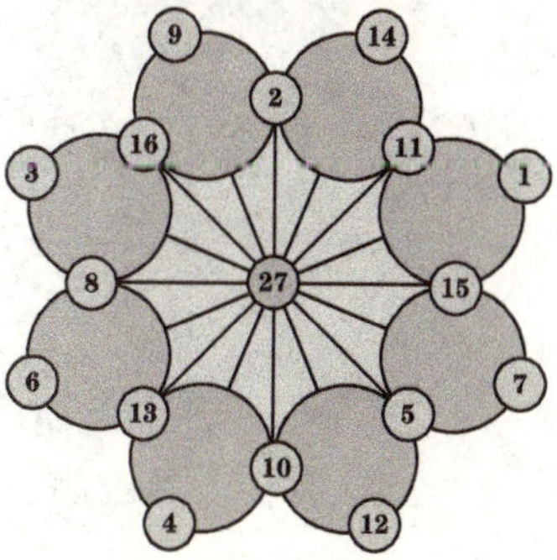

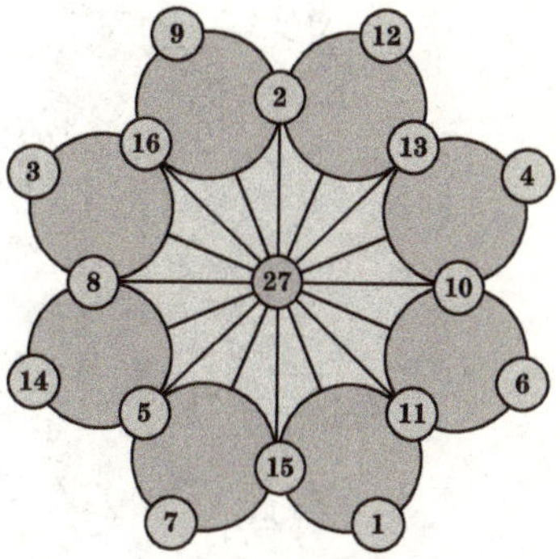

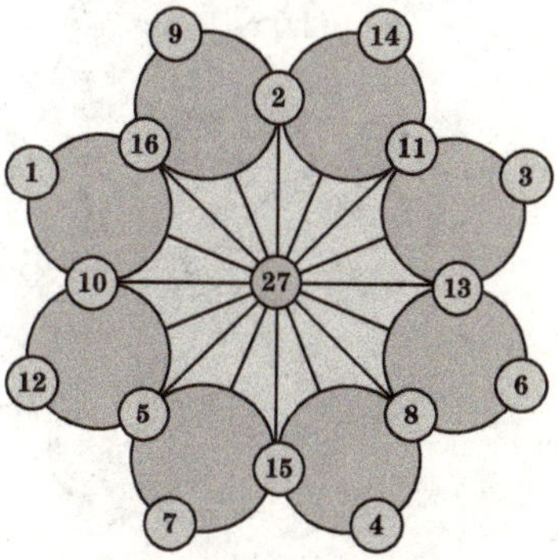

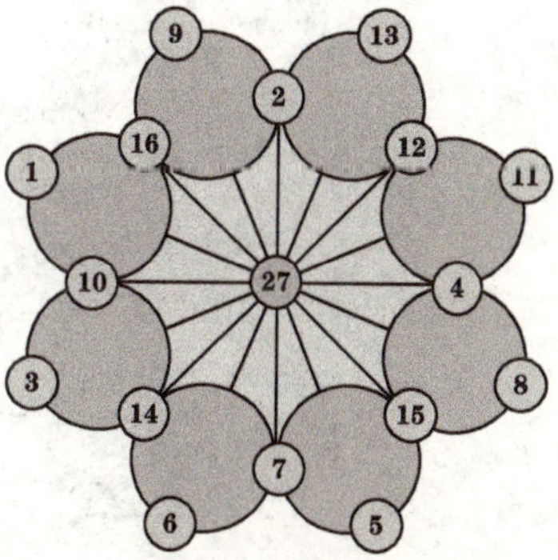

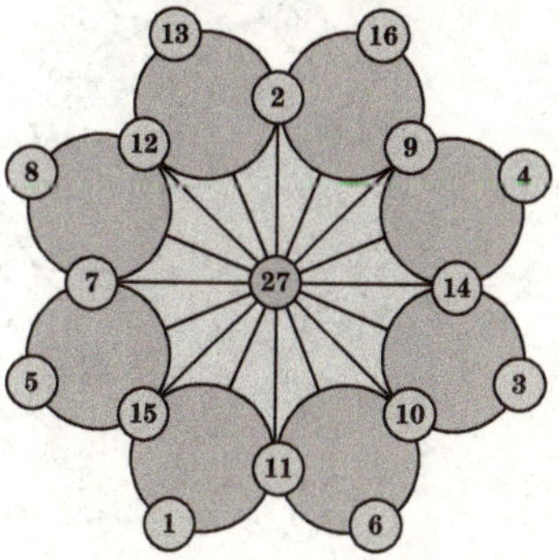

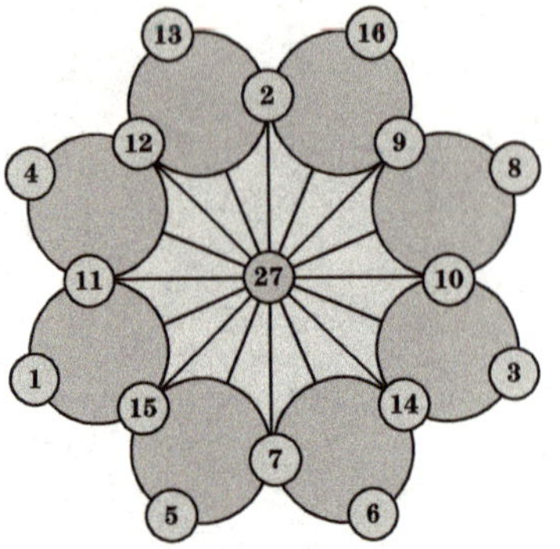
13 16
2
12 9
4 8
11 27 10
1 3
15 14
7
5 6

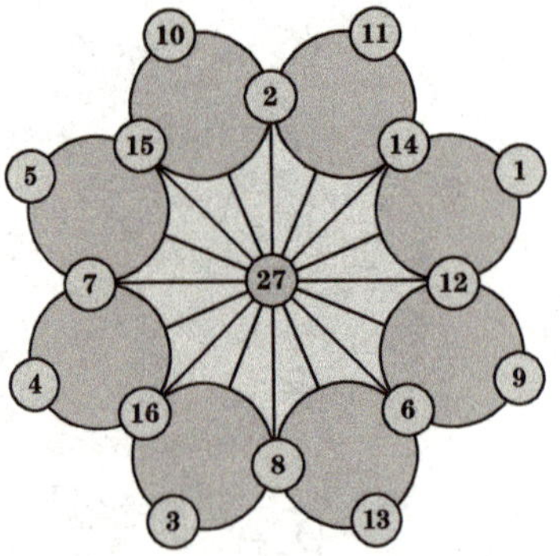
10 11
2
15 14
5 1
7 27 12
4 9
16 6
8
3 13

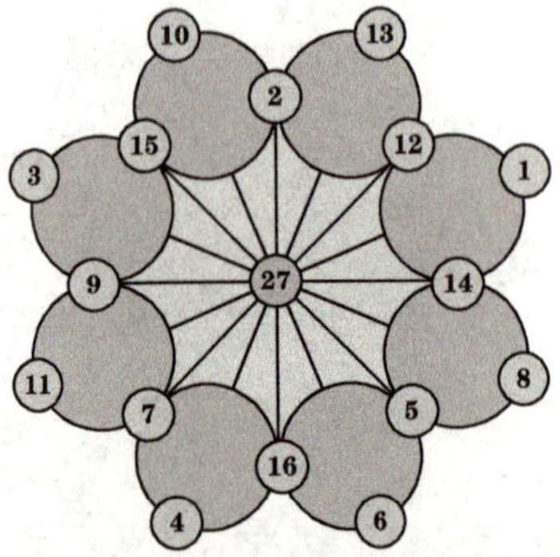
10 13
2
15 12
3 1
9 27 14
11 8
7 5
16
4 6

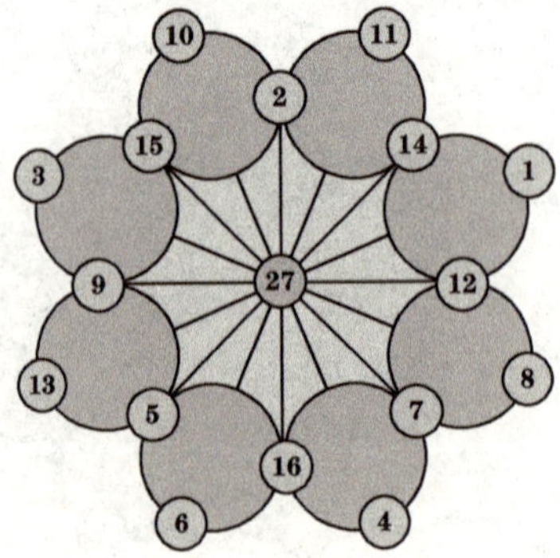
10 11
2
15 14
3 1
9 27 12
13 8
5 7
16
6 4

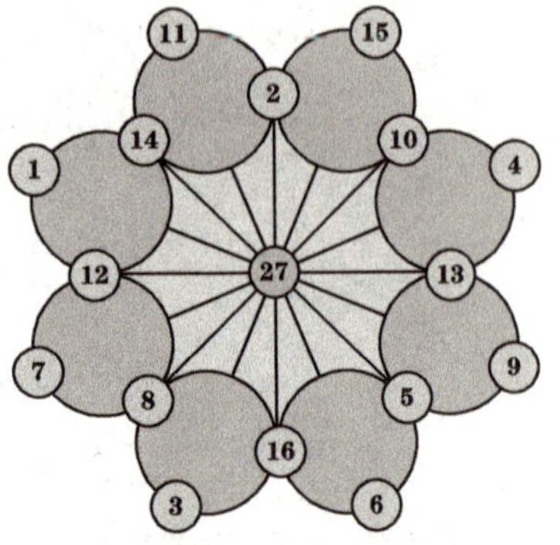
11 15
2
14 10
1 4
12 27 13
7 9
8 5
16
3 6

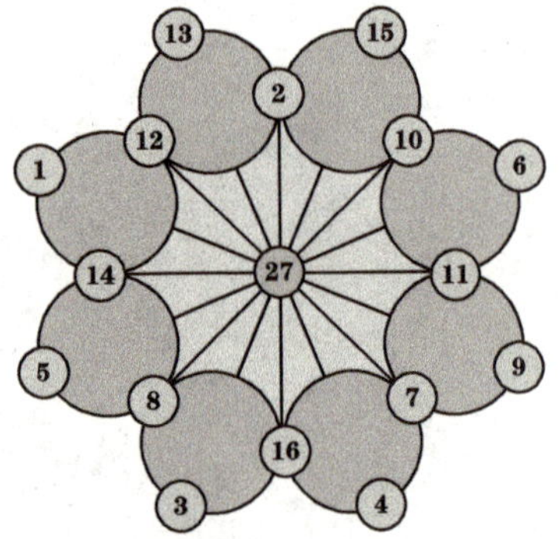
13 15
2
12 10
1 6
14 27 11
5 9
8 7
16
3 4

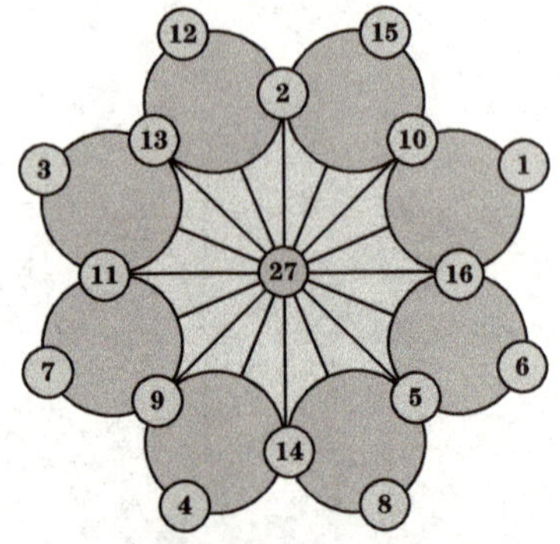
12 15
2
13 10
3 1
11 27 16
7 6
9 5
14
4 8

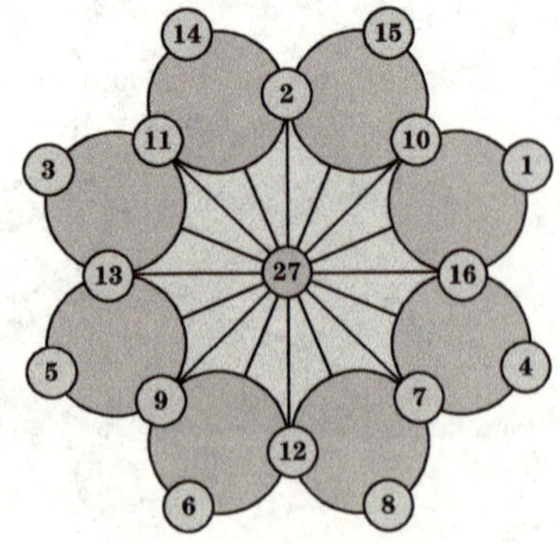
14 15
2
11 10
3 1
13 27 16
5 4
9 7
12
6 8

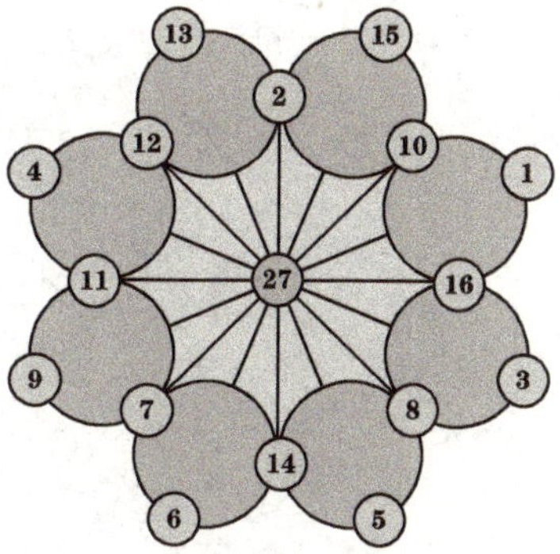

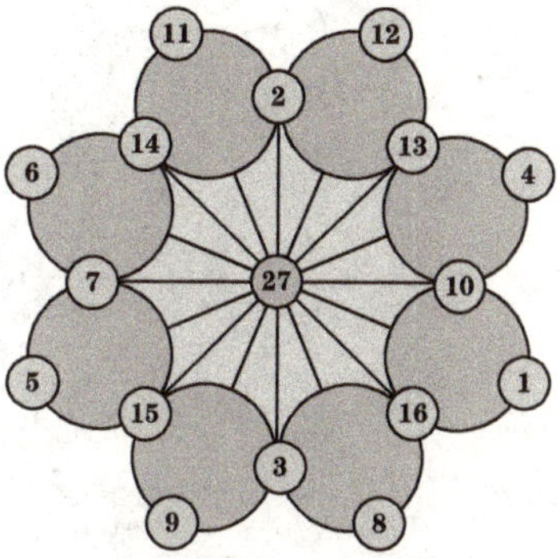

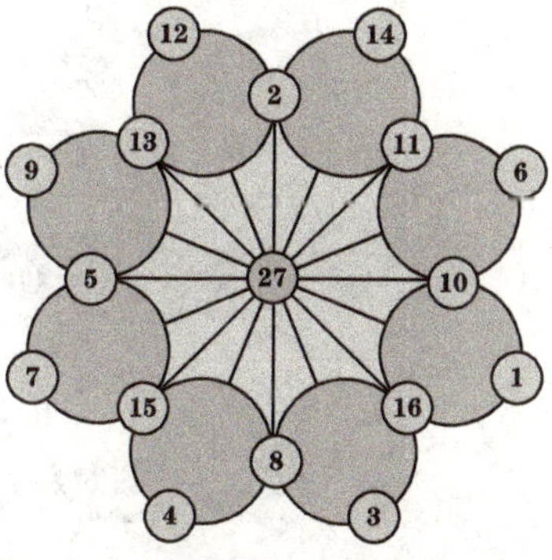

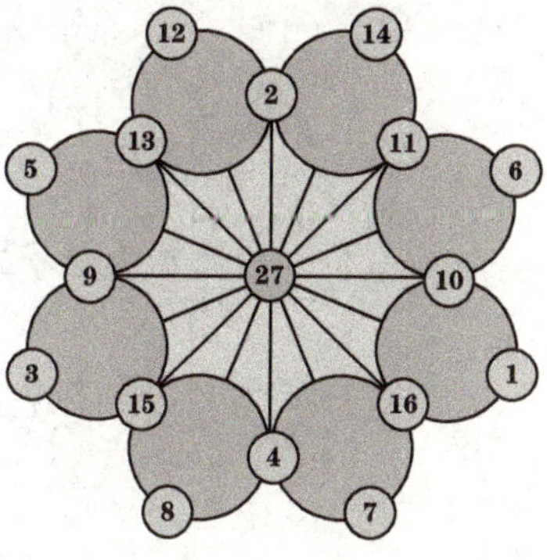

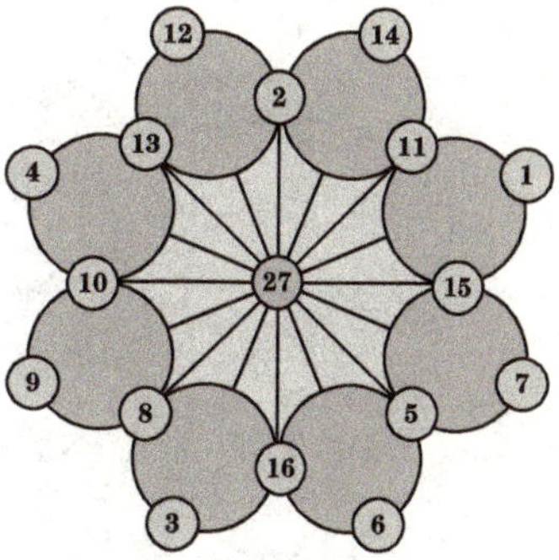

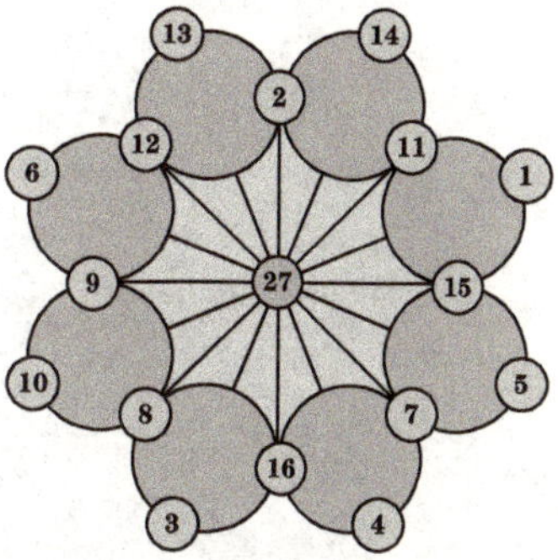

固定了 3 的位置以后，可以填出如下答案：

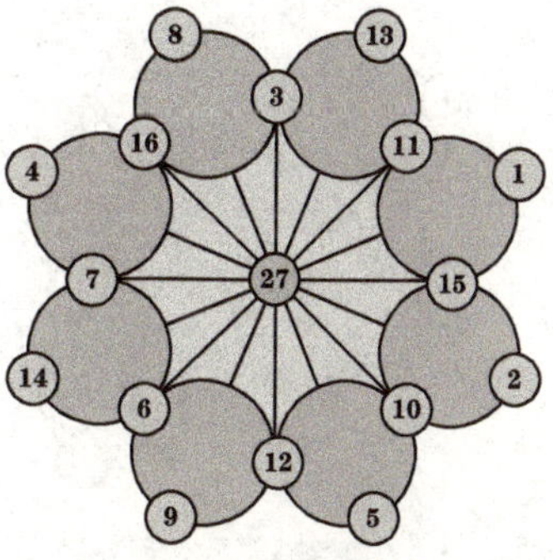

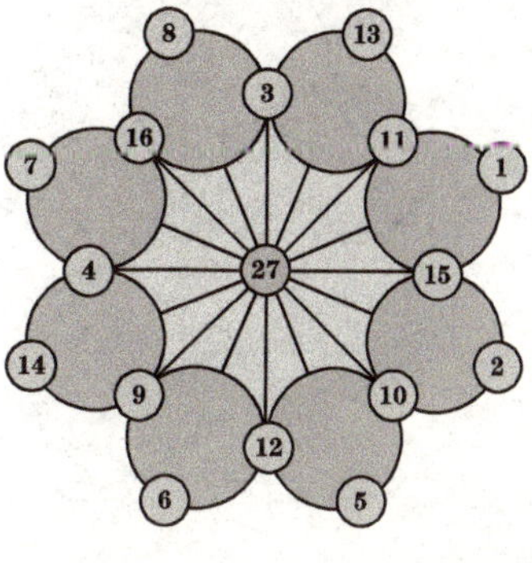

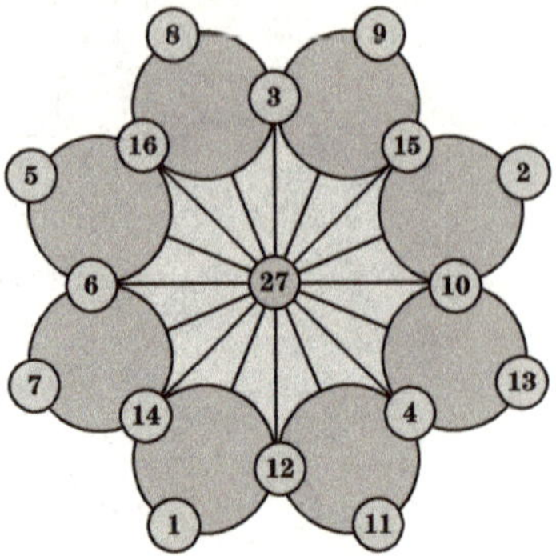
8
9
3
5
16
15
2
6
27
10
7
14
4
13
12
1
11

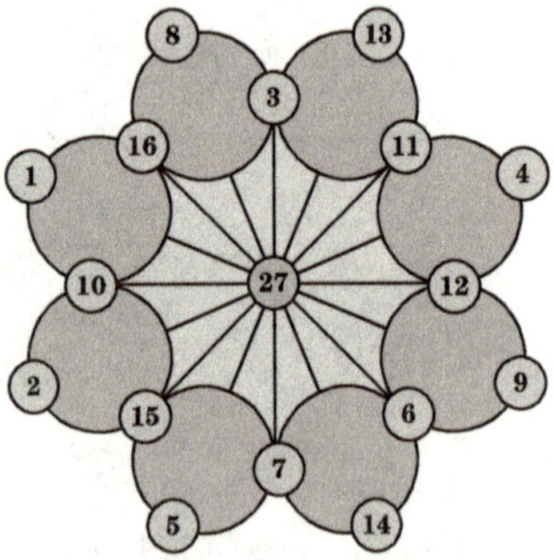
8
13
3
1
16
11
4
10
27
12
2
15
6
9
7
5
14

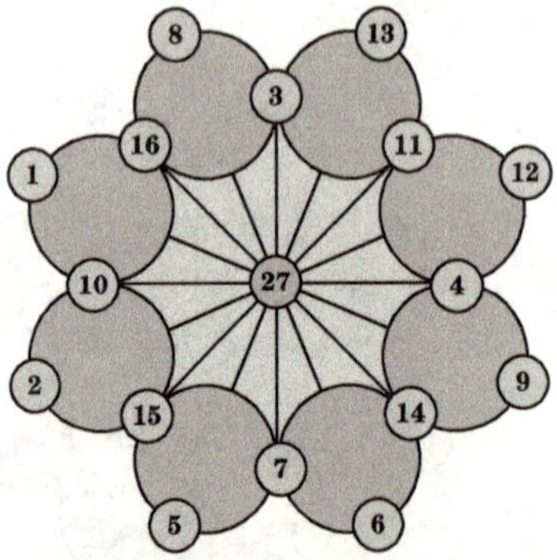
8
13
3
1
16
11
12
10
27
4
2
15
14
9
7
5
6

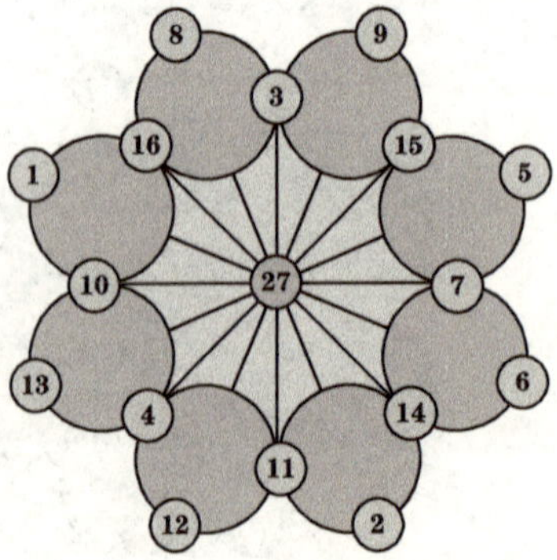
8
9
3
1
16
15
5
10
27
7
13
4
14
6
11
12
2

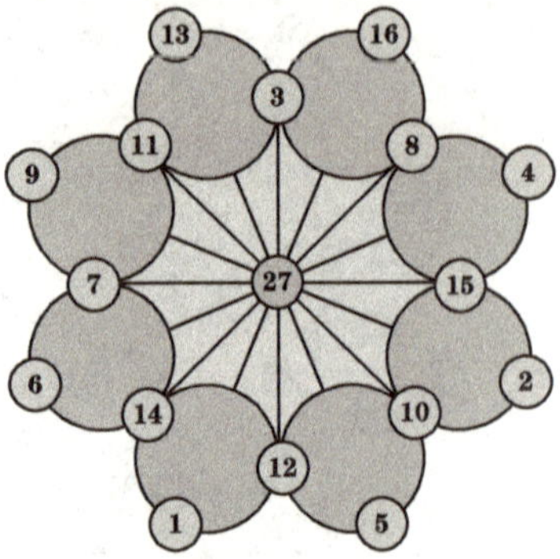
13
16
3
9
11
8
4
7
27
15
6
14
10
2
12
1
5

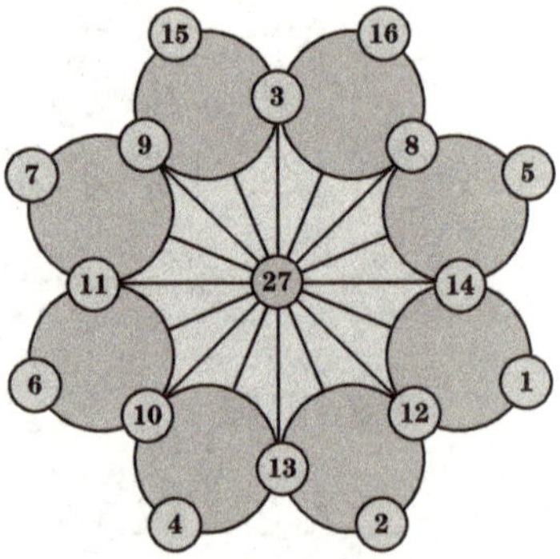
15
16
3
7
9
8
5
11
27
14
6
10
12
1
13
4
2

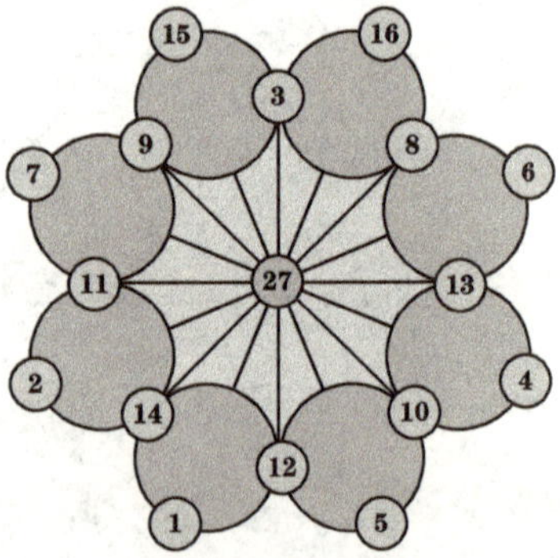
15
16
3
7
9
8
6
11
27
13
2
14
10
4
12
1
5

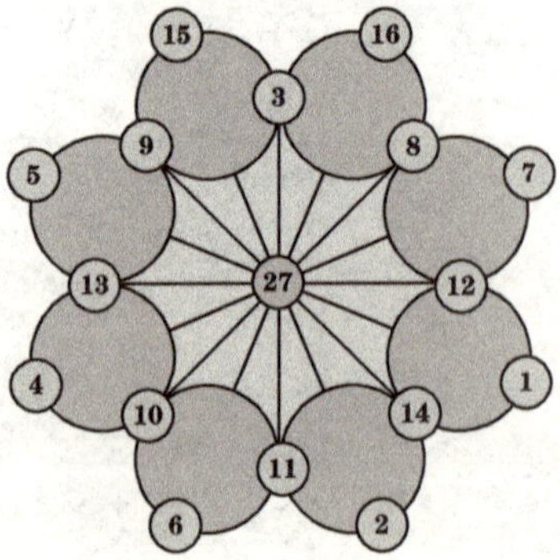
15
16
3
5
9
8
7
13
27
12
4
10
14
1
11
6
2

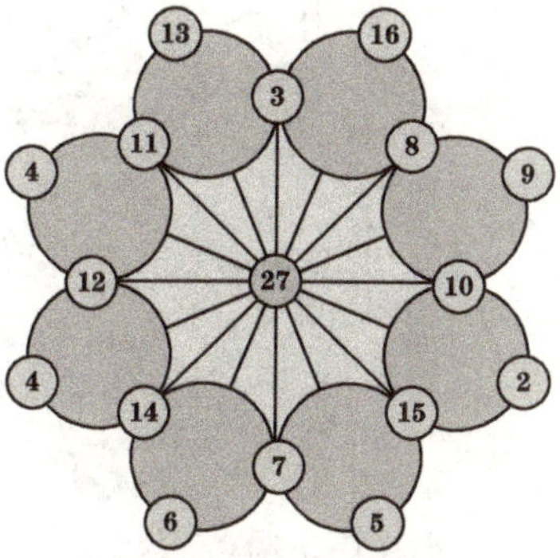

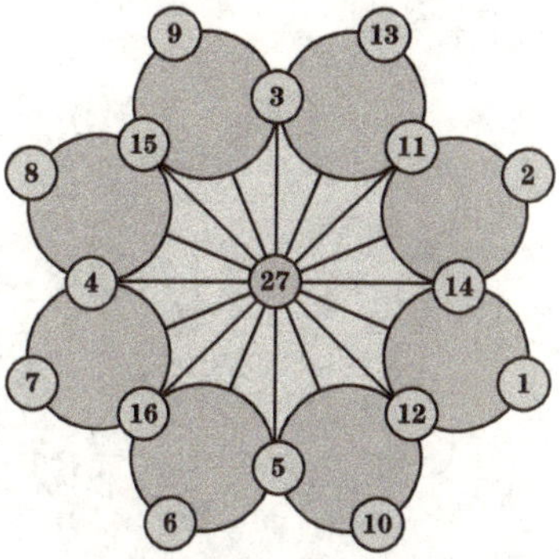

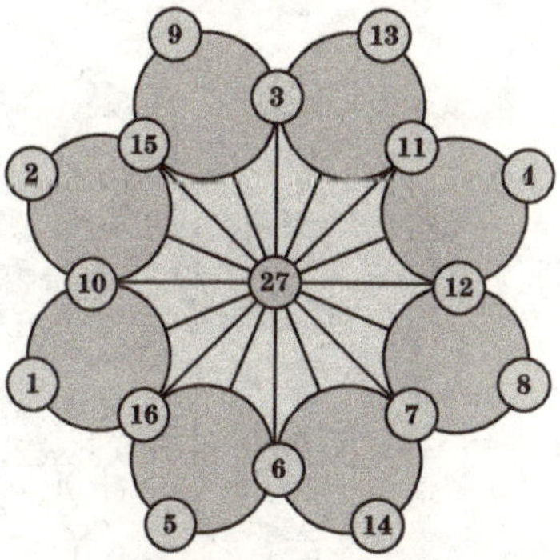

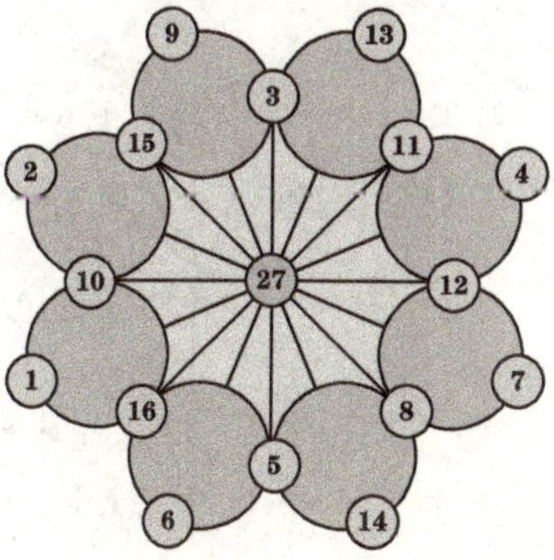

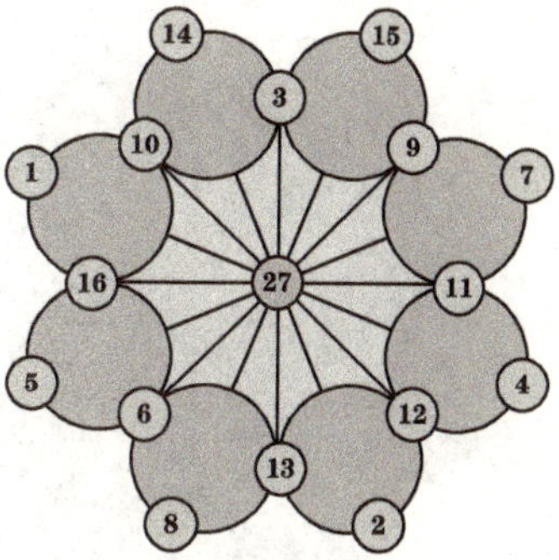

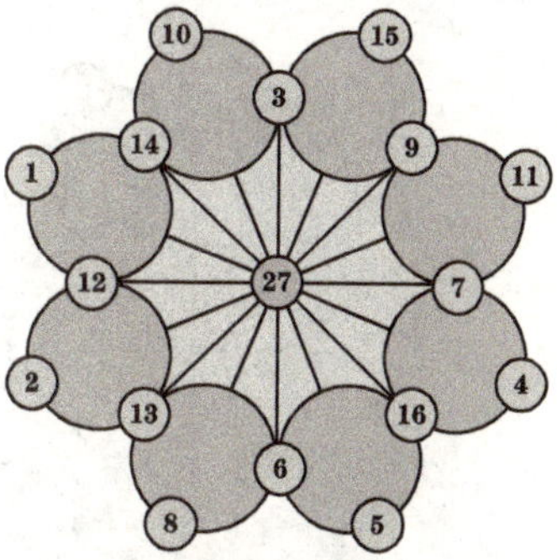

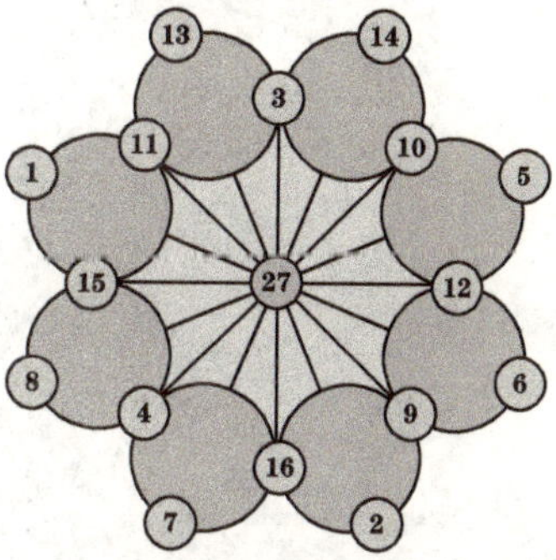

固定了 4 的位置以后，可以填出如下答案：

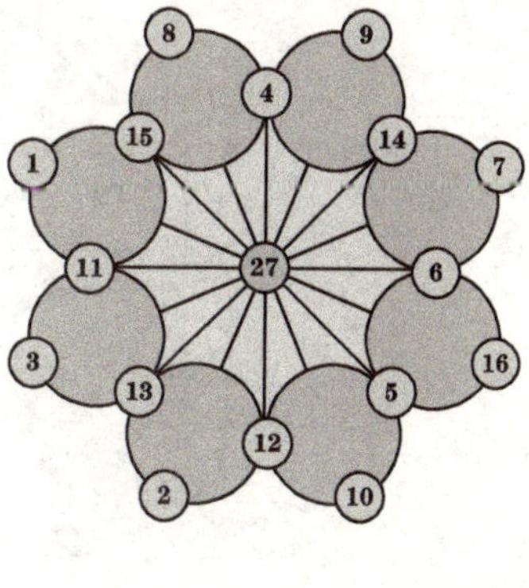

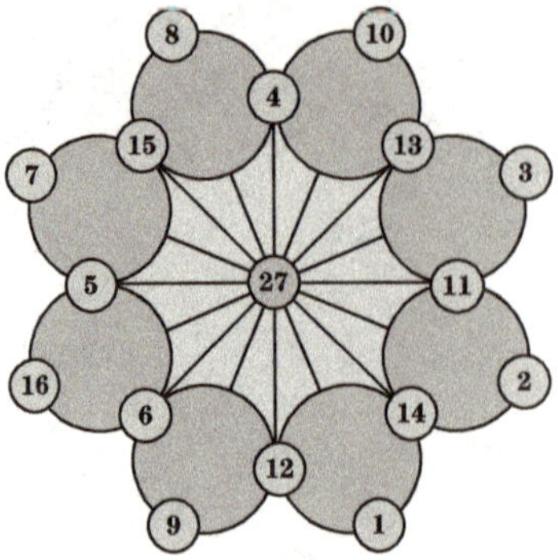

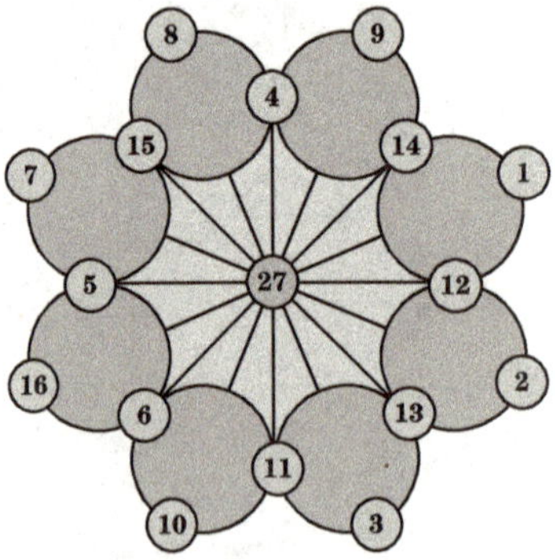

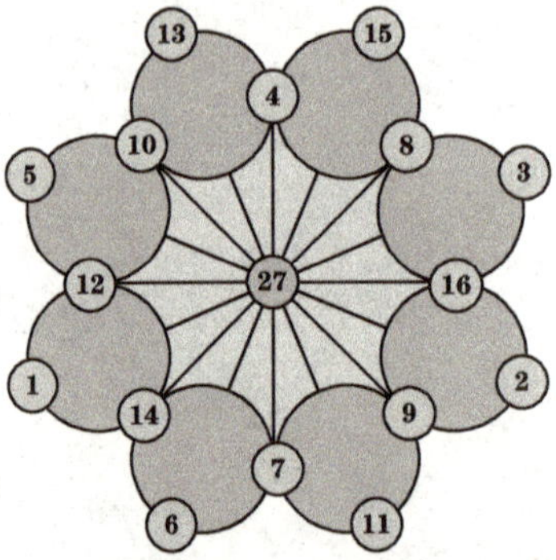

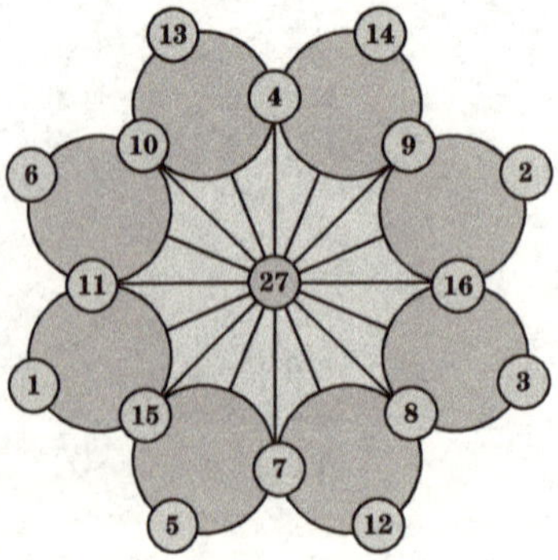

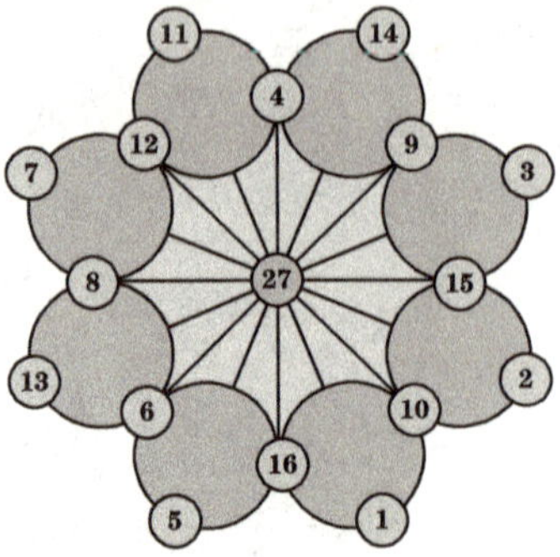

固定了 5 的位置以后，可以填出如下答案：

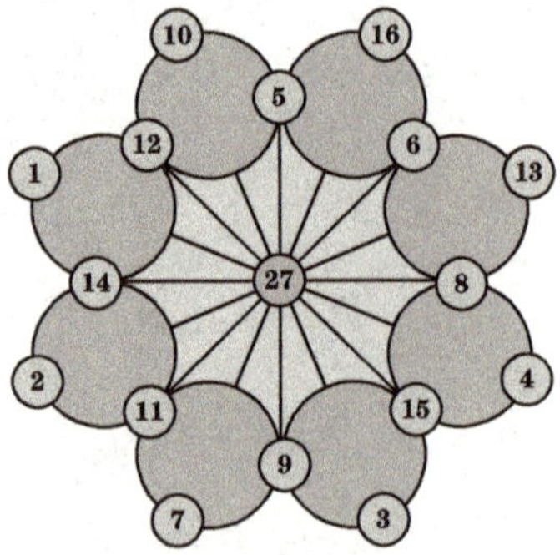

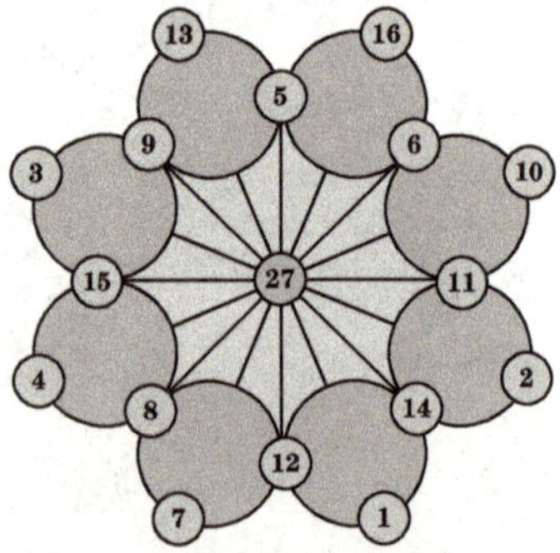

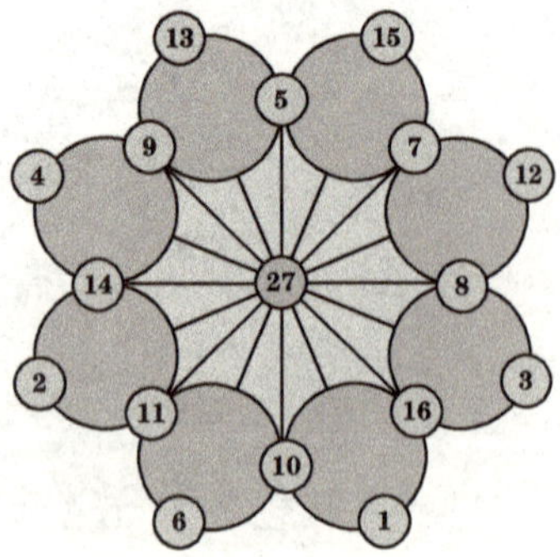

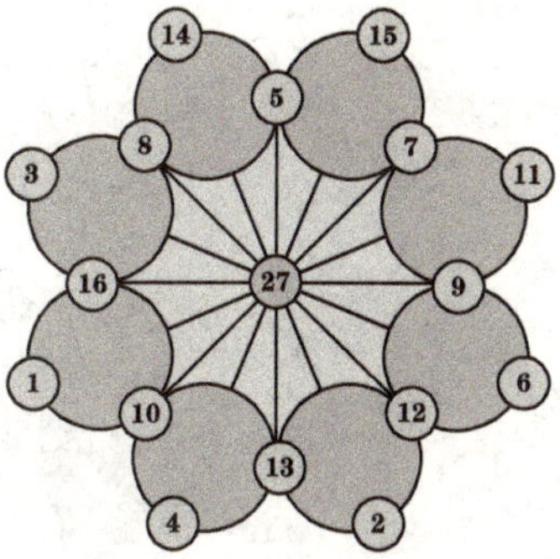

至此，我们找到了固定 1、2、3、4、5 后和为 27 的所有不重复的基本答案共 57 种。如将它们旋转、对称、镜像，还会形成其他的变式，但都是由这些答案转化而来的。

我们准备坚持下来，有序思考，将这道填数答案“一网打尽”。好玩吗?

245.《每环为 28》答案

固定了 3 的位置以后，可以填成：

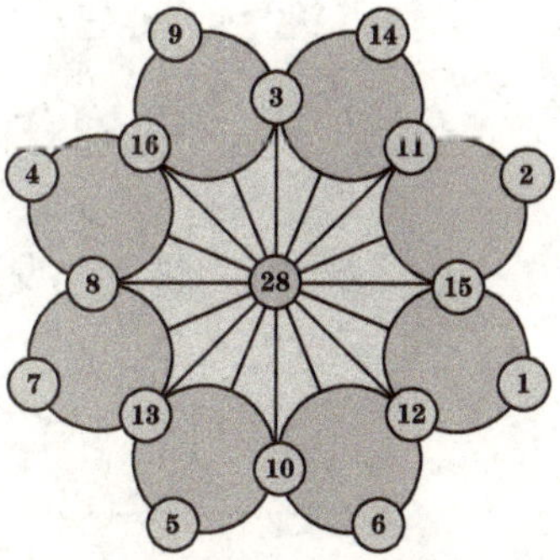

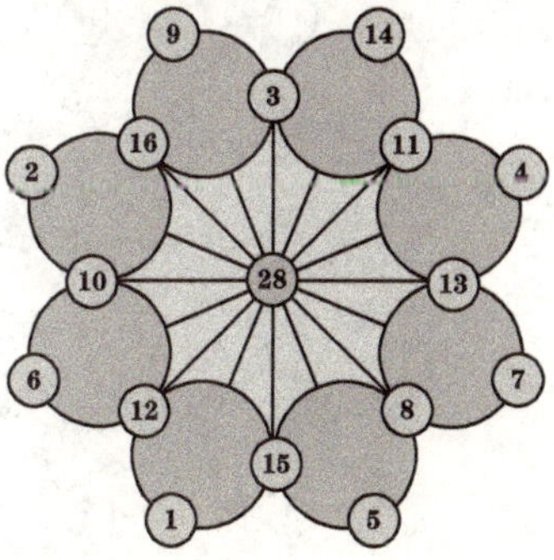

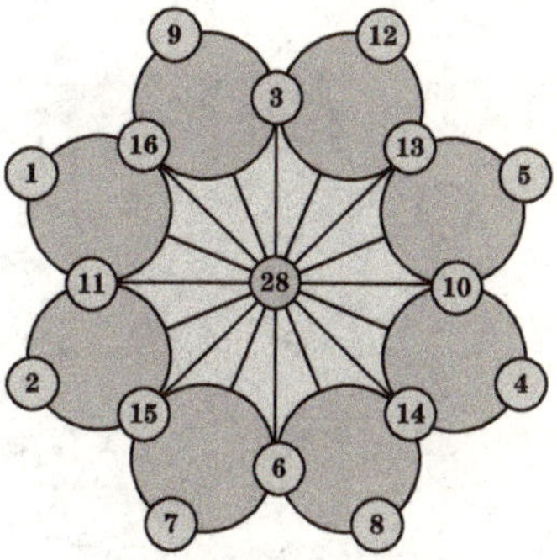

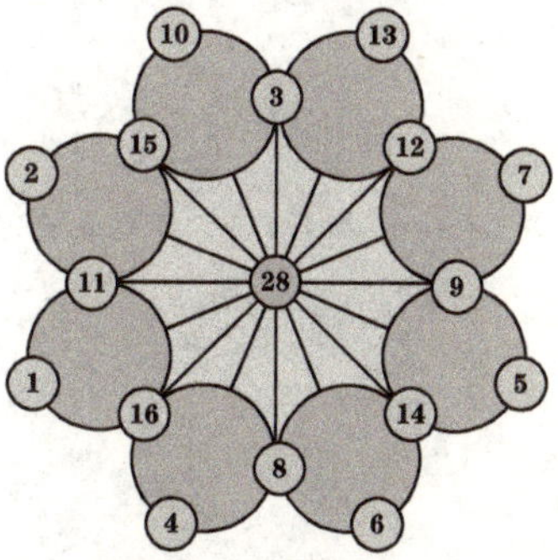

固定了 4 的位置以后，可以填成：

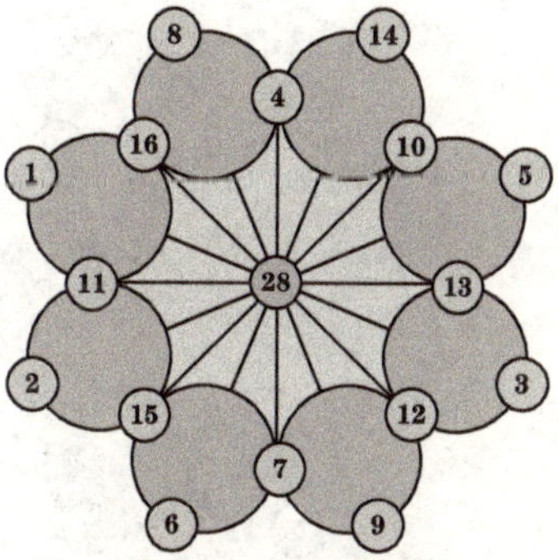

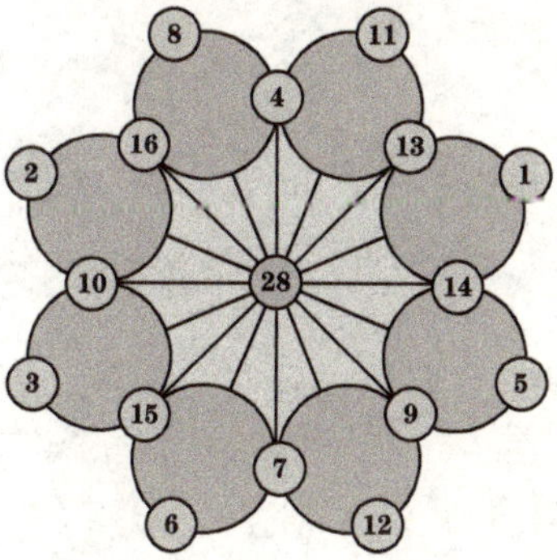

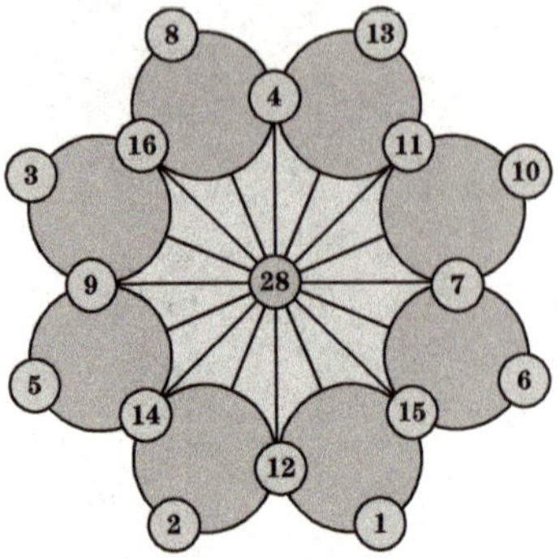

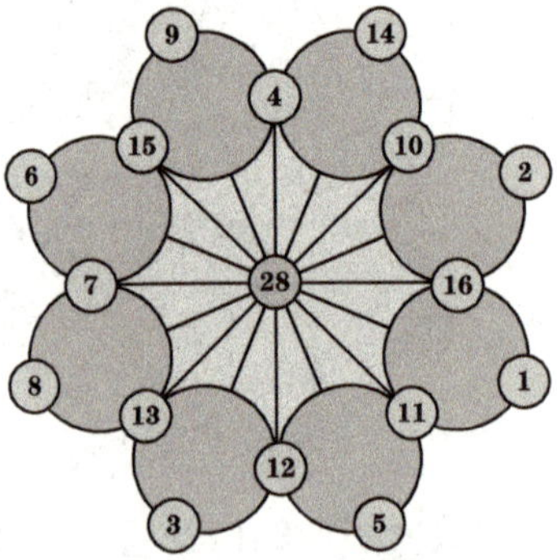

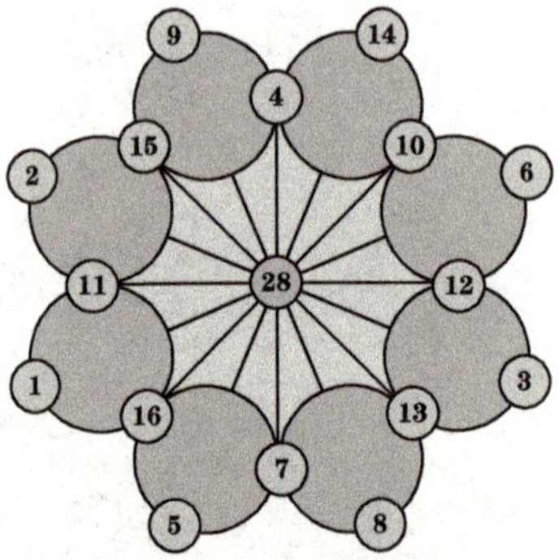

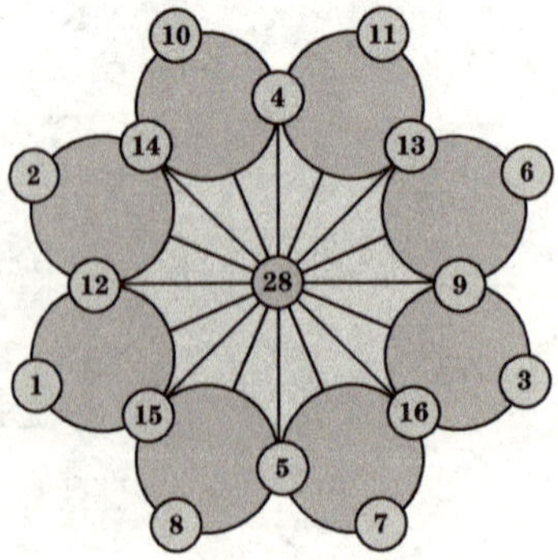

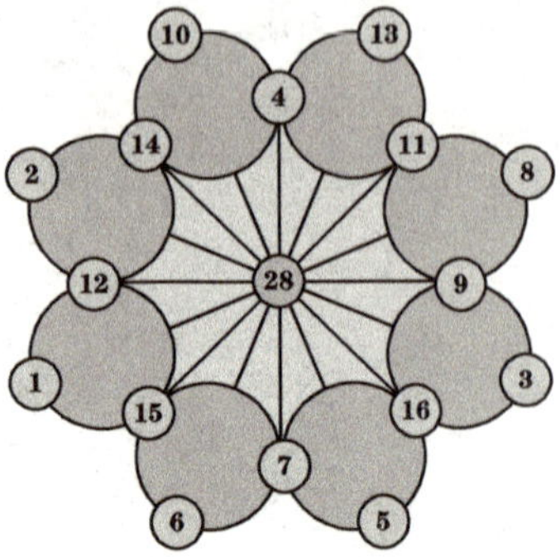

固定了 5 的位置以后，可以填成：

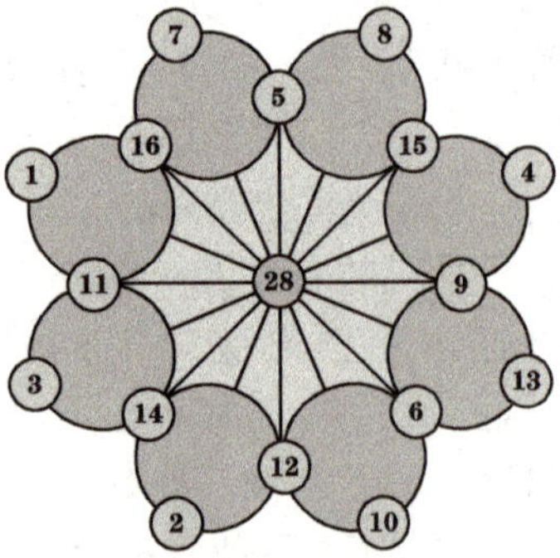

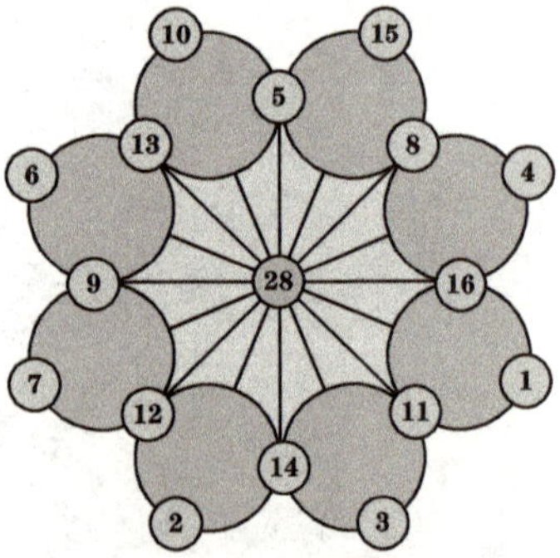

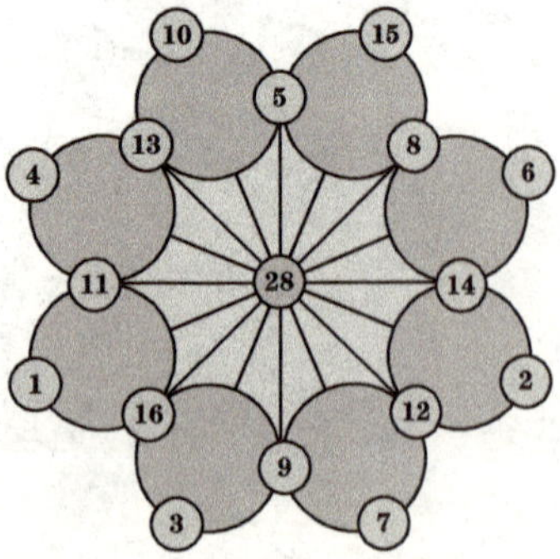

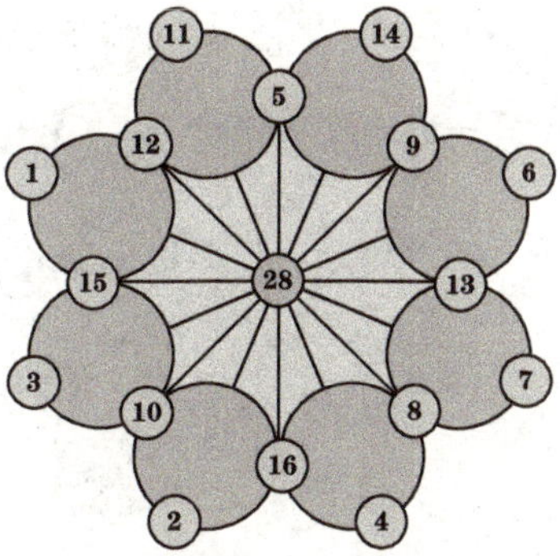

固定了 6 的位置以后，可以填成：

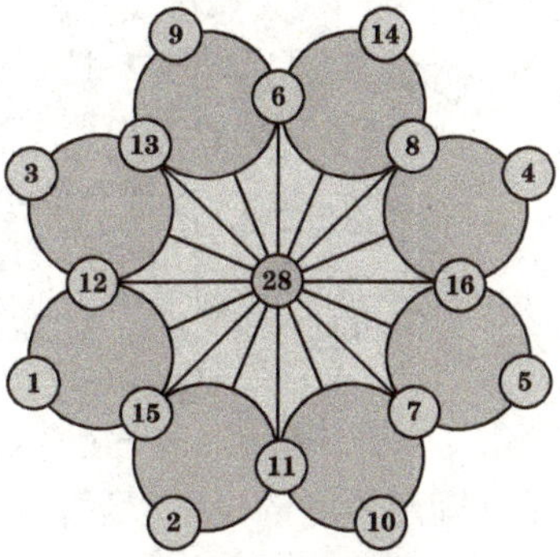

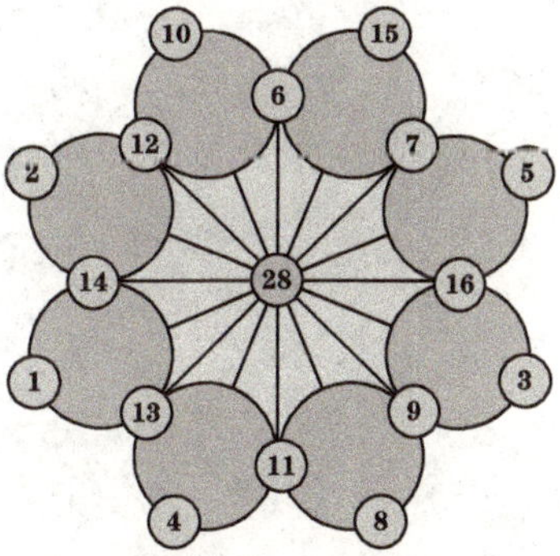

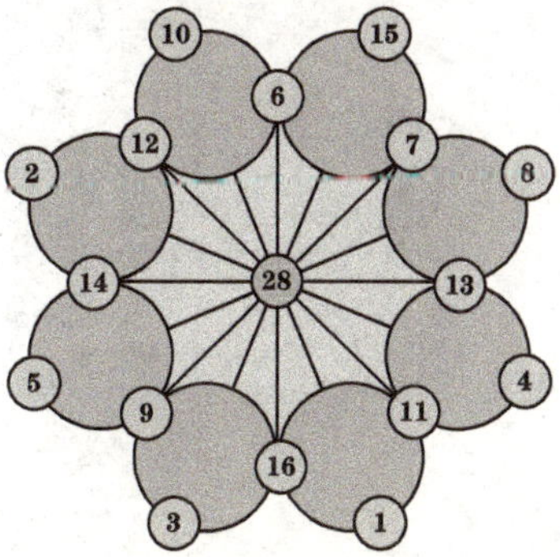

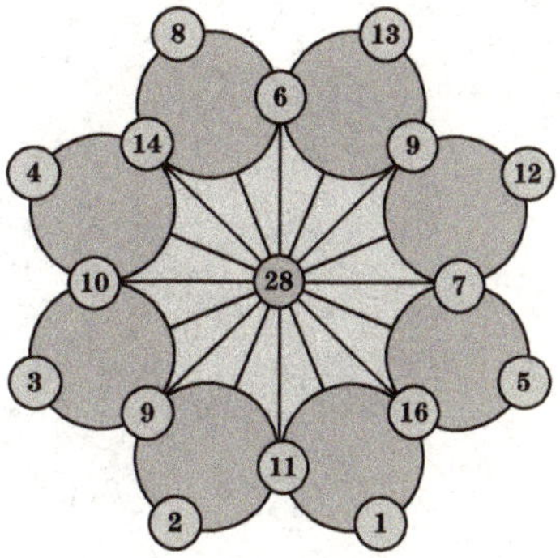

至此，我们找到了固定 3、4、5、6 后和为 28 的所有不重复的基本答案共 19 种。如果将它们旋转、对称、镜像，还会形成其他的变式，但都是由这些答案转化而来的。

我们准备坚持下来，有序思考，将这道填数答案“一网打尽”。好玩吗？

246.《每环为 29》答案

固定了 5 的位置以后，可以填成：

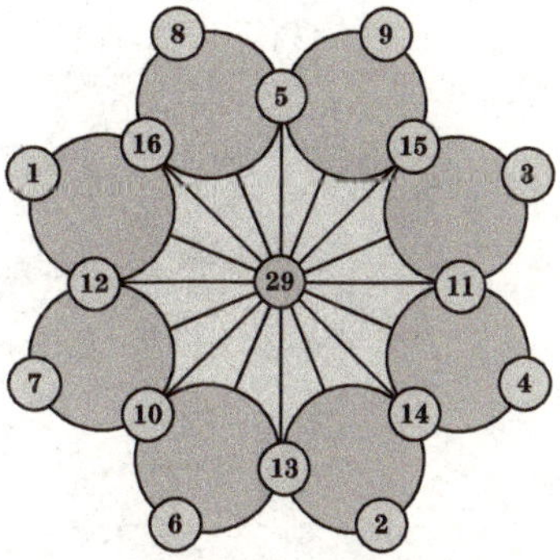

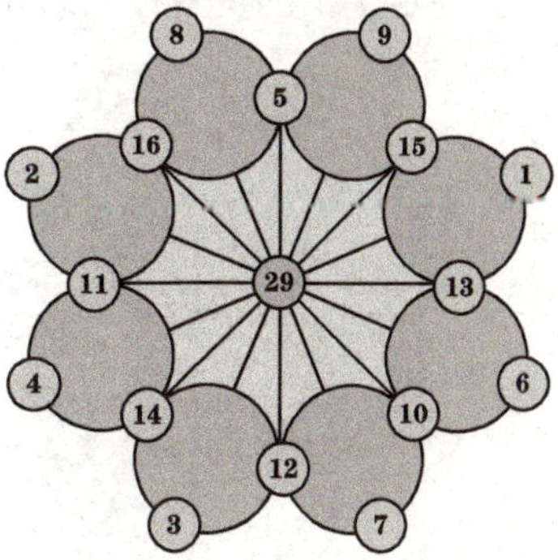

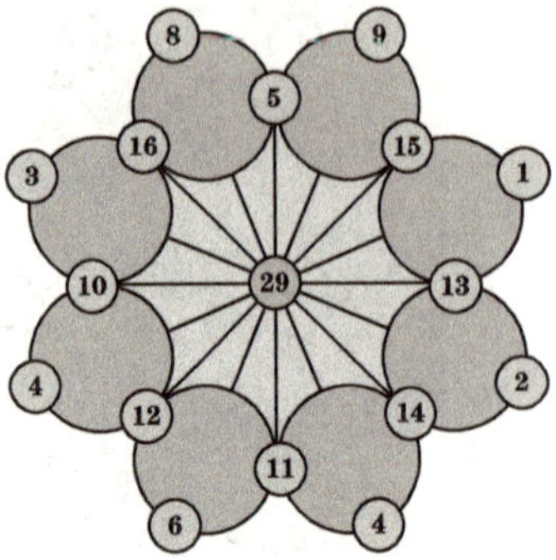

固定了 6 的位置以后，可以填成：

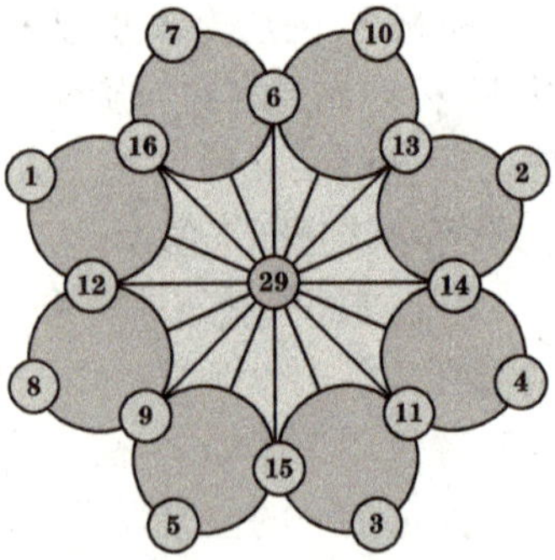

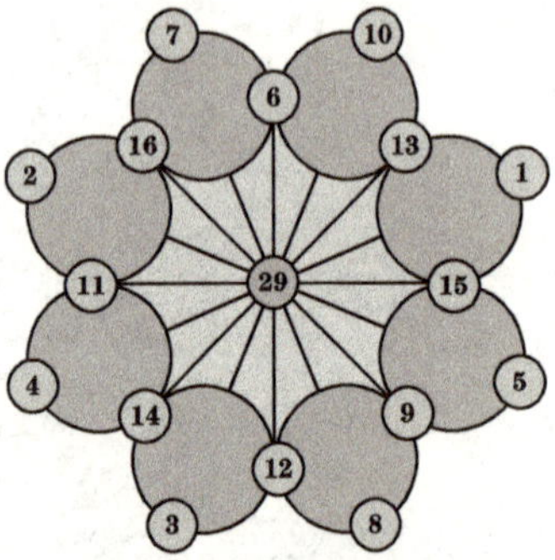

固定了 7 的位置以后，可以填成：

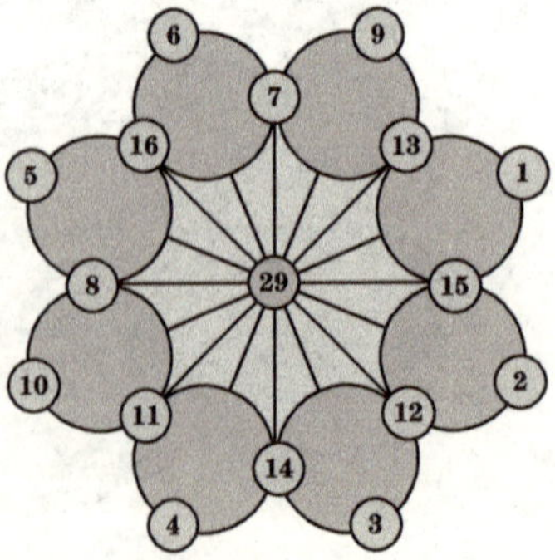

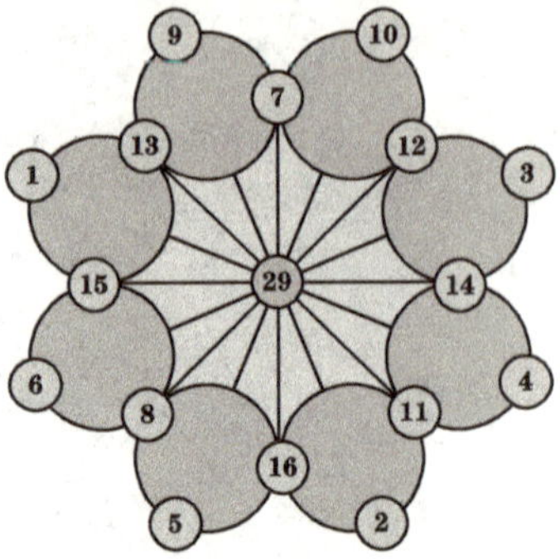

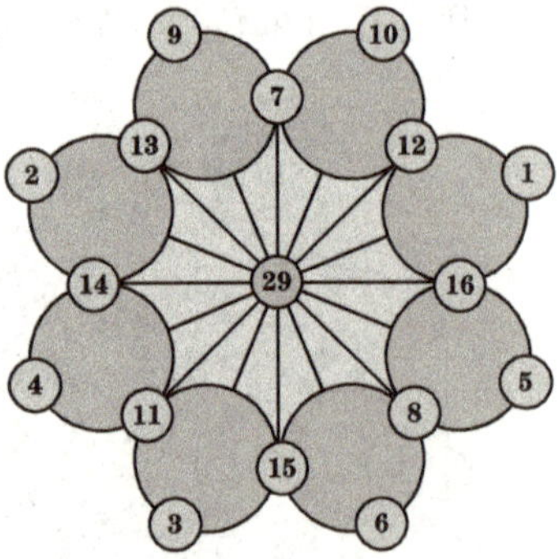

固定了 8 的位置以后，可以填成：

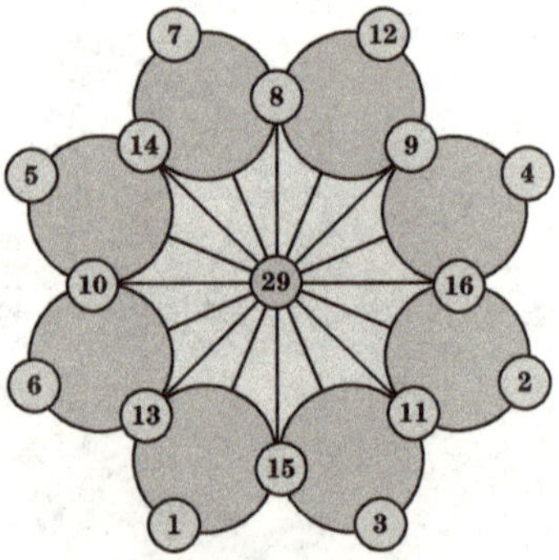

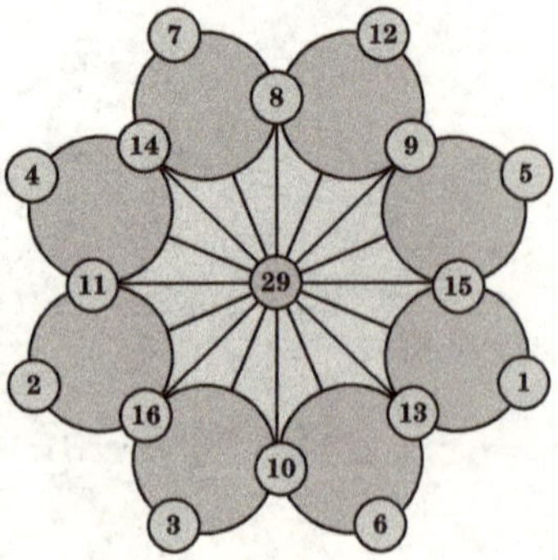

至此，我们找到了固定 5、6、7、8 后和为 29 的所有不重复的基本答案共 10 种。如将它们旋转、对称、镜像，还会形成其他的变式，但都是由这些答案转化而来的。

我们坚持有序思考，已经将这道填数的答案“一网打尽”了。

回忆一下吧：

圆环上三数和为 22 的共有 10 种；

圆环上三数和为 23 的共有 19 种；

圆环上三数和为 24 的共有 57 种；

圆环上三数和为 25 的共有 55 种；

圆环上三数和为 26 的共有 55 种；

圆环上三数和为 27 的共有 57 种；

圆环上三数和为 28 的共有 19 种；

圆环上三数和为 29 的共有 10 种。

当然，此题内容复杂，解答过程中必定出现一些纰漏，敬请谅解。如果你有新的填法，或找到题目中的漏洞，别忘记通过后记中的作者邮箱，沟通交流，以便再版时修正。您如果有绝妙的数学游戏，也欢迎您交流。

美哉，数学！妙也，让人越玩越聪明的数学游戏！

后　记

POSTSCRIPT

当我接到出版社的约稿，着手写这套书的时候，我想起了应该给书定个名吧，不然不好着手。

于是，我记起了上海《少先队活动》杂志总监张培俊老师的话。他说，做编辑这么久，发现了一个问题，好多来稿中的智力题，大都来自国外，如俄罗斯、日本、美国等。他问我愿不愿意着手写好咱们自己的原创智力题。张老师的话深深印在我的脑海。我一直为写出自己的作品、为让原创的智力题占据中国的报刊而努力。后来，科学出版社的编辑找到我，非常希望将我30余年在益智创作方面的成就和收获展示出来，这才有了今天“越玩越聪明的数学游戏”这套丛书。

为广大学生、数学爱好者等写出具有中国特色的益智趣题，是我的誓言，也是我的心愿。为了这套书的编写，我把自己多年来在报刊上发表的作品进行了筛选，并增加了许多的新的作品。如果大家喜欢这套书，我还会陆续写出更多的该类作品，为中国的IQ研究做出自己更大的贡献。

在写作中，我要感谢的师友很多很多。孙维梓、张颖、张祉浩老师及各报刊的编辑老师，大都对我有着指导和帮助，或寄来珍贵的资料，或悉心修改文字。科学出版社的专业出版团队更是付出了辛勤的汗水，帮助我打造这套精美的益智读物。

由于水平所限，不足之处定然不少，望指正。

山东省科普创作协会理事　吴长顺

联系地址：山东巨野县永丰办魏海学校（邮编 274900）

QQ：805086566

E-mail：8196321@163.com